Windows Server 2012 R2 系统管理与服务器配置

王少炳　张文库　赖恩和　主　编

王伊捷　蔡敬云　梁显诚　副主编

电子工业出版社

Publishing House of Electronics Industry

北京·BEIJING

内 容 简 介

本书以 Windows Server 2012 R2 网络操作系统为基础，介绍了 Windows Server 2012 R2 的安装、配置、管理，以及各种应用服务的实现。本书按照"项目-任务"的编写方式，以岗位技能为导向，将理论与实践相结合，力求做到理论够用、依托实践、深入浅出。

本书突出对职业能力、实践技能的培养，采用项目驱动模式，设计了典型工作情境下的工作案例，结构合理、步骤清晰、应用性强。本书既可以作为职业院校计算机技术应用专业一体化教材，也可以作为计算机网络专业相关职业资格考试、网络系统应用相关职业技能等级考试用书，还可以作为从事网络系统运行与维护人员的参考用书。

未经许可，不得以任何方式复制或抄袭本书之部分或全部内容。
版权所有，侵权必究。

图书在版编目（CIP）数据

Windows Server 2012 R2 系统管理与服务器配置 / 王少炳，张文库，赖恩和主编. —北京：电子工业出版社，2023.2

ISBN 978-7-121-45138-6

I. ①W… II. ①王… ②张… ③赖… III. ①Windows 操作系统—网络服务器—系统管理 IV. ①TP316.86

中国国家版本馆 CIP 数据核字（2023）第 037961 号

责任编辑：郑小燕　　文字编辑：曹　旭
印　　刷：北京盛通数码印刷有限公司
装　　订：北京盛通数码印刷有限公司
出版发行：电子工业出版社
　　　　　北京市海淀区万寿路 173 信箱　邮编　100036
开　　本：880×1 230　1/16　印张：15.5　字数：358 千字
版　　次：2023 年 2 月第 1 版
印　　次：2025 年 1 月第 4 次印刷
定　　价：48.00 元

凡所购买电子工业出版社图书有缺损问题，请向购买书店调换。若书店售缺，请与本社发行部联系，联系及邮购电话：(010) 88254888，88258888。

质量投诉请发邮件至 zlts@phei.com.cn，盗版侵权举报请发邮件至 dbqq@phei.com.cn。

本书咨询联系方式：(010) 88254550，zhengxy@phei.com.cn。

前　言

当今主流桌面操作系统 Windows 操作直观、简便，所以其服务器版也成为当前中小企业首选的服务器操作系统。Windows Server 2012 R2 是微软公司继 Windows Server 2008 之后推出的服务器操作系统，在硬件支持、服务器部署、Web 应用和网络安全等方面都提供了强大的功能。因此，编者选择使用性能较优、较稳定的 Windows Server 2012 R2 网络操作系统对企业计算机信息应用环境的系统维护、管理进行介绍。

本书以 Windows Server 2012 R2 为实例，全面、翔实地讲述 Windows 服务器操作系统的系统管理、服务管理和数据安全管理的操作技能等知识，主要内容包括 Windows Server 2012 R2 的安装配置、基本环境配置、管理本地用户与组、部署与管理活动目录、配置与管理文件服务器、配置与管理磁盘、配置与管理 DNS 服务器、配置与管理 DHCP 服务器、配置与管理 Web 服务器、配置与管理 FTP 服务器、本地组策略配置与使用等。

1. 课时分配

本书参考课时为 120 课时，可以根据学生的接受能力与专业需求灵活设置课时，具体课时设置参考下面的表格。

课时参考分配表

项　目	项　目　名	课时分配		
		讲　授	实　训	合　计
1	安装 Windows Server 2012 R2 网络操作系统	4	6	10
2	配置 Windows Server 2012 R2 基本环境	4	6	10
3	管理本地用户、组和本地组策略	4	6	10
4	部署与管理活动目录	6	12	18
5	管理文件系统与共享资源	6	12	18
6	配置与管理磁盘	4	6	10

续表

项 目	项 目 名	课 时 分 配		
		讲 授	实 训	合 计
7	配置与管理 DNS 服务器	4	6	10
8	配置与管理 DHCP 服务器	4	6	10
9	配置与管理 Web 服务器	4	8	12
10	配置与管理 FTP 服务器	4	8	12

2．教学资源

为了提高学习效率和教学效果，方便教师教学，编者为本书配备了电子课件、视频和完整配置代码，以及习题参考答案等配套的教学资源。请有此需要的读者登录华信教育资源网免费注册后进行下载，有问题时请在网站留言板留言或与电子工业出版社联系。

3．本书编者

本书由汕头市澄海职业技术学校王少炳、珠海市技师学院张文库和江西省通用技术工程学校赖恩和担任主编，由珠海市技师学院王伊捷、北京汽车技师学院蔡敬云和广西工贸高级技工学校梁显诚担任副主编，参加编写的人员还有佛山市禅城区技工学校彭素荷，珠海市技师学院祝捷和郭观棠。本书编写具体分工如下：赖恩和负责编写项目 1，祝捷负责编写项目 2，蔡敬云负责编写项目 3，张文库负责编写项目 4 和项目 5，梁显诚负责编写项目 6，彭素荷负责编写项目 7，王伊捷负责编写项目 8，王少炳负责编写项目 9，郭观棠负责编写项目 10；全书由王少炳、张文库负责统稿和审校。

由于编写时间较为仓促，以及计算机网络技术发展日新月异，书中难免存在一些疏漏和不足，敬请专家和读者不吝赐教。电子邮箱：113506995@qq.com。

编 者

2022 年 6 月

目　　录

项目 1　安装 Windows Server 2012 R2 网络操作系统 ··· 001

　　任务 1.1　安装与创建虚拟计算机系统 ··· 002
　　任务 1.2　认识与安装 Windows Server 2012 R2 网络操作系统 ························· 008
　　任务 1.3　虚拟机的操作与设置 ··· 014
　　思考与练习 ··· 023

项目 2　配置 Windows Server 2012 R2 基本环境 ·· 024

　　任务 2.1　配置基本环境与网络应用 ··· 025
　　任务 2.2　配置 Windows 防火墙 ··· 032
　　任务 2.3　配置 Windows 远程桌面 ··· 036
　　思考与练习 ··· 042

项目 3　管理本地用户、组和本地组策略 ··· 043

　　任务 3.1　创建与管理本地用户 ··· 044
　　任务 3.2　创建与管理本地组 ··· 054
　　任务 3.3　管理本地组策略 ··· 060
　　思考与练习 ··· 068

项目 4　部署与管理活动目录 ··· 070

　　任务 4.1　安装和配置域控制器 ··· 071
　　任务 4.2　管理域用户、组和组织单位 ··· 089
　　任务 4.3　管理域组策略 ··· 096
　　思考与练习 ··· 100

项目 5　管理文件系统与共享资源 ··· 102

　　任务 5.1　配置 NTFS 权限 ··· 103

任务 5.2　配置共享文件夹 ··· 114
任务 5.3　使用 EFS 加密文件 ··· 123
思考与练习 ·· 130

项目 6　配置与管理磁盘 ·· 132

任务 6.1　配置基本磁盘 ·· 133
任务 6.2　配置动态磁盘 ·· 143
任务 6.3　管理磁盘配额 ·· 152
思考与练习 ·· 156

项目 7　配置与管理 DNS 服务器 ·· 158

任务 7.1　安装与配置 DNS 服务器 ··· 159
任务 7.2　配置辅助 DNS 服务器 ··· 177
思考与练习 ·· 181

项目 8　配置与管理 DHCP 服务器 ··· 184

任务 8.1　安装与配置 DHCP 服务器 ·· 185
任务 8.2　配置 DHCP 服务器的故障转移 ·· 198
思考与练习 ·· 203

项目 9　配置与管理 Web 服务器 ·· 205

任务 9.1　安装 Web 服务器 ·· 206
任务 9.2　创建并发布网站 ·· 210
任务 9.3　发布多个网站 ·· 215
思考与练习 ·· 220

项目 10　配置与管理 FTP 服务器 ·· 221

任务 10.1　安装与配置 FTP 服务器 ·· 222
任务 10.2　实现 FTP 站点的用户隔离 ·· 231
任务 10.3　建立与使用 FTP 全局虚拟目录 ·· 236
思考与练习 ·· 238

附录 A　部分习题解答 ·· 239

参考文献 ··· 242

项目 1

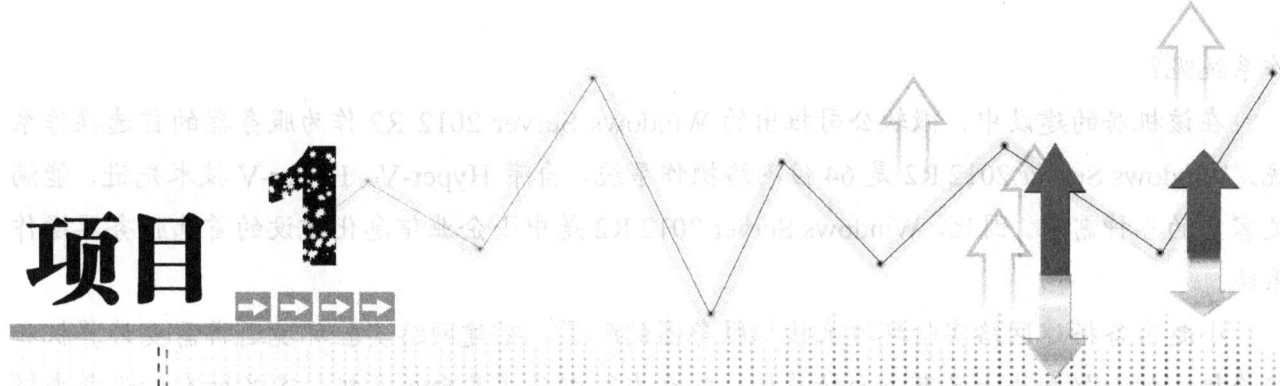

安装 Windows Server 2012 R2 网络操作系统

（1）熟悉不同的虚拟机软件。
（2）了解不同的网络操作系统。
（3）了解网络操作系统的功能与特性。

（1）安装 VMware Workstation 虚拟机软件。
（2）完成虚拟机系统的创建。
（3）独立完成 Windows Server 2012 R2 网络操作系统的安装。
（4）实现虚拟机的克隆和快照。

（1）尊崇宪法，遵纪守法，打好专业基础，提高读者的自主学习能力。
（2）树立正确使用软件、合理下载软件、安全使用软件、保护知识产权的意识。
（3）激发科技报国的决心，了解实现软件自主的重要性。

某公司承揽网络中心机房建设与管理工程，按照合同要求进行施工，其中有几台新购置的服务器，公司派小赵去安装、配置这些服务器。如何选择一种既安全又易于管理的网络操

作系统呢?

在该机房的建设中,微软公司推出的 Windows Server 2012 R2 作为服务器的首选操作系统。Windows Server 2012 R2 是 64 位网络操作系统,自带 Hyper-V。Hyper-V 技术先进,能满足客户的各种需求。因此,Windows Server 2012 R2 是中小企业信息化建设的首选服务器操作系统。

小赵准备搭建网络实验环境来模拟服务器的配置。搭建网络实验环境通常需要计算机和交换机,但小赵手头上只有一台计算机,怎么办?去多买几台计算机,凑齐所有的设备来搭建,显然不符合实际。但有了 VMware 虚拟机软件,即使用户仅有一台计算机,也可以进行实验。

本项目主要介绍 Windows Server 2012 R2 的发展和应用,以及通过 VMware Workstation 学习 Windows Server 2012 R2 的安装和使用方法。

任务 1.1　安装与创建虚拟计算机系统

任务描述

某公司的网络管理员小赵想学习 Windows Server 2012 R2 的安装和使用,现准备使用 VMware 虚拟机软件搭建网络实验环境。利用 VMware 虚拟化技术,用户可以在一台计算机上同时虚拟多台计算机,让它们连接成一个网络,甚至也可让它们接入 Internet,模拟真实的网络环境。多台虚拟机之间、虚拟机和物理机之间也可以通过虚拟网络共享文件、复制文件。

任务要求

为避免对物理主机造成破坏,对于初学者来说,通过虚拟机软件安装和管理 Windows Server 2012 R2 网络操作系统是较好的选择。具体要求如下。

(1)准备 VMware Workstation 安装文件,可以从官网下载。

(2)安装 VMware Workstation 应用程序。

(3)创建一个新的虚拟机,具体配置见表 1.1.1。

表 1.1.1　Windows Server 2012 R2 的虚拟机配置

项　目	说　明
类型	典型(推荐)
客户机操作系统类型	Microsoft Windows 的 Windows Server 2012 R2
虚拟机名称	Win2012-1
存储位置	D:\Windows Server 2012 R2

续表

项　　目	说　　明
内存大小	2GB
磁盘大小	60GB

任务实施

活动1　认识虚拟机

1．常见虚拟机软件

目前，虚拟机软件的种类比较多：有功能相对简单的 PC 桌面版本，适合个人使用，如 VirtualBox 和 VMware Workstation；有功能和性能都非常完善的服务器版本，适合服务器虚拟化使用，如 Xen、KVM、Hyper-V 及 VMware vSphere。

VMware 是全球最著名的虚拟机软件公司之一，成立于 1998 年。VMware 所拥有的产品包括 VMware Workstation（VMware 工作站）、VMware Player、VMware 服务器、VMware ESX 服务器、VMware ESXi 服务器、VMware vSphere、虚拟中心（Virtual Center）等，其产品因安全可靠、性能优越而著称。大家最熟悉和了解的产品就是 VMware Workstation，即 VMware 虚拟机。

2．虚拟机常用概念

虚拟机（Virtual Machine）是虚拟出来的、独立的操作系统，能够仿真、模拟各种计算机功能。虚拟机如同真正的物理机一样工作，如安装操作系统、安装应用程序、服务网络资源等。

首先介绍虚拟机系统中的常用重要术语，主要有以下几个。

（1）物理机（Physical Computer）：运行虚拟机软件（VMware Workstation、Virtual PC 等）的物理计算机硬件系统，又称为宿主机。

（2）虚拟机（Virtual Machine）：提供软件模拟、具有完整硬件系统功能、运行在一个完全隔离环境中的完整计算机系统。这台虚拟的计算机符合 X86 PC 标准，拥有自己的 CPU、内存、硬盘、光驱、软驱、声卡和网卡等一系列设备。这些设备是由虚拟机软件"虚拟"出来的。但是在操作系统看来，这些"虚拟"出来的设备也是标准的计算机硬件设备，并将它们当作真正的硬件来使用。虚拟机在虚拟机软件工具的窗口中运行，可以在虚拟机中安装能在标准 PC 上运行的操作系统及软件，如 UNIX、Linux、Windows、NetWare、MS-DOS 等。

（3）主机操作系统（Host OS）：在物理机（宿主机）上运行的操作系统，在它之上运行虚拟机软件（VMware Workstation、Virtual PC 等）。

（4）客户机操作系统（Guest OS）：运行在虚拟机中的操作系统。注意，它不等于桌面操作系统（Desktop Operating System）和客户端操作系统（Client Operating System），因为虚拟机中的操作系统可以是服务器操作系统,如在虚拟机上安装 Debian 10。

(5)虚拟硬件(Virtual Hardware):虚拟机通过软件模拟出来的硬件系统,如 CPU、HDD、RAM 等。

例如,在一台安装了 Windows 10 操作系统的物理机上安装虚拟机软件,那么宿主机指的是安装了 Windows 10 的这台物理机,主机操作系统指的是 Windows 10;如果虚拟机上运行的是 Windows Server 2012 R2 操作系统,那么客户机操作系统指的是 Windows Server 2012 R2。

活动 2 安装虚拟机

(1)双击下载好的 VMware Workstation 虚拟机安装文件,将会看到安装向导的初始界面,单击"下一步"按钮,如图 1.1.1 所示。

(2)在"最终用户许可协议"界面,勾选"我接受许可协议中的条款"复选框,单击"下一步"按钮,如图 1.1.2 所示。

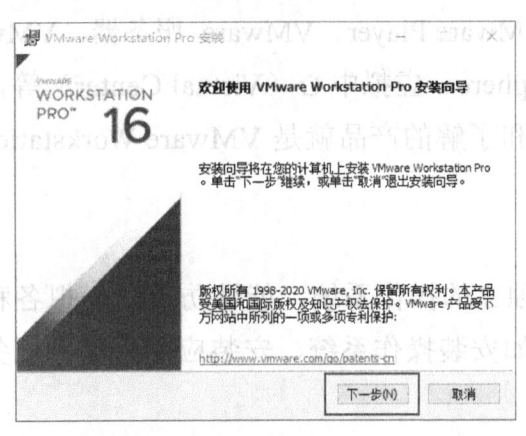
图 1.1.1 安装向导的初始界面

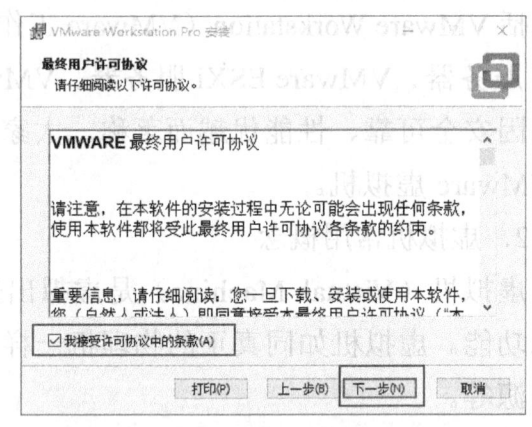
图 1.1.2 "最终用户许可协议"界面

(3)在"自定义安装"界面,配置安装位置和是否安装增强型键盘驱动程序,此处采用默认配置,单击"下一步"按钮,如图 1.1.3 所示。

(4)在"用户体验设置"界面,采用默认配置,单击"下一步"按钮。

(5)在"快捷方式"界面,采用默认配置,单击"下一步"按钮。

(6)在"已准备好安装 VMware Workstation Pro"界面,单击"安装"按钮进行安装,如图 1.1.4 所示。

(7)在"正在安装 VMware Workstation Pro"界面,可以看到安装状态,如图 1.1.5 所示。

(8)在"VMware Workstation Pro 安装向导已完成"界面,单击"完成"按钮完成安装,如图 1.1.6 所示。

(9)安装完成之后,双击桌面上的"VMware Workstation Pro"图标,在弹出的对话框中选中"我希望试用 VMware Workstation 16 30 天"单选按钮,单击"继续"按钮,如图 1.1.7 所示。

(10)单击"完成"按钮,如图 1.1.8 所示。

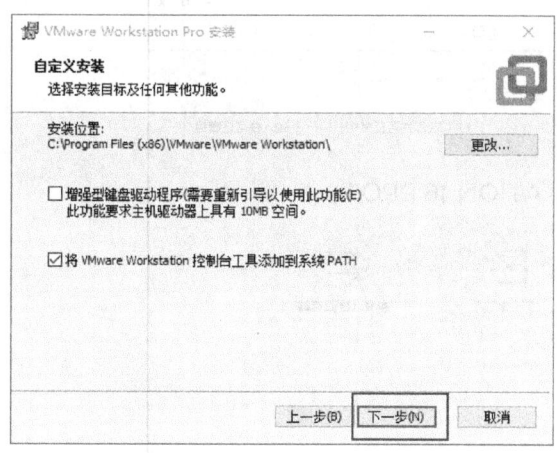

图 1.1.3 "自定义安装"界面

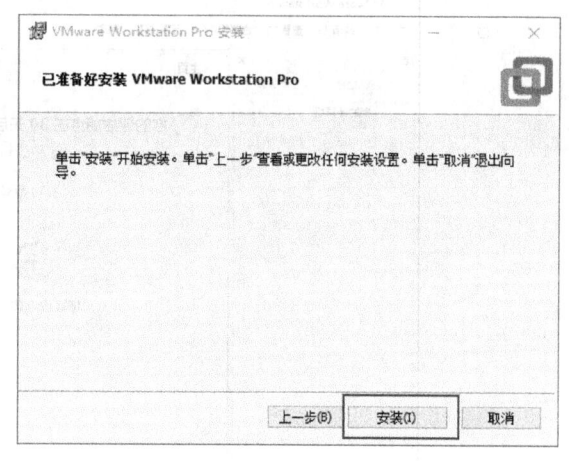

图 1.1.4 确认进行安装

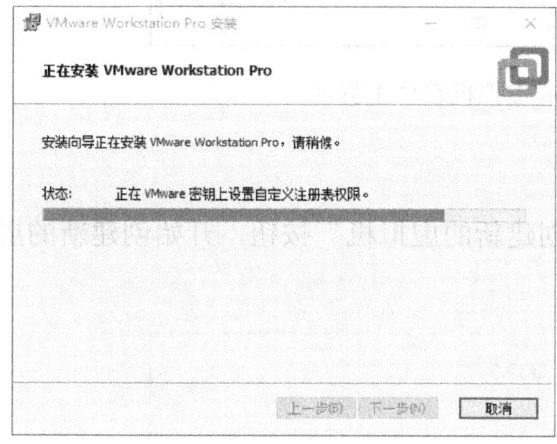

图 1.1.5 正在安装

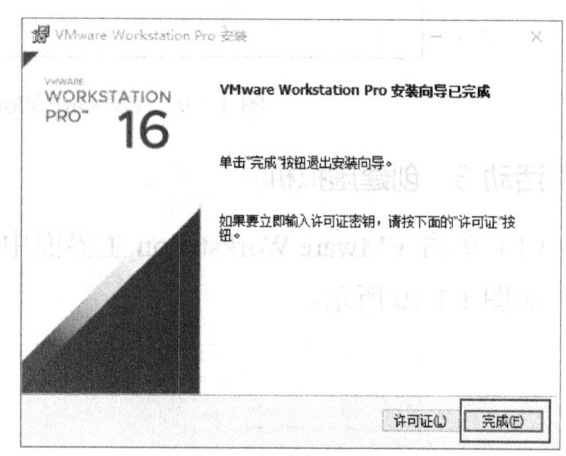

图 1.1.6 完成安装

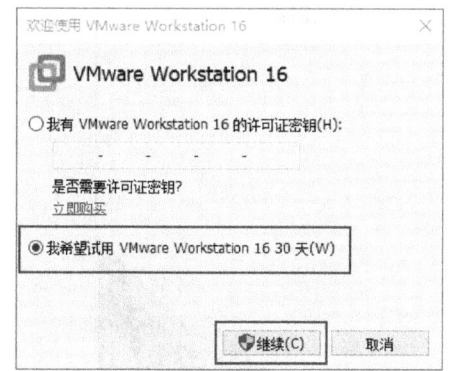

图 1.1.7 选择试用

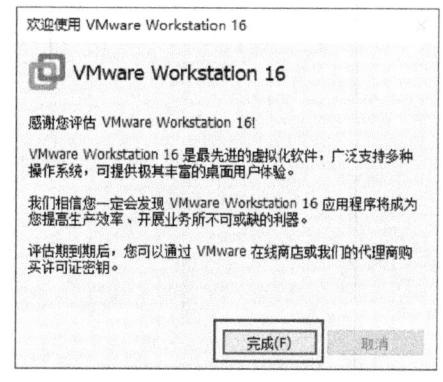

图 1.1.8 单击"完成"按钮

（11）此时出现了 VMware Workstation 虚拟机软件主界面，表示可以开始使用了，如图 1.1.9 所示。

图 1.1.9　VMware Workstation 虚拟机软件主界面

活动 3　创建虚拟机

（1）单击 VMware Workstation 主界面中的"创建新的虚拟机"按钮，开始创建新的虚拟机，如图 1.1.10 所示。

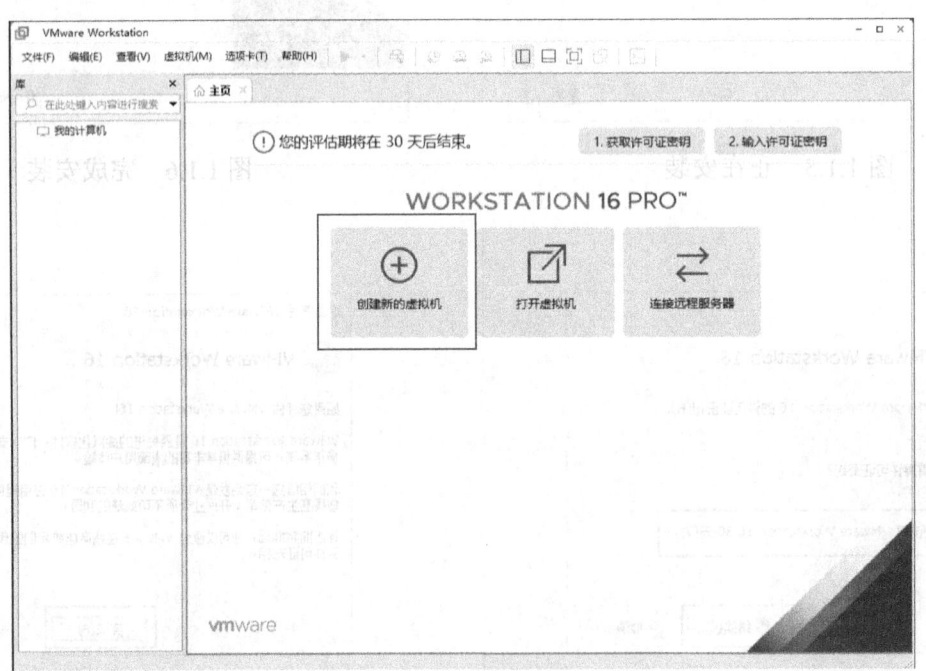

图 1.1.10　创建新的虚拟机

（2）进入"新建虚拟机向导"界面，选中"典型（推荐）"单选按钮设置配置类型，然后单击"下一步"按钮，如图 1.1.11 所示。

（3）选中"稍后安装操作系统"单选按钮，然后单击"下一步"按钮，如图 1.1.12 所示。

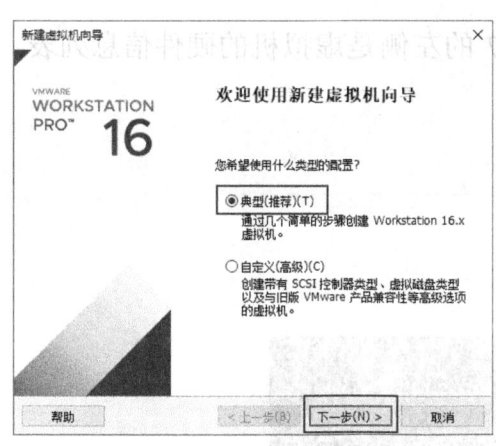
图 1.1.11　设置配置类型

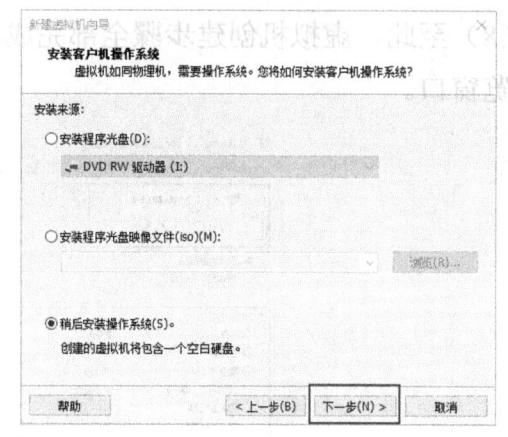
图 1.1.12　选择稍后安装操作系统

（4）选择客户机操作系统和版本后，单击"下一步"按钮，如图 1.1.13 所示。

（5）输入虚拟机名称并确认虚拟机的位置后，单击"下一步"按钮，如图 1.1.14 所示。

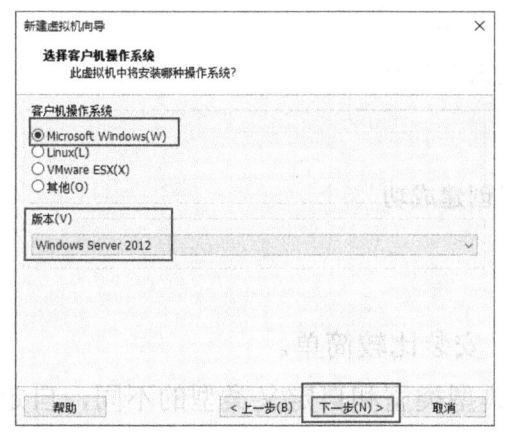
图 1.1.13　选择客户机操作系统和版本

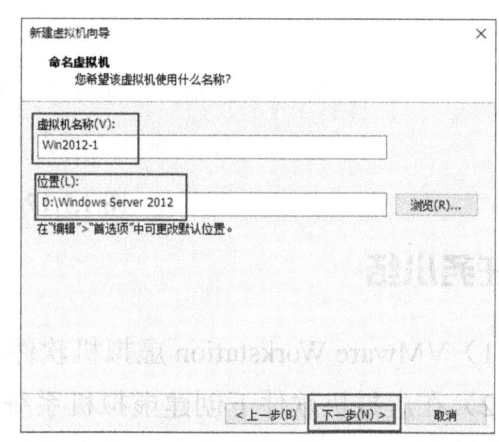
图 1.1.14　设置虚拟机名称和位置

（6）设置虚拟机磁盘大小为 60GB，然后单击"下一步"按钮，如图 1.1.15 所示。

（7）虚拟机创建完成，会显示设置摘要，在单击"完成"按钮之前，最好先单击"自定义硬件"按钮，对硬件进行简单设置，如图 1.1.16 所示。

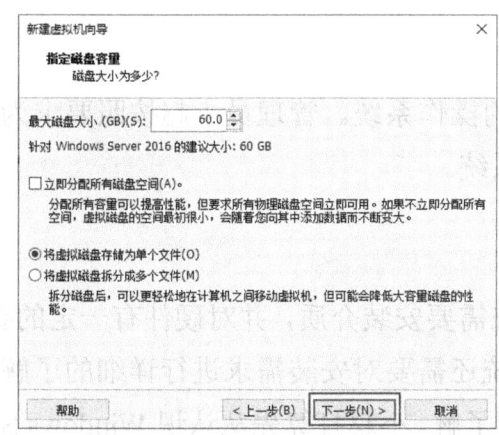
图 1.1.15　设置磁盘大小

图 1.1.16　显示虚拟机设置摘要

（8）至此，虚拟机创建步骤全部完成。图 1.1.17 的左侧是虚拟机的硬件信息列表，右侧是预览窗口。

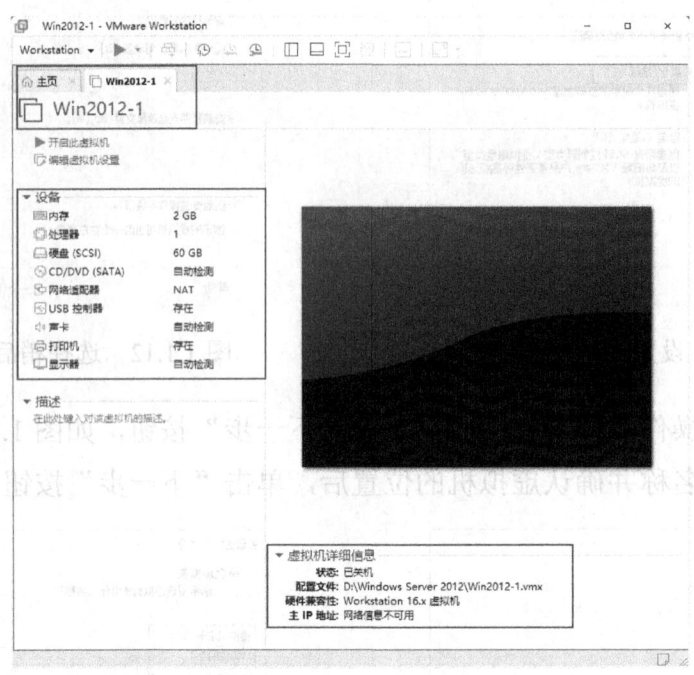

图 1.1.17　新的虚拟机创建成功

任务小结

（1）VMware Workstation 虚拟机软件功能强大，安装比较简单。

（2）在虚拟机软件下创建虚拟机系统时，区分典型类型和自定义类型的不同，自定义类型需要设置内存、磁盘的大小和保存的位置。

任务 1.2　认识与安装 Windows Server 2012 R2 网络操作系统

任务描述

某公司购置了服务器，需要为服务器安装相应的操作系统。管理员小赵按照要求为新增服务器全新安装 Windows Server 2012 R2 网络操作系统。

任务要求

全新安装 Windows Server 2012 R2 网络操作系统需要安装介质，并对硬件有一定的要求，即待安装服务器满足操作系统的要求。安装操作系统还需要对安装需求进行详细的了解，如对系统管理员账户、密码及磁盘分区等情况逐一进行了解。小赵打算先从认识 Windows Server 2012 R2 网络操作系统开始，具体做法如下。

（1）准备 Windows Server 2012 R2 的 ISO 镜像文件，可从官网下载。

（2）宿主机的 CPU 需支持虚拟化技术（Virtualization Technology，VT），并处于开启状态。

（3）使用任务 1.1 创建的虚拟机。

（4）安装 Windows Server 2012 R2 网络操作系统，具体安装项目见表 1.2.1。

表 1.2.1　Windows Server 2012 R2 网络操作系统安装项目

项　目	说　明
要安装的语言	中文（简体，中国）
时间和货币格式	中文（简体，中国）
键盘和输入方法	微软拼音
操作系统版本	Windows Server 2012 R2 Datacenter（带有 GUI 的服务器）
安装类型	自定义（全新安装）
安装位置	C:\
用户名/密码	Administrator/1qaz!QAZ

任务实施

活动 1　认识 Windows Server 2012 R2 网络操作系统

Windows Server 2012 R2 是微软的服务器网络操作系统，于 2013 年 10 月 18 日正式发布，是 Windows Server 2012 的升级版本。其整体设计风格与功能更加接近 Windows 8.1 操作系统。

1．Windows Server 2012 R2 版本

Windows Server 2012 R2 性价比较高，并且可以提供高度虚拟化的环境。它有 4 个版本，企业可以根据需要选择版本，版本说明见表 1.2.2。

表 1.2.2　Windows Server 2012 R2 的版本说明

版　本	适用场合	主要差异	支持客户端数量
Datacenter（数据中心）	高度虚拟化的云端环境	完整功能 虚拟机数量没有限制	依购买的客户端访问许可证数量而定
Standard（标准版）	无高度虚拟化的云端环境	完整功能 虚拟机数量仅限 2 个	依购买的客户端访问许可证数量而定
Essentials（精华版）	小型企业环境	部分功能不支持 仅支持 2 个处理器 不支持虚拟环境	25 个用户账户
Foundation（企业代工）	一般用户的使用环境 仅提供给 OEM 厂商	部分功能不支持 仅支持 1 个处理器 不支持虚拟环境	15 个用户账户

2．安装需求

若要在计算机内安装与使用 Windows Server 2012 R2，则此计算机的硬件配置需满足

表 1.2.3 的基本需求。

表 1.2.3 硬件配置基本需求

组 件	需 求
处理器（CPU）	最少 1.4GHz 的 64 位处理器
内存（RAM）	最少 512MB
硬盘	最少 32GB
显示设备	Super VGA（1024 像素×768 像素）或更高分辨率的显示器
其他	DVD 光驱、键盘、鼠标（或兼容的指针设备）

3．安装前的准备工作

为了能够顺利安装 Windows Server 2012 R2，建议先做好以下工作。

（1）断开 UPS 连接线。

若 UPS（不间断电源）与计算机之间通过串行线缆连接，则断开这条线缆。这是因为安装程序会自动检测连接到串行端口的设备，而 UPS 设备可能导致检测过程中出现问题。

（2）备份数据。

安装过程中硬盘内的数据可能会被删除，或者被不小心毁掉，因此应该先备份硬盘内的重要数据。

（3）运行"Windows 内存诊断工具"。

Windows 内存诊断工具可以测试计算机的内存（RAM）是否正常。

（4）提供大容量存储驱动程序。

如果设备厂商提供了单独的驱动程序，则将其保存到软盘、CD、DVD 或通用串行总线（USB）闪存驱动器的媒体根文件夹或 amd64 文件夹中，然后在安装过程中选用此驱动程序。

4．安装环境选择

Windows Server 2012 R2 提供两种安装环境，见表 1.2.4。

表 1.2.4 Windows Server 2012 R2 的两种安装环境

安 装 环 境	描 述
带有 GUI 的服务器	安装完成后的 Windows Server 2012 R2 包含图形用户界面（GUI），它提供友善的用户界面与图形管理工具，相当于 Windows Server 2008 R2 的完全安装
服务器核心	安装完成后的 Windows Server 2012 R2 仅提供最小化的环境，可以降低维护与管理成本，减少磁盘使用容量，减少被攻击面。由于没有图形管理接口，因此只能通过命令提示符、Windows Power Shell 或远程计算机来管理服务器

带有 GUI 的服务器安装环境能够提供较为友好的管理界面，但是服务器核心安装环境却能提供较为安全的环境。由于安装完成后，这两种环境可以切换，因此先选择带有 GUI 的服务器安装环境，然后通过其友好的图形管理工具来完成服务器的配置，有需要的话，再切换到较安全的服务器核心安装环境。

活动 2　安装 Windows Server 2012 R2 网络操作系统

1．编辑虚拟机设置

在如图 1.1.17 所示的界面中，单击"编辑虚拟机设置"按钮，弹出"虚拟机设置"对话框，选择"CD/DVD（SATA）"选项，设置虚拟机的安装源，然后在对话框右侧选中"使用 ISO 映像文件"单选按钮，并选择实际的镜像文件，如图 1.2.1 所示。

2．开始安装

（1）启动新建的虚拟机。

在虚拟机页面中选择"开启此虚拟机"选项（该操作类似于启动计算机），开始装载安装文件，进行操作系统的安装。当出现如图 1.2.2 所示的安装界面时，"要安装的语言""时间和货币格式""键盘和输入方法"项目采用默认设置，单击"下一步"按钮继续安装。

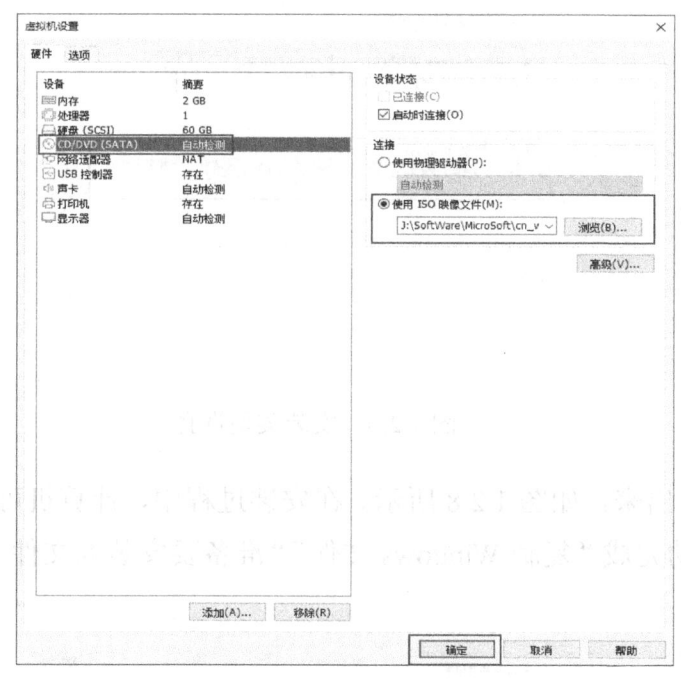
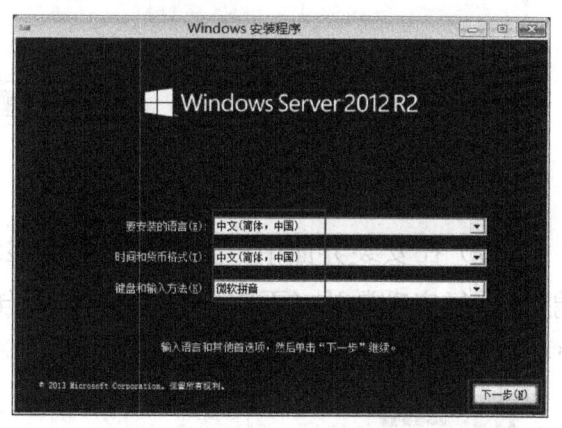

图 1.2.1　设置虚拟机的安装源　　　　图 1.2.2　Windows Server 2012 R2 安装界面

（2）在安装起始界面，单击"现在安装"按钮，如图 1.2.3 所示。

（3）在"选择要安装的操作系统"界面，选择"Windows Server 2012 R2 Datacenter（带有 GUI 的服务器）"选项后，单击"下一步"按钮，如图 1.2.4 所示。

（4）在"许可条款"界面中，勾选"我接受许可条款"复选框后，单击"下一步"按钮，如图 1.2.5 所示。

（5）安装类型选择"自定义"选项，如图 1.2.6 所示。

（6）接下来，选择操作系统的安装位置，这里直接单击"下一步"按钮，安装程序将整个硬盘创建成一个分区，用来安装操作系统，如图 1.2.7 所示。

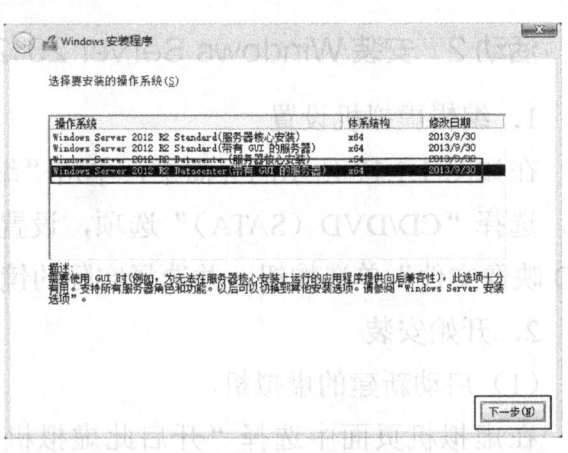

图 1.2.3 "现在安装"界面　　　　图 1.2.4 "选择要安装的操作系统"界面

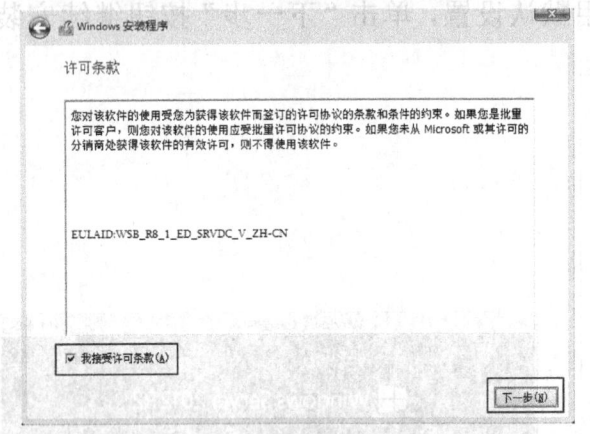
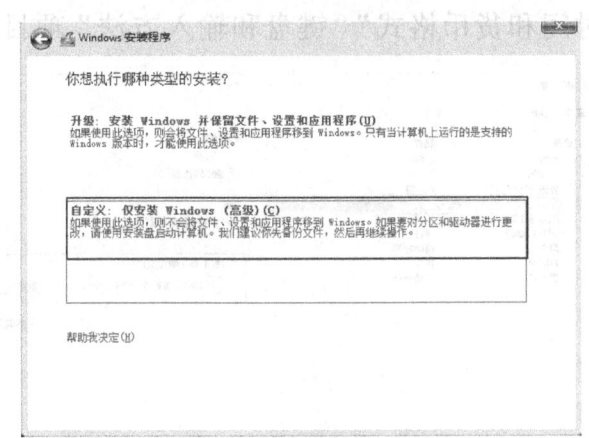

图 1.2.5 "许可条款"界面　　　　图 1.2.6 安装类型选择

（7）在安装界面中，安装过程可以显示出来，如图 1.2.8 所示。在安装过程中，计算机可能会重复启动数次（不需要人工干预），自动完成"复制 Windows 文件""准备要安装的文件""安装功能""安装更新"等过程。

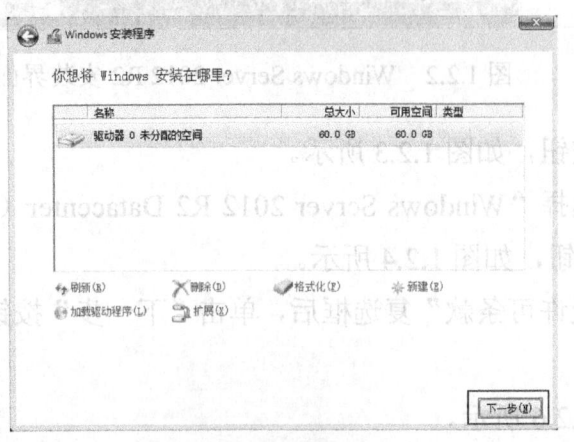
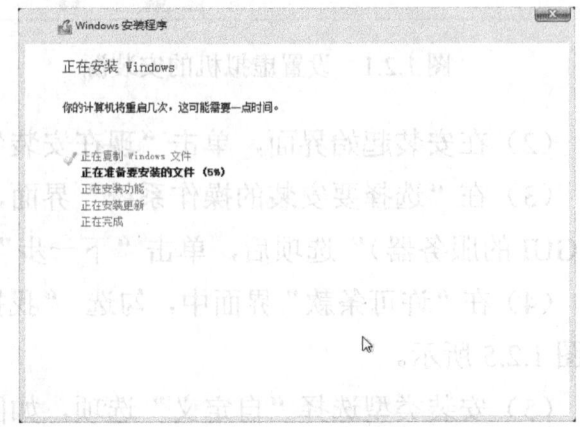

图 1.2.7 选择安装位置　　　　图 1.2.8 安装过程

3．系统安装完成后的初始化

在 VMware 虚拟机软件支持的环境中，安装完 Windows Server 2012 R2 网络操作系统后，首次登录会进入虚拟机窗口，要想将光标从 Windows Server 2012 R2 虚拟机中释放出来，则需要按 Ctrl+Alt 组合键来完成。

（1）用户首次登录 Windows Server 2012 R2 时，必须设置密码（系统管理员用户名"Administrator"相对应的密码），如图 1.2.9 所示，这里将密码设置为"1qaz!QAZ"，需要 2 次输入的密码一致，最后单击"完成"按钮完成设置。

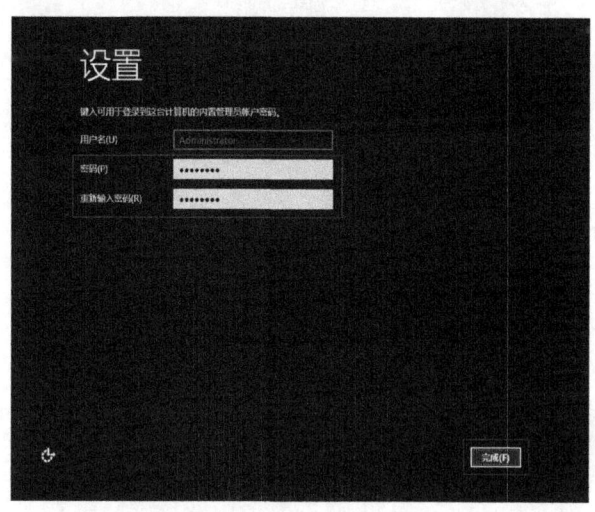

图 1.2.9　设置密码

💡 小贴士

"Administrator"的密码必须满足系统的复杂性要求，即密码中要包括 7 位以上的字符、数字和特殊符号。这样的密码才能满足 Windows Server 2012 R2 网络操作系统默认的密码策略要求，如果是单纯的字符或数字，则无论设置的密码有多长都不会达到系统要求（密码设置失败）。

（2）自动重新启动即可进入系统，登录等待界面如图 1.2.10 所示，按 Ctrl+Alt+Delete 组合键进入登录界面。

（3）输入用户 Administrator 的密码，单击右侧的"→"按钮，即可登录系统，如图 1.2.11 所示。

图 1.2.10　登录等待界面

图 1.2.11　输入密码

（4）登录成功后会显示桌面并默认展示"服务器管理器"界面，如图 1.2.12 所示。

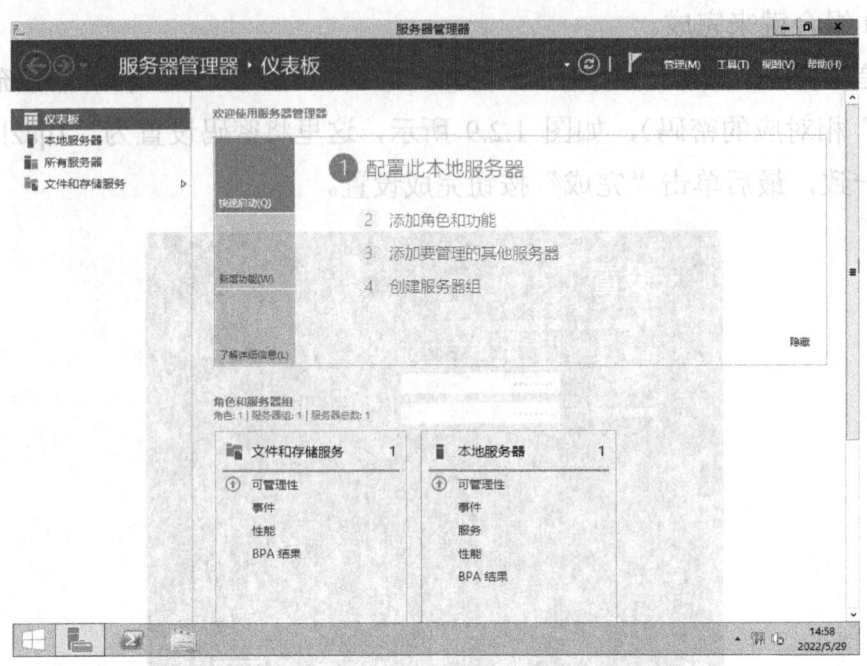

图 1.2.12 "服务器管理器"界面

任务小结

（1）安装 Windows Server 2012 R2 网络操作系统时，注意选择带有 GUI 的服务器选项。

（2）安装 Windows Server 2012 R2 网络操作系统成功后，设置用户 Administrator 的密码时需要满足复杂性要求。

任务 1.3 虚拟机的操作与设置

任务描述

A 公司的网络管理员小赵，根据需求成功安装了 VMware Workstation 虚拟机软件，并且新建了基于 Windows Server 2012 R2 的虚拟主机，接下来的任务是进行虚拟机的操作与相关配置。

任务要求

因每台虚拟机的功能要求不同，宿主机的性能也存在差异，因此需要对虚拟机进行配置，更改虚拟机的硬件参数。具体要求如下。

（1）预先浏览虚拟机的存储位置"D:\Win2012-1\Win2012-1.vmx"。

（2）参照表 1.3.1，对 Win2012-1 虚拟机进行配置。

表 1.3.1 Win2012-1 虚拟机基本配置

项目	说明
基本操作	打开虚拟机，存储位置为 D:\Win2012-1\Win2012-1.vmx
	关闭虚拟机、挂起与恢复虚拟机、删除虚拟机
	将虚拟机的网络连接类型修改为"桥接"
克隆	创建完整克隆，名称和位置均为默认配置
快照	创建快照，名称为"Win2012-1 初始快照"；快照管理，将 Win2012-1 虚拟机恢复到快照初始状态

任务实施

活动 1 VMware 网络工作方式

一般的虚拟机软件会提供以下网络接入模式。

1. NAT 模式

在 NAT 模式下，物理机会变成一台虚拟交换机，物理机网卡与虚拟机的虚拟网卡利用虚拟交换机进行通信。物理机与虚拟机在同一网段中，虚拟机可以直接利用物理网络访问外网，实现虚拟机连接互联网，只能单向访问。虚拟机可以访问网络中的物理机，网络中的物理机不可以访问虚拟机，虚拟机之间不可以互相访问。在物理机中，NAT 虚拟机网卡对应的物理网卡是 VMware Network Adapter VMnet8。

2. 桥接模式（Bridged）

桥接模式相当于在物理机网卡与虚拟机网卡之间架设了一座桥梁，虚拟机直接接入网络。虚拟机能被分配一个网络中独立的 IP 地址，所有网络功能完全和在网络中的物理机一样。桥接既能实现虚拟机和物理机之间的相互访问，又能实现虚拟机之间的相互访问。

3. 仅主机模式（Host-Only）

在主机中模拟出一张专供虚拟机使用的网卡，所有虚拟机都连接到该网卡上。这种模式仅能实现虚拟机与物理机的通信，不能连接 Internet。在物理主机中，仅主机模式模拟网卡对应的物理网卡是 VMware Network Adapter VMnet1。

活动 2 认识虚拟机克隆与快照

虽然虚拟机的配置和安装都很方便，但是耗时较长，在许多时候需要多个虚拟机来完成学习或实验，这时如果能够快速部署虚拟机就显得更加方便了，虚拟机软件提供的克隆功能恰恰可以做到这一点。克隆是将一个已经存在的虚拟机作为父本，并迅速地建立该虚拟机副本的过程。克隆出的虚拟机是一个单独的虚拟机，功能独立。在克隆出的虚拟机中，即便共享父本的硬盘，但所做的任何操作都不会影响父本，在父本中的操作也不会影响克隆虚拟机，MAC 地址和通用唯一识别码（Universally Unique Identifier，UUID）也与父本不一样。使用克隆，可以轻松地复制虚拟机的多个副本，而不用考虑虚拟机安装文件及配置文件。

1. 克隆的应用

当需要把一个虚拟机操作系统分发给多人使用时，克隆非常有效，如下列场景。

（1）在单位里，可以把安装配置好办公环境的虚拟机克隆给每个工作人员使用。

（2）在软件测试的时候，可以把预先配置好的测试环境克隆给每个测试人员单独使用。

（3）教师可以把课程中要用到的实验环境准备好，然后克隆给每个学生单独使用。

2. 克隆的类型

（1）完整克隆。

完整克隆是克隆一个独立的虚拟机，克隆出的虚拟机不需要共享父本，即完全克隆一个副本，并且和父本完全分离。完整克隆是从父本的当前状态开始克隆的，克隆结束后和父本就没有关联了。

（2）链接克隆。

链接克隆是从父本的一个快照克隆出来的。链接克隆需要使用父本的磁盘文件，如果父本不可使用（被删除等），那么链接克隆的副本也不能使用。

3. 虚拟机快照

在学习操作系统的过程中，往往会反复地对操作系统进行设置，特别是有些操作不可逆，即便可逆也费时费力，可不可以对系统的状态进行一个备份，在做完实验或实验失败之后迅速恢复到实验前的状态呢？多数虚拟机提供了类似的功能，一般称之为"快照"。

快照是虚拟机磁盘文件在某个点的即时副本，可以通过设置多个快照为不同的工作保存多个状态，并且不互相影响。快照可以在操作系统运行的过程中随时设置，以后可以随时恢复到创建快照时的状态，创建和恢复都非常快，几秒就完成了。系统崩溃或系统异常时，可以通过使用"恢复到快照"功能来恢复磁盘文件系统和存储。

活动3　虚拟机基本操作

1. 打开虚拟机

（1）打开 VMware Workstation 主界面的"主页"标签页，单击"打开虚拟机"按钮，如图 1.3.1 所示。

（2）在"打开"对话框中，浏览虚拟机的存储位置并选择虚拟机的配置文件"D:\Win2012-1\Win2012-1.vmx"，然后单击"打开"按钮，如图 1.3.2 所示。

💡 **小贴士**

在虚拟机存储位置下，存储了有关该虚拟机的所有文件或文件夹，在 VMware Workstation 中，常见的文件扩展名及其作用见表 1.3.2。

安装 Windows Server 2012 R2 网络操作系统

图 1.3.1　VMware Workstation 主界面

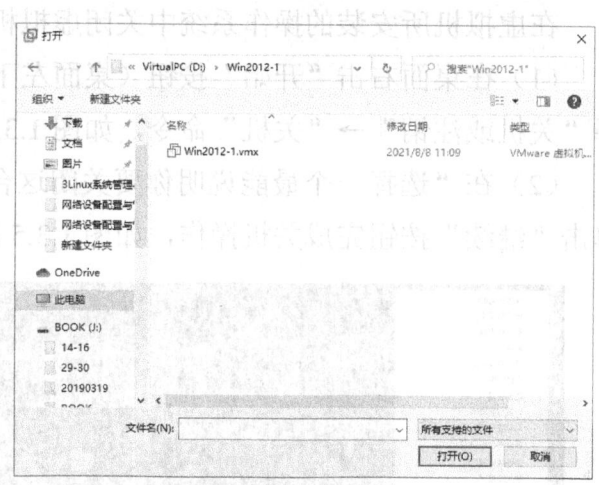
图 1.3.2　浏览虚拟机的存储位置

表 1.3.2　VMware Workstation 常见的文件扩展名及其作用

文件扩展名	文件作用
.vmx	虚拟机配置文件，存储虚拟机的硬件及设置信息，运行此文件即可显示该虚拟机的配置信息
.vmdk	虚拟磁盘文件，存储虚拟机磁盘里的内容
.nvram	存储虚拟机 BIOS 状态信息
.vmsd	存储虚拟机快照相关信息
.log	存储虚拟机运行信息，常用于对虚拟机进行故障诊断
.vmss	存储虚拟机挂起状态信息

（3）返回 VMware Workstation 窗口并显示"Win2012-1"标签页后，单击"开启此虚拟机"按钮后打开虚拟机，如图 1.3.3 所示。

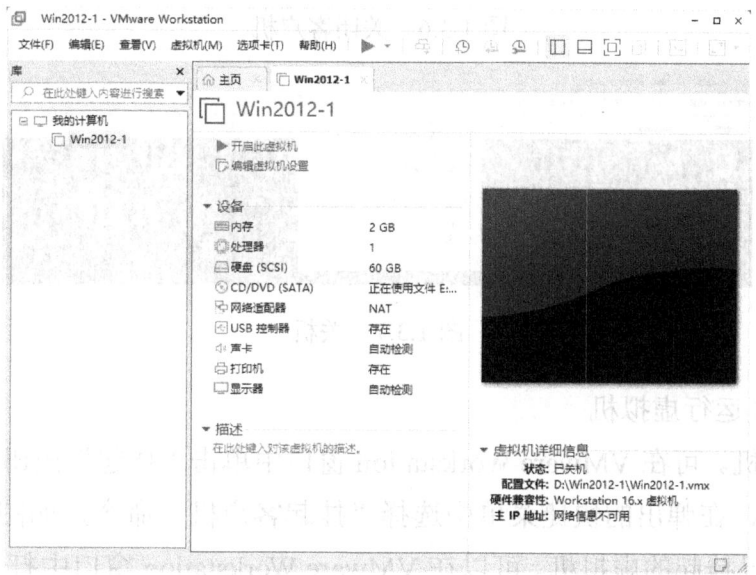
图 1.3.3　打开虚拟机

2. 关闭虚拟机

在虚拟机所安装的操作系统中关闭虚拟机,本任务以 Win2012-1 为例进行介绍。

(1) 在桌面右击"开始"按钮(桌面左下角的 Windows 徽标),在弹出的快捷菜单中选择"关机或注销"→"关机"命令,如图 1.3.4 所示。

(2) 在"选择一个最能说明你要关闭这台计算机的原因"对话框中选择关机原因,然后单击"继续"按钮完成关机操作,如图 1.3.5 所示。

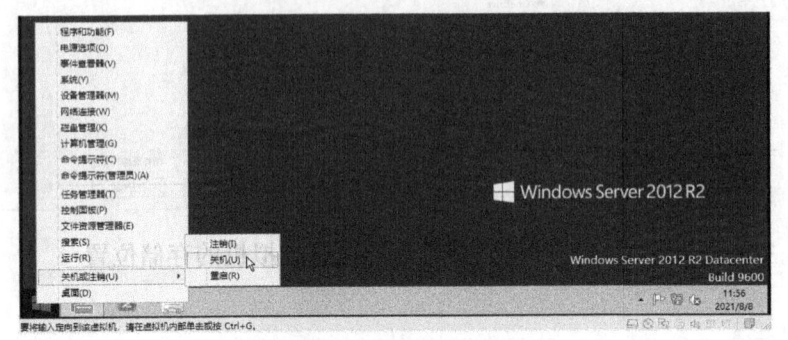
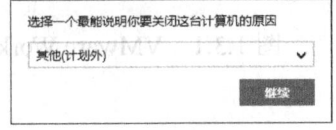

图 1.3.4　关闭虚拟机　　　　　　　　　图 1.3.5　选择关机原因

(3) 当因虚拟机内出现操作系统蓝屏、死机等异常情况无法正常关闭时,可在 VMware Workstation 窗口中单击"挂起"按钮(两个橙色的竖线)后的下拉按钮,在弹出的快捷菜单中选择"关闭客户机"命令,或者选择"关机"命令,如图 1.3.6、图 1.3.7 所示。

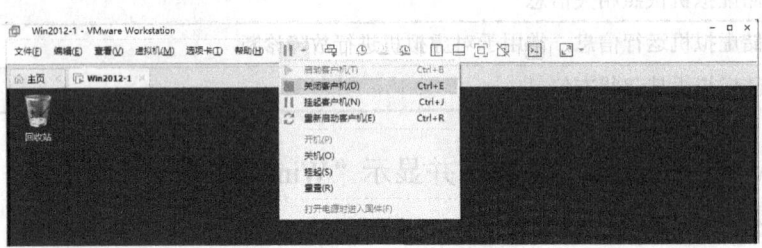

图 1.3.6　关闭客户机

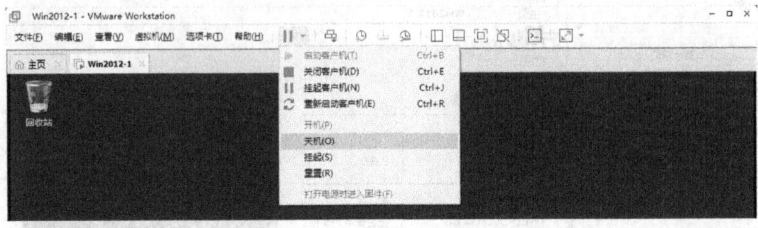

图 1.3.7　关机

3. 挂起与恢复运行虚拟机

(1) 挂起虚拟机。可在 VMware Workstation 窗口中单击"挂起"按钮,或者单击"挂起"按钮后的下拉按钮,在弹出的快捷菜单中选择"挂起客户机"命令,如图 1.3.8 所示。

(2) 继续运行已挂起的虚拟机。可以在 VMware Workstation 窗口中打开该虚拟机标签页,单击"继续运行此虚拟机"按钮,如图 1.3.9 所示。

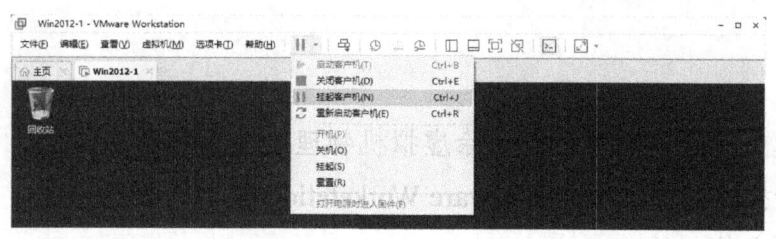

图 1.3.8　挂起客户机

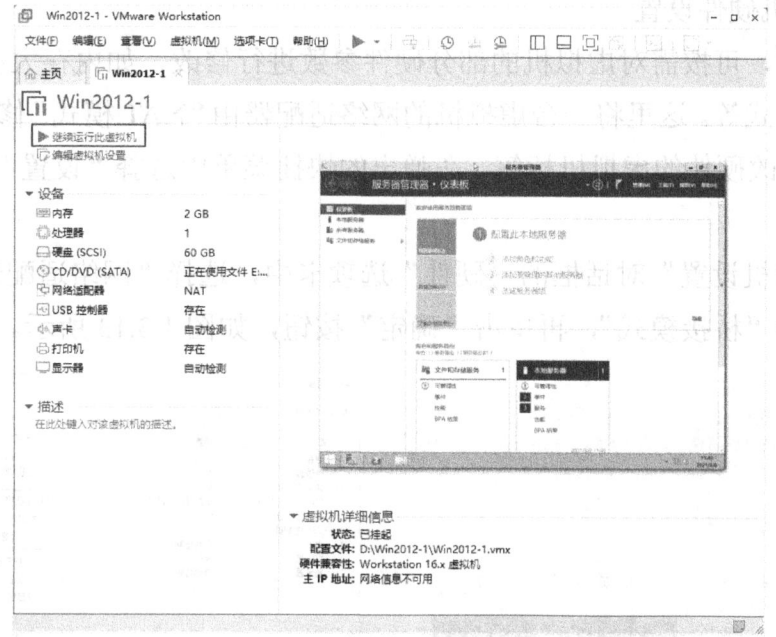

图 1.3.9　继续运行此虚拟机

4．删除虚拟机

（1）选中虚拟机"Win2012-1"标签，单击"虚拟机"菜单，然后在打开的菜单中依次选择"管理"→"从磁盘中删除"命令，如图 1.3.10 所示。

（2）在弹出的警告对话框中，单击"是"按钮确认删除虚拟机，如图 1.3.11 所示。

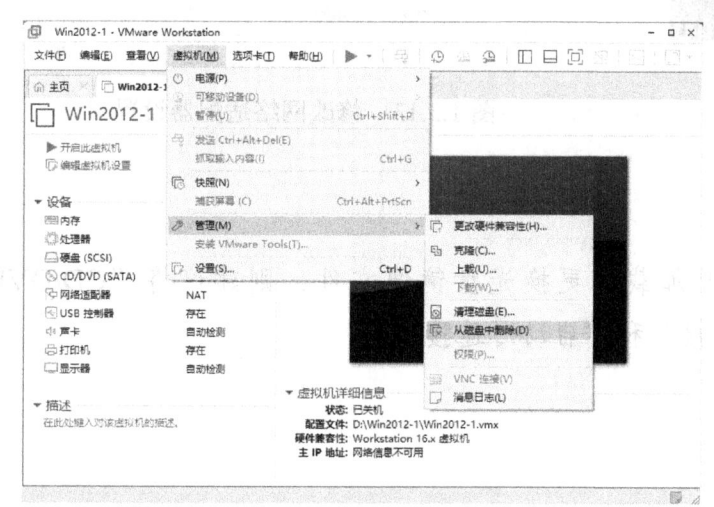

图 1.3.10　删除虚拟机

图 1.3.11　确认删除虚拟机

小贴士

使用"从磁盘中删除"命令,会删除虚拟机物理路径下的所有文件。如果在左侧的虚拟机列表中进行删除操作,则只会在 VMware Workstation 窗口中删除显示,而不会删除虚拟机物理路径下的任何文件。

5. 修改虚拟机硬件设置

使用虚拟机时,可按需对虚拟机的部分硬件参数进行修改,如内存大小、CPU 个数、网络适配器的连接方式等。这里将一台虚拟机的网络适配器由"NAT 模式"修改为"桥接模式"。

(1) 右击要修改硬件的虚拟机标签,在弹出的快捷菜单中选择"设置"命令,如图 1.3.12 所示。

(2) 在"虚拟机设置"对话框的"硬件"选项卡中,选择"网络适配器"选项,然后修改网络连接类型为"桥接模式",再单击"确定"按钮,如图 1.3.13 所示。

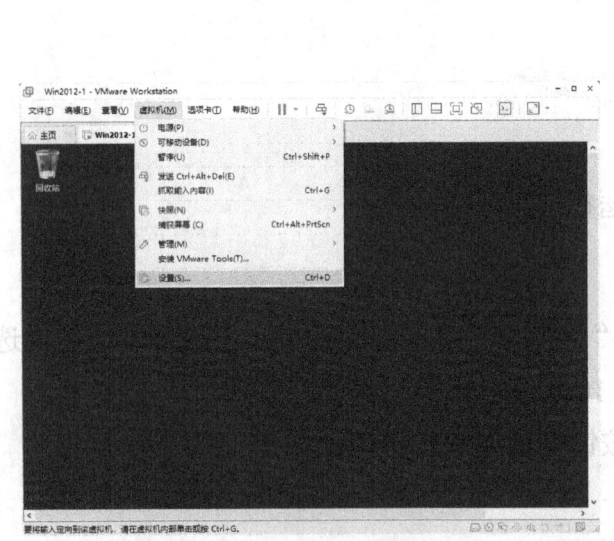

图 1.3.12　修改虚拟机硬件设置

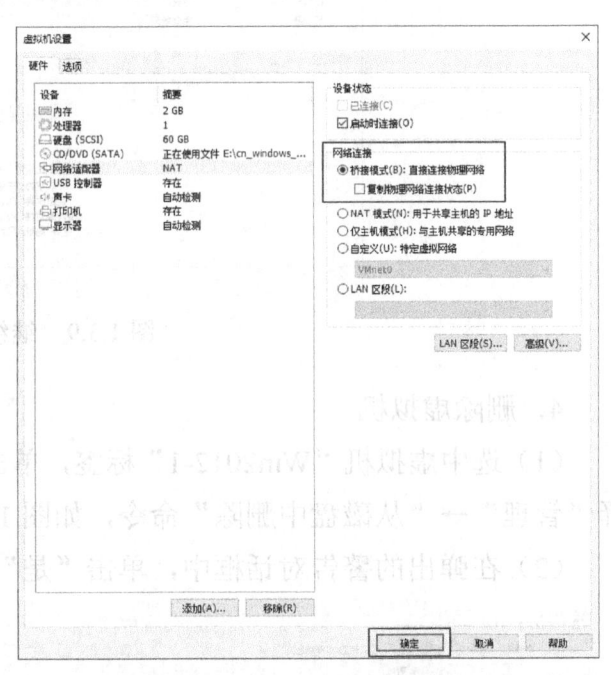

图 1.3.13　修改网络适配器设置

小贴士

在使用虚拟机的过程中,如果需要加载或更换光盘镜像文件,则建议将"CD/DVD(SATA)"的"设备状态"设置为"已连接"和"启动时连接"。

活动 4　创建虚拟机克隆与快照

1. 虚拟机的完整克隆

虚拟机可以克隆当前状态,也可以克隆现有快照(需要关闭虚拟机)。

(1) 选择"虚拟机"→"管理"→"克隆"命令,如图 1.3.14 所示。

（2）在弹出的"克隆虚拟机向导"对话框中，选中"虚拟机中的当前状态"单选按钮，然后单击"下一页"按钮，如图 1.3.15 所示。

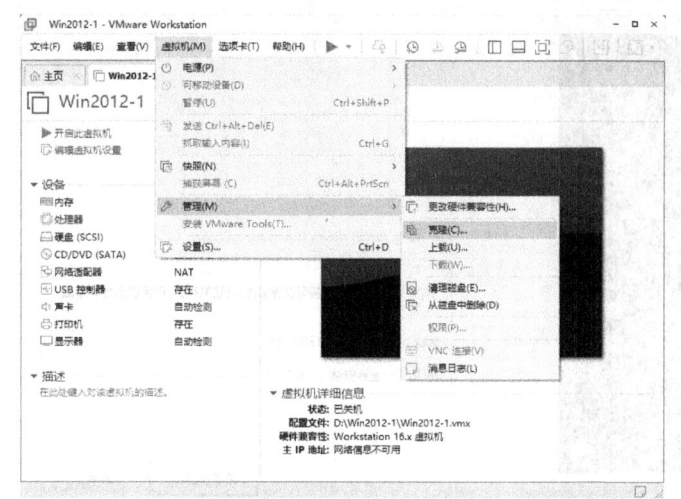

图 1.3.14 "克隆"命令

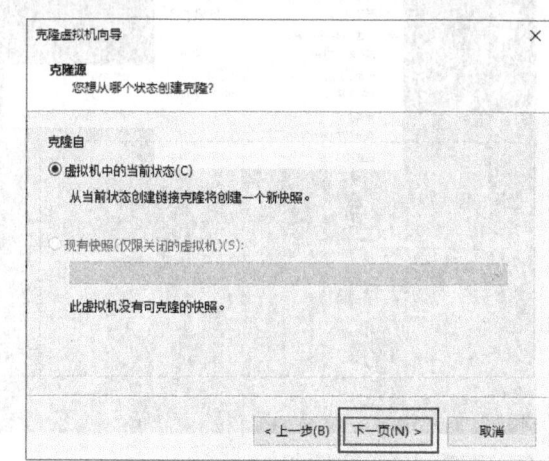

图 1.3.15 克隆虚拟机中的当前状态

（3）选择克隆类型，这里选中"创建完整克隆"单选按钮，如图 1.3.16 所示。

（4）在新虚拟机名称设置界面上填入克隆的虚拟机名称，并确定新虚拟机的保存位置，如图 1.3.17 所示。单击"完成"按钮，完成克隆。采用同样的方法，可以建立多个虚拟机的克隆。

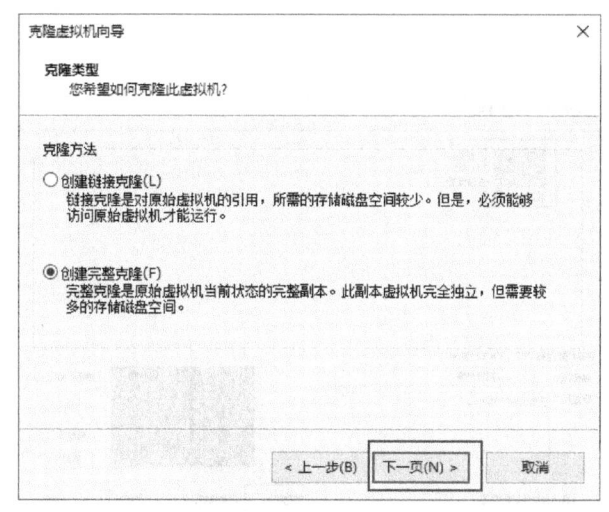

图 1.3.16 选择克隆类型

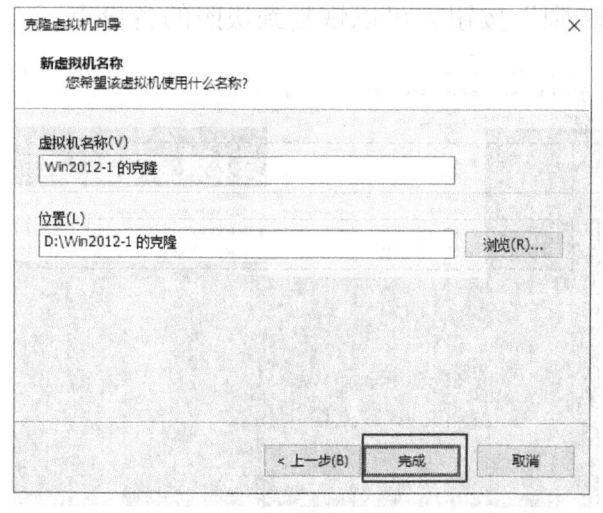

图 1.3.17 设置新虚拟机名称及保存位置

2. 快照的生成

设置虚拟机的快照不需要关闭计算机，虚拟机在任何状态下都可以生成快照，这样在还原的时候可以迅速还原到备份时的状态。

（1）在虚拟机运行的窗口中选择"虚拟机"→"快照"→"拍摄快照"命令，如图 1.3.18 所示。

（2）在弹出的拍摄快照对话框内，输入快照名称和快照描述，然后单击"拍摄快照"按钮，如图 1.3.19 所示。

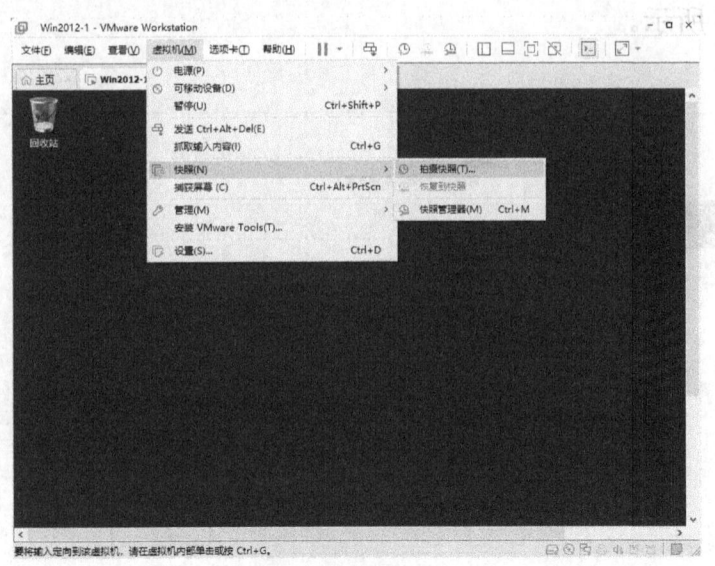

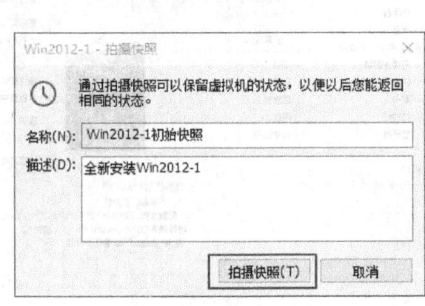

图 1.3.18 "拍摄快照"命令　　　　　　　　图 1.3.19 设置快照名称和快照描述

3．快照的管理

（1）在快照管理中，可以恢复到快照备份的点。可以选择"虚拟机"→"快照"→"快照管理器"命令，如图 1.3.20 所示。

（2）在弹出的"快照管理器"对话框中，如图 1.3.21 所示，选择要恢复的快照点，单击"转到"按钮就可以恢复到快照的备份点了。

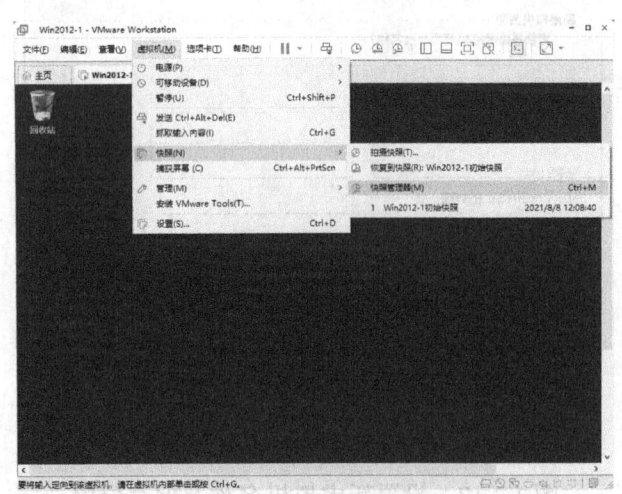

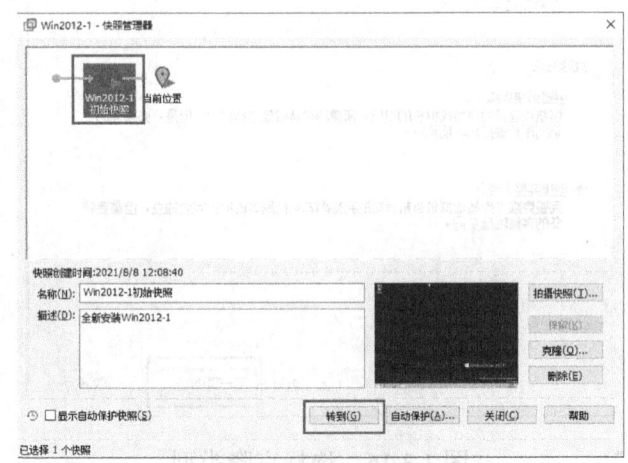

图 1.3.20 "快照管理器"命令　　　　　　　　图 1.3.21 "快照管理器"对话框

任务小结

（1）VMware 网络的工作方式包括桥接模式、NAT 模式和仅主机模式，注意三种模式的区别。

（2）虚拟机的克隆和快照是非常有用的功能，能够快速部署虚拟机。

（3）虚拟机的快照在操作系统的运行过程中可随时设置，以后系统崩溃或系统异常时，可恢复到创建快照时的状态。

思考与练习

一、选择题

1. 在下列选项中，不属于网络操作系统的是（　　）。
   A．UNIX　　　　　　　　　B．Windows 10
   C．DOS　　　　　　　　　　D．Windows Server 2012 R2
2. 推荐将 Windows Server 2012 R2 安装在（　　）文件系统分区上。
   A．NTFS　　　　　　　　　B．FAT
   C．FAT32　　　　　　　　　D．VFat
3. 在下列选项中，（　　）不是 VMware 的网络连接方式。
   A．Bridge　　　　　　　　　B．Route
   C．Host-only　　　　　　　 D．NAT
4. 在下列选项中，（　　）不是 Windows Server 2012 R2 的安装方式。
   A．升级安装　　　　　　　　B．远程服务器安装
   C．全新安装　　　　　　　　D．DVD 光盘
5. 在 Windows Server 2012 R2 虚拟机中，可以使用（　　）组合键登录系统。
   A．Ctrl+Alt+Delete　　　　　B．Ctrl+Alt+Home
   C．Ctrl+Alt+Insert　　　　　 D．Ctrl+Alt+Space
6. Windows Server 2012 R2 安装完成后，用户第一次登录使用的账户是（　　）。
   A．admin　　　　　　　　　B．guest
   C．administrator　　　　　　D．root

二、简答题

1. 简述 Windows Server 2012 R2 各个版本的特点。
2. 简述目前主流的虚拟软件。

项目 2

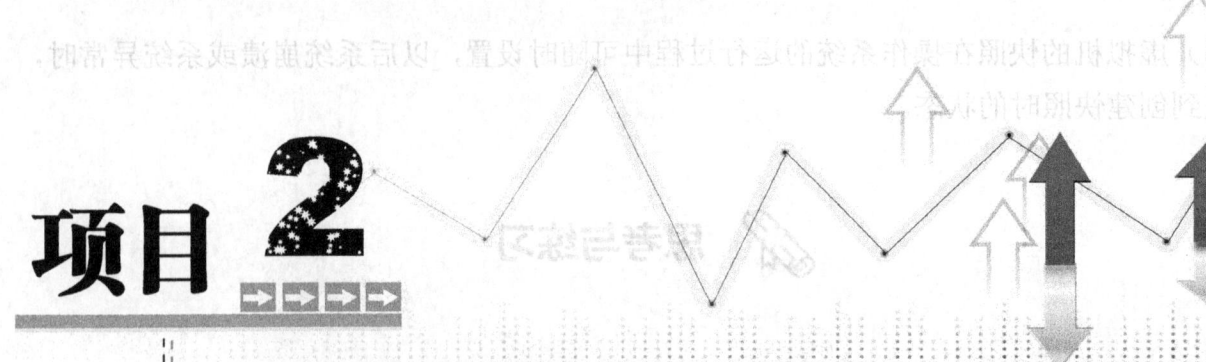

配置 Windows Server 2012 R2 基本环境

知识目标

（1）熟悉 Windows 基本环境配置和应用。
（2）理解防火墙的工作原理和默认状态。
（3）理解远程桌面的作用和实现方法。

能力目标

（1）完成基本环境的配置。
（2）实现 IE 增强的安全配置。
（3）正确设置 Windows 防火墙。
（4）实现远程桌面的配置和管理。

思政目标

（1）增强信息系统安全意识，能在使用网络操作系统时进行基本的安全配置。
（2）增强知识产权意识，能主动使用正版软件。
（3）增强节约意识，能主动使用虚拟化技术高效利用服务器资源。

项目需求

某公司承揽网络中心机房建设与管理工程，按照合同要求进行施工，小赵已经为这些服务器成功安装了网络操作系统，现在需要对服务器的操作系统进行基本环境配置。

只有对操作系统计算机名、TCP/IP 参数、防火墙和远程桌面进行配置，才能使其实现服务功能。计算机名和 TCP/IP 参数是网络中计算机之间相互通信所必需的；Windows 防火墙是基于主机的防火墙，运行时保护计算机免受恶意用户、网络程序攻击；远程桌面可以极大地方便管理员对服务器进行远程管理。

本项目主要介绍 Windows Server 2012 R2 网络操作系统的基本环境配置和应用，帮助读者熟悉与拥有基本的服务器管理能力。项目拓扑结构如图 2.0.1 所示。

图 2.0.1　项目拓扑结构

任务 2.1　配置基本环境与网络应用

任务描述

某公司的管理员小赵安装了 Windows Server 2012 R2 网络操作系统，需要在正式投入使用之前进行一些基本设置，包括：更改计算机名便于管理，设置 TCP/IP 参数使虚拟机接入网络，关闭 Internet Explorer（IE）增强的安全设置使系统能正常浏览网页。

任务要求

对服务器操作系统进行一些基本的设置是很有必要的，对于初学者来说，更改计算机名、设置 TCP/IP 参数等都是必须掌握的。基本设置见表 2.1.1。

表 2.1.1　Windows Server 2012 R2 基本设置

项　目	说　明
计算机名	DC、BDC
工作组名	YITENG
IP 地址/子网掩码	192.168.1.101/24、192.168.1.102/24
默认网关	192.168.1.254
IE 增强的安全配置	关闭

任务实施

活动 1　基本术语介绍

1. 服务器管理器

服务器管理器是 Windows Server 2012 R2 中的管理控制台，用于帮助 IT 专业人员进行桌面配置及管理基于 Windows 的本地和远程服务器。服务器管理器是 Windows Server 2012 R2 扩展的 Microsoft 管理控制台（MMC），允许查看和管理影响服务器工作效率的主要信息，用于管理服务器的标志和系统信息、显示服务器状态、通过服务器角色配置来识别问题，以及管理服务器上已安装的所有角色。服务器管理器缓解了企业对多个服务器角色进行管理和安全保护的任务压力。

在 Windows Server 2012 R2 系统管理中有两个重要的概念：角色和功能。它们相当于 Windows Server 2003 中的 Windows 组件，重要的组件划分到 Windows Server 2012 R2 角色，其他服务和服务器功能的实现则划分到 Windows Server 2012 R2 功能。

角色是 Windows Server 2012 R2 中的一个新概念，主要是指服务器角色，也就是运行某个特定服务的服务器角色。当一台服务器安装了某个服务后，那么这台机器就被赋予了某种角色，这个角色为应用程序、计算机或整个网络环境提供相应的服务。

功能是一些软件程序，它们不直接构成角色，但可以支持或增强角色，甚至增强整个服务器的功能。例如，"Telnet 客户端"功能允许通过网络与 Telnet 服务器进行远程通信，从而全面实现服务器的通信应用。

服务器管理器的主界面如图 2.1.1 所示，主要包含"仪表板""本地服务器""所有服务器""文件和存储服务"等选项。

图 2.1.1　服务器管理器的主界面

2．计算机名

计算机名用来标识计算机在网络中的身份，如同人的名字一样。在同一网络中计算机名是唯一的，系统安装完成后会自动设置计算机名。建议根据此计算机所承担的服务角色设置容易识别的名称，这个名称就是从网络中看到的计算机名。

3．工作组

用户可以利用 Windows Server 2012 R2 构建网络，以便将网络上的资源共享给其他用户。

Windows Server 2012 R2 支持工作组（Workgroup）和域（Domain）两种网络类型。

工作组就是将不同的计算机按功能分别列入不同的组中，以方便管理。例如，一个公司会分为财务部、市场部等，财务部的计算机全部列入财务部的工作组中，市场部的计算机全部列入市场部的工作组中等。如果需要访问财务部的资源，就在"网上邻居"里找到财务部的工作组，双击即可看到该财务部的计算机了。工作组实现的是一种分散的管理，每台计算机都是独立自主的，用户账户和权限信息保存在本机中，同事借助工作组来共享信息，共享信息的权限设置由每台计算机自身控制。任何一台计算机只要接入网络，其他计算机就都可以访问其共享资源了，如共享文件等。

关于域的网络类型将在后面的项目中进行介绍。

活动 2　基本配置

1．设置计算机名和工作组名

（1）单击桌面左下角的"服务器管理器"图标，打开"服务器管理器"窗口，选择左侧"本地服务器"选项，在如图 2.1.2 所示的"属性"列表框中单击"计算机名"后面的"WIN-25BD0F62JV9"链接。

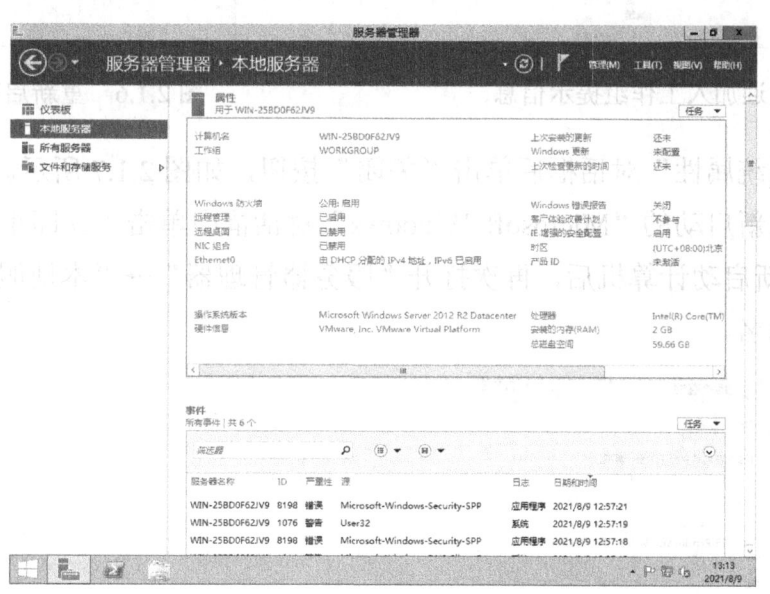

图 2.1.2　本地服务器属性

（2）在弹出的"系统属性"对话框中，选择"计算机名"选项卡后单击"更改"按钮，如图 2.1.3 所示。

（3）在"计算机名/域更改"对话框中输入新的计算机名"DC"，选中"工作组"单选按钮并输入工作组名称"YITENG"，然后单击"确定"按钮，如图 2.1.4 所示。在出现"欢迎加入 YITENG 工作组"提示信息后，单击"确定"按钮，如图 2.1.5 所示。

（4）在出现"必须重新启动计算机才能应用这些更改"提示信息后，单击"确定"按钮，如图 2.1.6 所示。

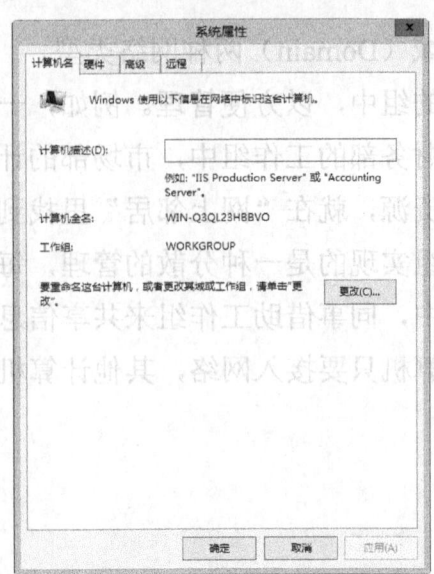

图 2.1.3 "计算机名"选项卡

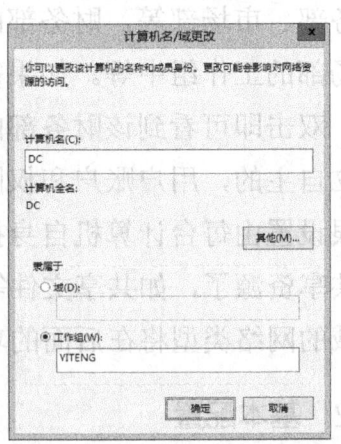

图 2.1.4 设置计算机名和工作组名

图 2.1.5 欢迎加入工作组提示信息

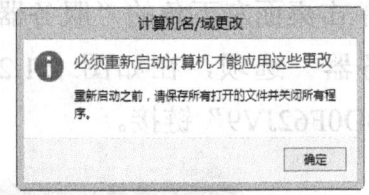

图 2.1.6 重新启动提示

（5）返回"系统属性"对话框后单击"关闭"按钮，如图 2.1.7 所示。

（6）在提示重新启动的"Microsoft Windows"对话框中单击"立即重新启动"按钮，如图 2.1.8 所示。重新启动计算机后，再次打开"服务器管理器"→"本地服务器"界面即可查看修改后的计算机名。

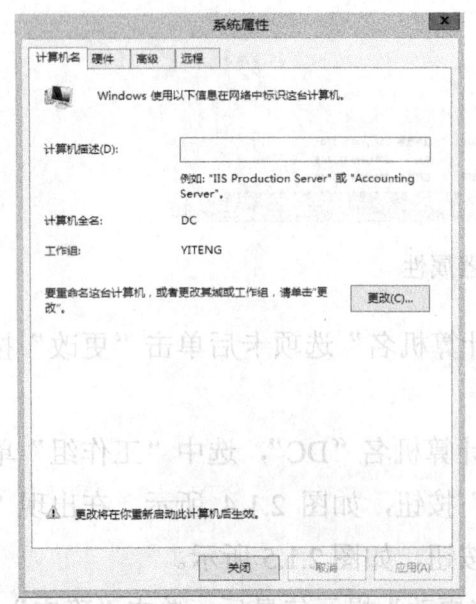

图 2.1.7 "系统属性"对话框

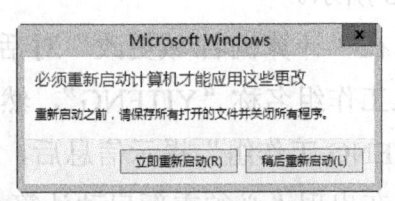

图 2.1.8 重新启动提示

2. 设置 IP 地址

（1）打开"服务器管理器"窗口，在"本地服务器"界面中，单击"Ethernet 0"后的"由 DHCP 分配的 IPv4 地址，IPv6 已启用"链接，如图 2.1.9 所示。

（2）在"网络连接"窗口中右击网络适配器"Ethernet 0"图标，在弹出的快捷菜单中选择"属性"命令，如图 2.1.10 所示。

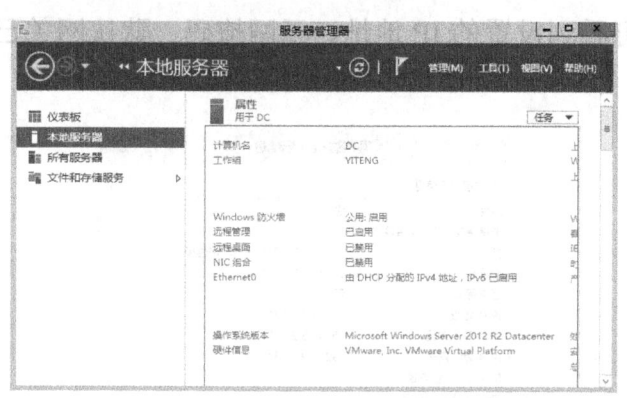

图 2.1.9　"本地服务器"界面

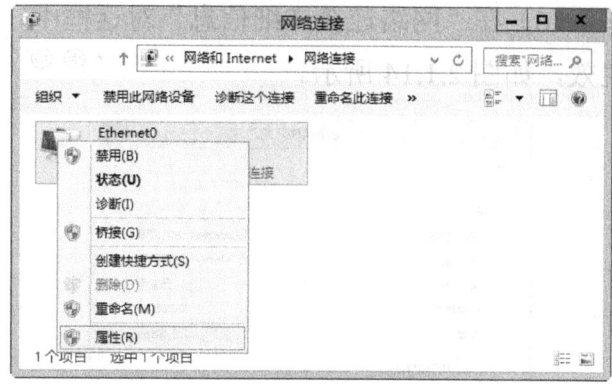

图 2.1.10　选择"属性"命令

（3）在"Ethernet 0 属性"对话框中，勾选"Internet 协议版本 4（TCP/IPv4）"复选框，然后单击"属性"按钮，如图 2.1.11 所示。

（4）在"Internet 协议版本 4（TCP/IPv4）属性"对话框中，手动设置 IP 地址：选中"使用下面的 IP 地址"单选按钮，设置服务器的 IP 地址为 192.168.1.101、子网掩码为 255.255.255.0、默认网关为 192.168.1.254，设置完成后单击"确定"按钮，如图 2.1.12 所示。

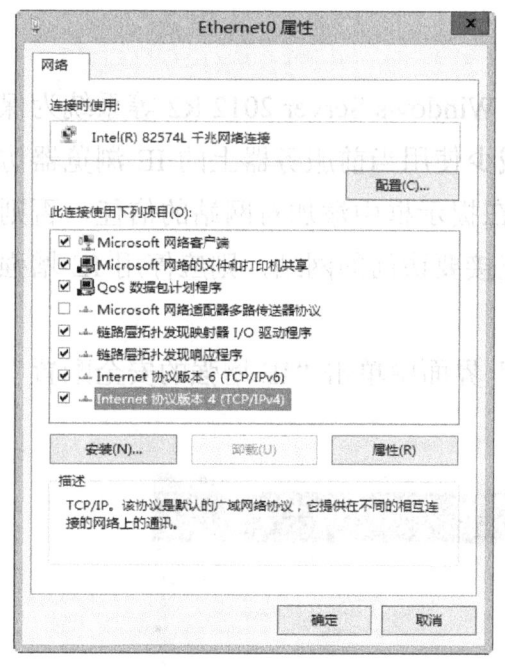

图 2.1.11　选择协议版本

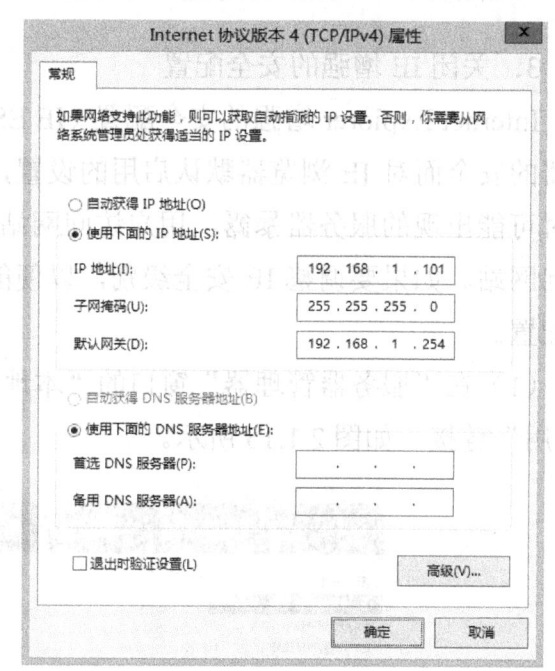

图 2.1.12　手动设置 IP 地址

💡 小贴士

从物理机切换到虚拟机后，如果无法在虚拟机中使用键盘数字区，则需要检查 NumLock（或 Num）键的状态，确认开启了数字输入功能。

（5）返回"Ethernet 0 状态"对话框后，单击"详细信息"按钮，如图 2.1.13 所示。

（6）在"网络连接详细信息"对话框中，可看到设置的 IP 地址、子网掩码、默认网关已生效，如图 2.1.14 所示。

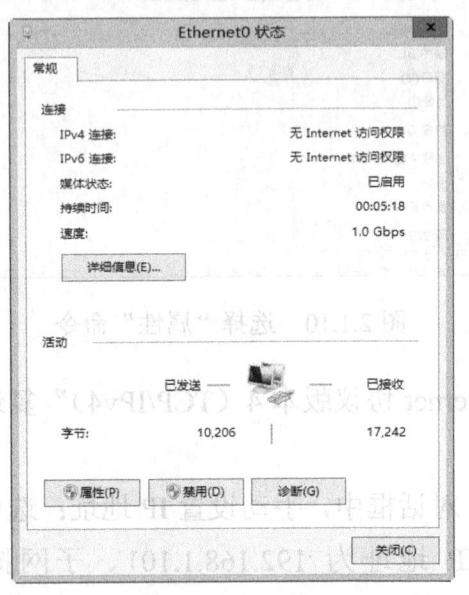

图 2.1.13 "Ethernet0 状态"对话框

图 2.1.14 显示 IP 地址等信息

3．关闭 IE 增强的安全配置

Internet Explorer 增强的安全配置（IE ESC），是 Windows Server 2012 R2 等系统为保障服务器的安全而对 IE 浏览器默认启用的设置，用以减少使用当前服务器上的 IE 浏览器访问网站时可能出现的服务器暴露，用户访问网站时需要在提示框中添加对网站的信任，否则无法访问网站。如果要调整 IE 安全级别，以便能直接连接要访问的网站，则应停用 IE 增强的安全配置。

（1）在"服务器管理器"窗口的"本地服务器"界面中单击"IE 增强的安全配置"后的"启用"链接，如图 2.1.15 所示。

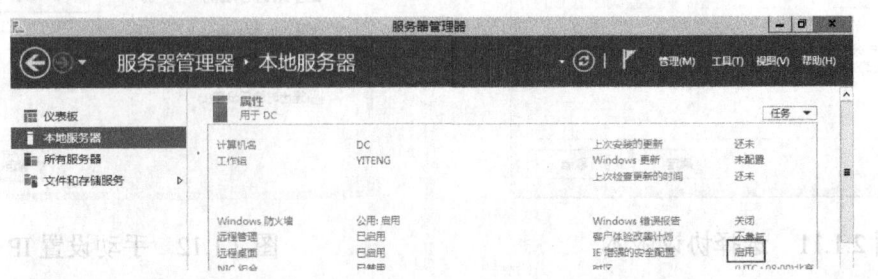

图 2.1.15 "IE 增强的安全配置"状态为启用

（2）在"Internet Explorer 增强的安全配置"对话框中，分别在"管理员"选区和"用户"选区中选中"关闭"单选按钮，然后单击"确定"按钮，如图 2.1.16 所示。

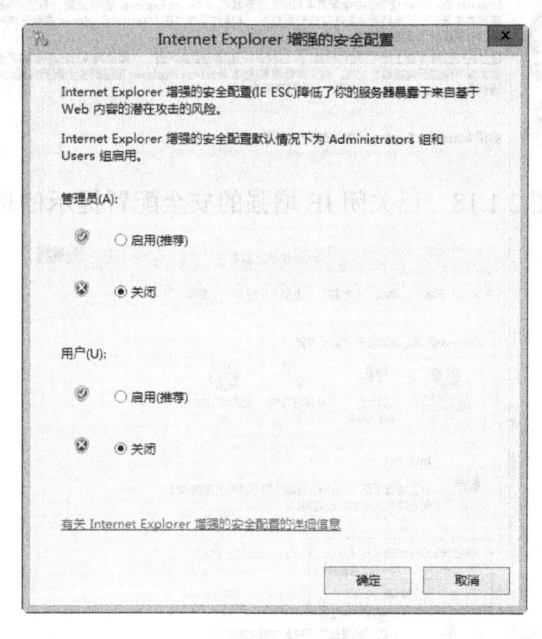

图 2.1.16　修改"IE 增强的安全配置"

（3）返回"本地服务器"界面，可以看到"IE 增强的安全配置"状态改为"关闭"，如图 2.1.17 所示。

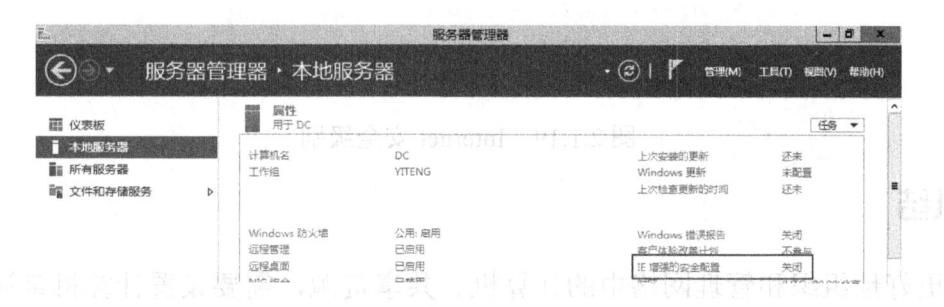

图 2.1.17　"IE 增强的安全配置"状态为关闭

小贴士

若已经修改了"本地服务器"的"属性"信息，但在上述界面中没有正确显示，则可以刷新或重新打开此界面，如果仍未正确显示，则需要进一步确认该设置是否需要重新启动计算机才能生效。

（4）设置完毕后打开 IE 浏览器，若有"警告：Internet Explorer 增强的安全配置未启用"提示信息则表明已经关闭设置，如图 2.1.18 所示。

（5）关闭后，IE 的安全级别会自动调整为"中-高"，这时便不会阻挡要连接的网站了。

打开 IE 浏览器，按 "Alt"键显示菜单栏，选择"工具"→"Internet 选项"→"安全"命令，可看到该区域的安全级别为"中-高"，如图 2.1.19 所示。

Windows Server 2012 R2 系统管理与服务器配置

图 2.1.18　已关闭 IE 增强的安全配置提示信息

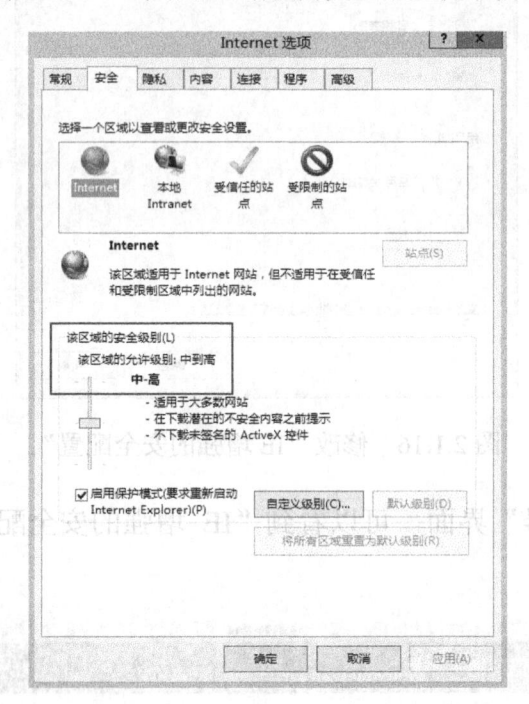

图 2.1.19　Internet 安全级别

任务小结

（1）为更好地组织和管理网络中的计算机、共享资源，需要设置计算机隶属的"域"或"工作组"。

（2）利用虚拟机软件创建操作系统时，需要区分典型类型和自定义类型的不同，自定义类型要设置内存、磁盘的大小及保存的位置。

任务 2.2　配置 Windows 防火墙

任务描述

某公司的服务器投入使用后，需要承载公司销售人员和技术人员的培训类等多种课程，有些课程需要借助虚拟机来搭建可连通的网络环境。Windows Server 2012 R2 默认开启了防火墙，拒绝其他计算机使用"ping"命令等测试连通性。

任务要求

小赵使用两台安装有 Windows Server 2012 R2 的虚拟机,分别测试启用、关闭防火墙时"ping"命令的执行效果,并尝试设置防火墙规则。其防火墙配置要求见表 2.2.1。

表 2.2.1　Windows Server 2012 R2 防火墙配置要求

项　目	说　明
服务器 BDC	关闭计算机系统的防火墙
服务器 DC	测试由 DC 到 BDC 的连通性

任务实施

活动 1　认识 Windows 防火墙

防火墙是一种隔离内部网络和外部网络的安全技术,其将所连接的不同网络划分为多个安全域,如信任区域(Trust Zone,常用来定义内部网络)、非信任区域(Untrust Zone,常用来定义外部网络)、隔离区域(Demilitarized Zone,也称为 DMZ,常用来定义内部服务器所在网络),并通过在安全域之间设置访问规则(也称为安全策略)来保护网络及计算机。

防火墙可以是硬件也可以是软件。Windows Server 2012 R2 网络操作系统内包含的防火墙可以保护计算机不受外部攻击。系统根据网络位置将网络分为专用网络、公用网络和域网络,而且可以自动判断并设置计算机所在的网络位置。为了增加计算机在网络中的安全性,位于不同网络位置的计算机有着不同的 Windows 防火墙设置。例如,位于公用网络的计算机防火墙设置得较为严格,而位于专用网络的计算机防火墙则设置得较为宽松。

Windows 防火墙是运行在 Windows 操作系统中的软件,默认为启用状态,用来阻止所有未在允许规则中的传入连接(入站)。关闭 Windows 防火墙后,则允许任意地传入连接(入站)。在工作组的模式下位于公用网络的计算机之间是无法通信的。

活动 2　配置 Windows 防火墙

1. 关闭 BDC 计算机的防火墙

(1)在"服务器管理器"窗口的"本地服务器"界面中,单击"Windows 防火墙"后的"公用:启用"链接,如图 2.2.1 所示。

(2)在"Windows 防火墙"窗口中,单击"启用或关闭 Windows 防火墙"链接,如图 2.2.2 所示。

(3)在"自定义设置"窗口中,分别在"专用网络设置"和"公用网络设置"选区中选中"关闭 Windows 防火墙"单选按钮,然后单击"确定"按钮,如图 2.2.3 所示。

(4)刷新"服务器管理器"窗口,可看到服务器 Win2012-2 的防火墙已经关闭,如图 2.2.4 所示。

Windows Server 2012 R2 系统管理与服务器配置

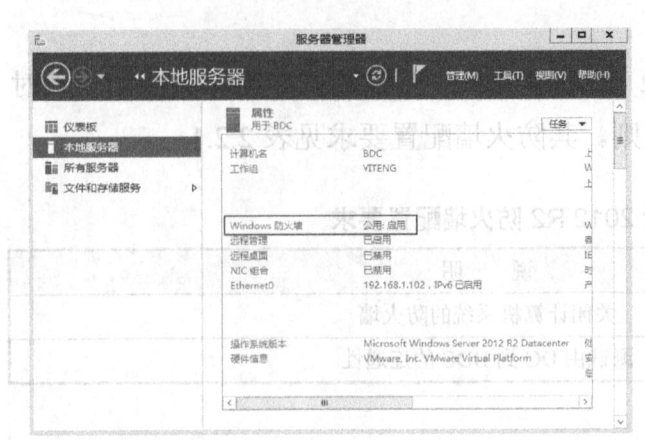

图 2.2.1　单击"公用：启用"链接　　　图 2.2.2　单击"启用或关闭 Windows 防火墙"链接

图 2.2.3　关闭 Windows 防火墙　　　图 2.2.4　显示 Windows 防火墙关闭

2. 测试由 DC 到 BDC 的连通性

（1）右击"开始"按钮，在弹出的快捷菜单中单击"运行"命令，在"运行"对话框中的"打开"文本框内输入"cmd"命令，单击"确定"按钮，如图 2.2.5 所示。

（2）在命令提示符窗口中输入命令"ping 192.168.1.102"，在回显结果中可看到从 DC 到 BDC 处于连通状态，如图 2.2.6 所示。

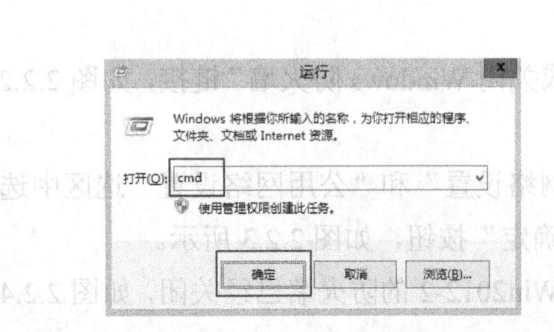

图 2.2.5　输入"cmd"命令　　　图 2.2.6　ping 命令的连通结果显示

小贴士

使用 Windows+R 组合键可快速打开"运行"对话框。

（3）在 BDC 上重复以上操作，测试由 BDC 到 DC 的连通性，回显结果显示为"请求超时"，如图 2.2.7 所示。因为 DC 上默认开启了 Windows 防火墙，其默认的入站规则阻止了外部主机的 ICMP 回显请求。

（4）在 DC 的入站规则中开启 ICMP 回显。在"Windows 防火墙"窗口中，单击左侧的"高级设置"链接，如图 2.2.8 所示。

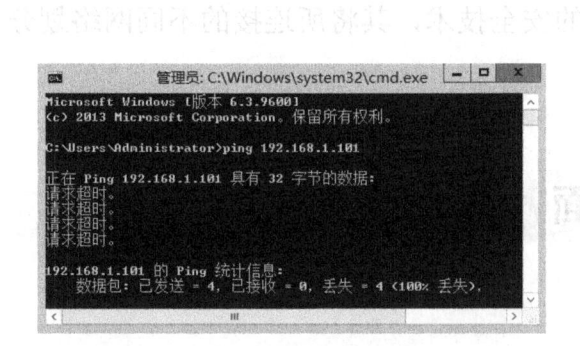

图 2.2.7　ping 命令的超时结果显示　　　　　图 2.2.8　单击"高级设置"链接

（5）在 DC 的"高级安全 Windows 防火墙"窗口中，单击左侧的"入站规则"选项。然后在"入站规则"列表框中右击"文件和打印机共享（回显请求-ICMPv4-In）"选项，在弹出的快捷菜单中选择"启用规则"命令，如图 2.2.9 所示。

（6）在 BDC 上，再次测试从 BDC 到 DC 的连通性，通过回显结果可看到由 BDC 到 DC 能够连通，如图 2.2.10 所示。

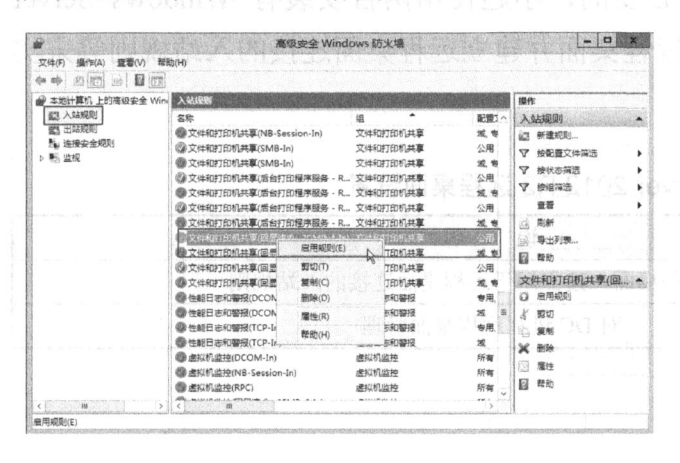

图 2.2.9　启用回显请求　　　　　　　　　　图 2.2.10　测试连通性

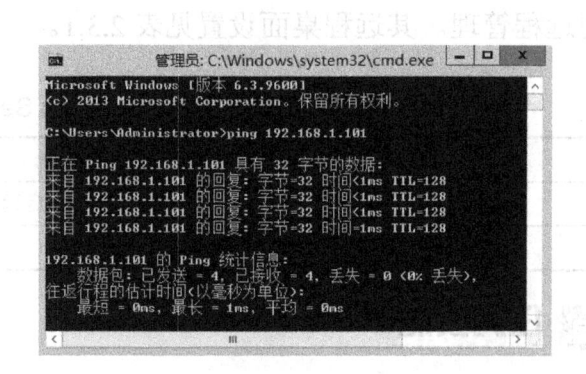

小贴士

ICMP（Internet Control Message Protocol，Internet 控制报文协议），用于在主机和具有路由功能的设备之间传递控制消息。在 Windows 操作系统中，用来测试连通性的命令 ping、用来跟踪路由的命令 tracert 都是通过 ICMP 实现的。不同 ICMP 报文的数据类型（Type）表示的含义也不同，使用较多的有回显请求（Type=8）和回显应答（Type=0）。ICMPv4-In 表示外部主机向本地计算机 IPv4 地址发起的回显请求。

任务小结

（1）防火墙可以是硬件也可以是软件。Windows 防火墙是运行在 Windows 操作系统的组件，默认为启用状态。

（2）防火墙是一种隔离内部网络和外部网络的安全技术，其将所连接的不同网络划分为多个安全域。

任务 2.3　配置 Windows 远程桌面

任务描述

一般情况下，管理员需要为服务器连接显示器以便完成初始配置，但后续的管理工作大多采用带内管理方式，即使用远程桌面或 SSH 等方式完成对服务器的控制。在任务 2.2 中，小赵已经在服务器 DC 的 Windows 防火墙中建立了允许远程桌面连接的规则。

任务要求

管理员对服务器进行远程管理是非常有必要的，小赵使用两台安装有 Windows Server 2012 R2 网络操作系统的虚拟机，通过开启远程桌面并建立远程桌面连接的入站规则等来实现远程管理。其远程桌面设置见表 2.3.1。

表 2.3.1　Windows Server 2012 R2 远程桌面设置

项　　目	说　　明
服务器 DC	开启远程桌面，建立用于远程桌面连接的入站规则
服务器 BDC	对 DC 进行远程桌面管理

任务实施

活动 1　高级安全 Windows 防火墙概述

Windows Server 2012 R2 可以针对不同的网络位置设置不同的 Windows 防火墙规则和不

同的配置文件，以及更改这些配置文件，并且可以通过高级安全 Windows 防火墙属性对域网络、专用网络和公用网络分别设置入站规则与出站规则。

（1）阻止（默认值）：阻止没有防火墙规则明确允许连接的所有连接。

（2）阻止所有链接：无论是否有防火墙规则明确允许的连接，全部阻止。

（3）允许（默认值）：允许连接，但有防火墙规则明确阻止的连接除外。

活动 2　实现 Windows 远程桌面

在工作场景中，除在初始配置时为服务器连接显示器外，后续的管理一般采用远程方式。Windows Server 2012 R2 提供了远程桌面功能，但由于在工作组模式下默认的 Windows 防火墙规则阻止远程桌面的传入连接，因此要想使用远程桌面功能需要先将对应规则设置为允许。

如果一台服务器仅用来提供网络服务，而不作为网关型设备使用，则一般只设置入站规则。在设置 Windows 防火墙时，可以直接使用内置规则，也可以按需要建立自定义规则。

1. 在 DC 上建立用于远程桌面连接的入站规则

（1）在"高级安全 Windows 防火墙"窗口中，右击左侧的"入站规则"选项，在弹出的快捷菜单中选择"新建规则"命令，如图 2.3.1 所示。

（2）在"新建入站规则向导"对话框中，选择对"规则类型"进行设置，选中"端口"单选按钮，然后单击"下一步"按钮，如图 2.3.2 所示。

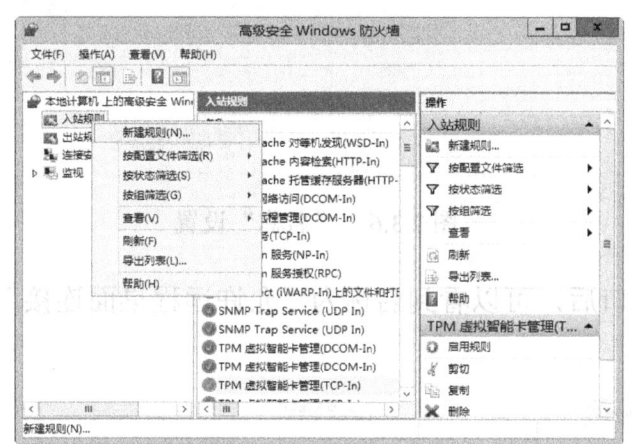

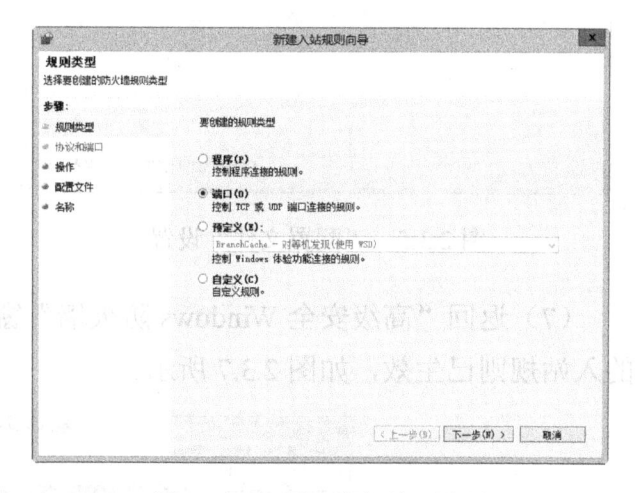

图 2.3.1　新建规则　　　　　　　　图 2.3.2　"规则类型"设置

（3）选择对"协议和端口"进行设置：在"此规则应用于 TCP 还是 UDP？"选区选中"TCP"单选按钮，在"此规则应用于所有本地端口还是特定的本地端口？"选区选中"特定本地端口"单选按钮并在文本框中输入"3389"，然后单击"下一步"按钮，如图 2.3.3 所示。

（4）对"操作"进行设置，选中"允许连接"单选按钮，然后单击"下一步"按钮，如图 2.3.4 所示。

（5）在对"配置文件"进行设置时采用默认选项，单击"下一步"按钮，如图 2.3.5 所示。

（6）在对"名称"进行设置时，在"名称"文本框中输入该规则的名称"允许远程桌面连接",然后单击"完成"按钮,如图 2.3.6 所示。

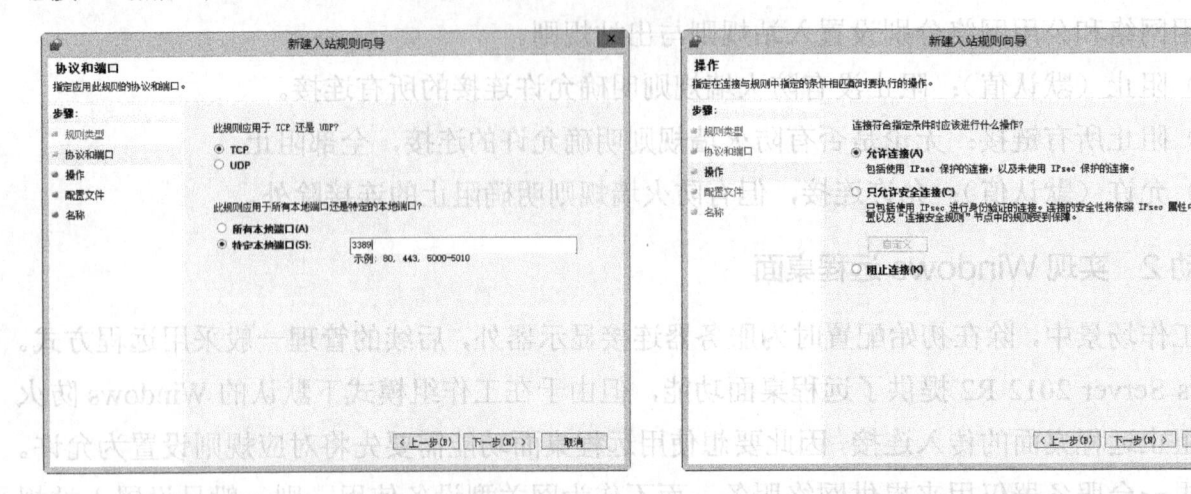

图 2.3.3 "协议和端口"设置

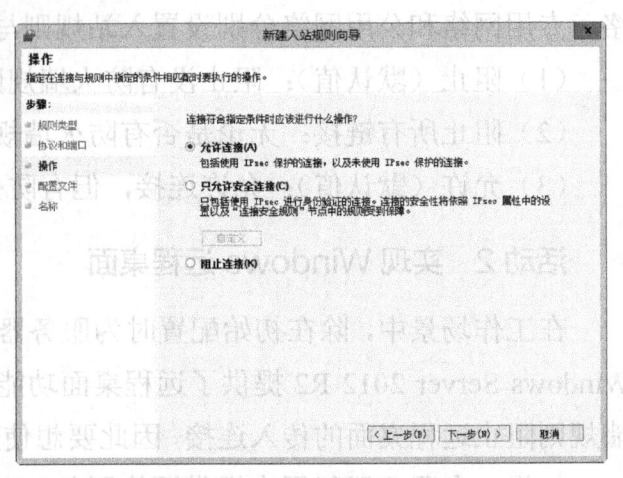

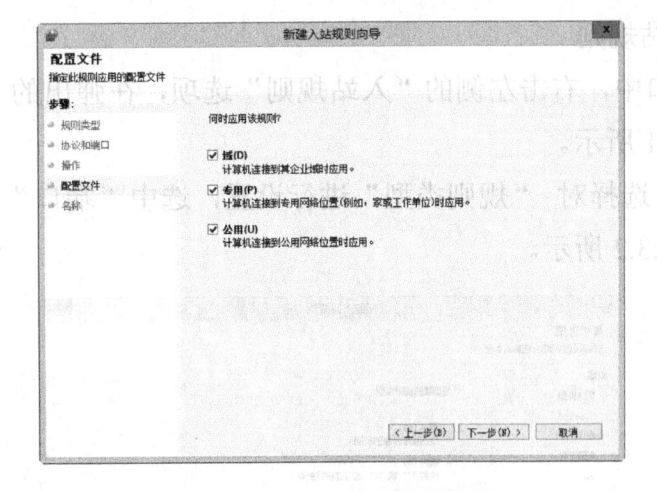

图 2.3.4 "操作"设置

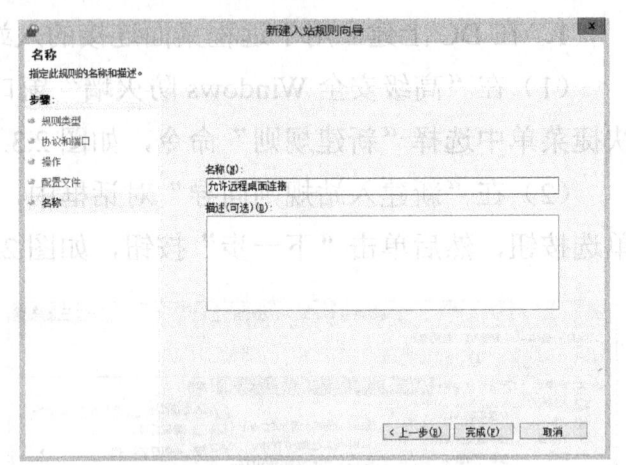

图 2.3.5 "配置文件"设置

图 2.3.6 "名称"设置

(7) 返回"高级安全 Windows 防火墙"窗口后,可以看到名称为"允许远程桌面连接"的入站规则已生效,如图 2.3.7 所示。

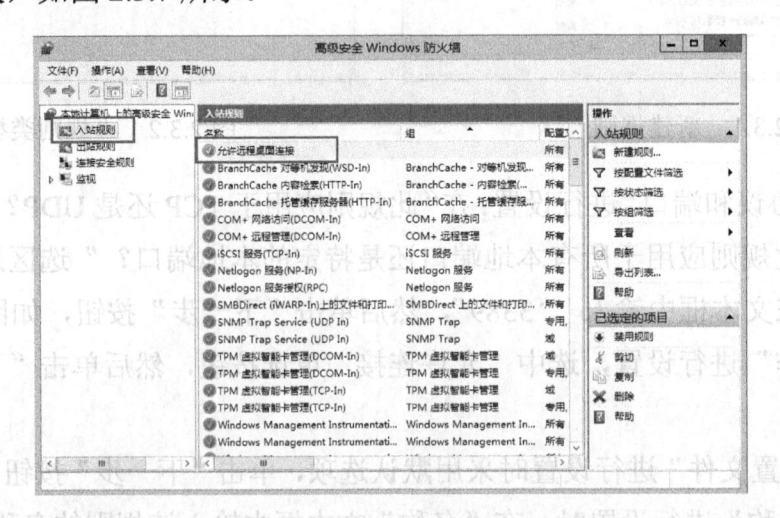

图 2.3.7 入站规则列表

2. 开启远程桌面功能

（1）在 DC 上打开"服务器管理器"窗口，进入"本地服务器"界面，单击"远程桌面"后的"已禁用"链接，如图 2.3.8 所示。

（2）在"系统属性"对话框的"远程"选项卡中，选中"允许远程连接到此计算机"单选按钮，如果需要指定远程桌面用户则单击"选择用户"按钮，如图 2.3.9 所示。

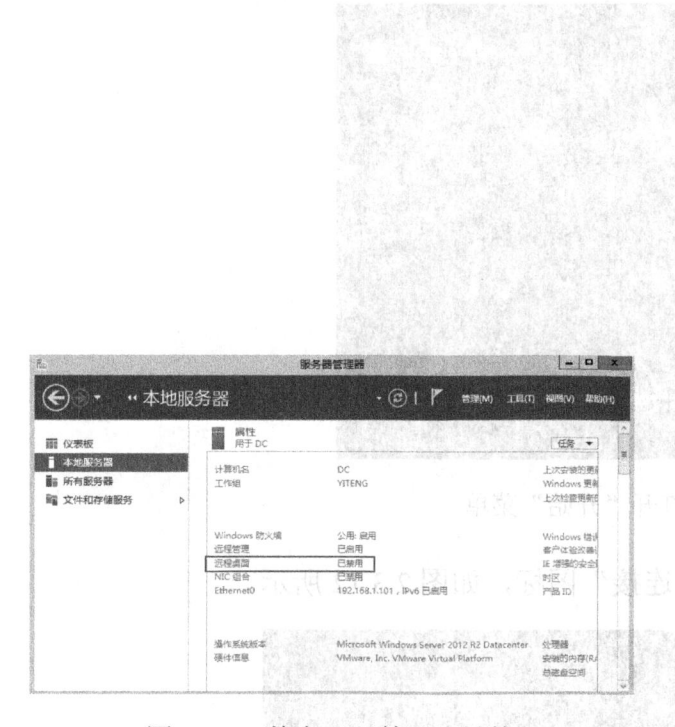

图 2.3.8　单击"已禁用"链接　　　　图 2.3.9　允许远程连接到此计算机

（3）在"远程桌面用户"对话框中，可通过单击"添加"按钮来选择允许远程桌面连接的用户，默认管理员组都可以进行远程连接，本任务中的 Administrator 用户已具有远程访问权限，因此直接单击"确定"按钮，如图 2.3.10 所示。

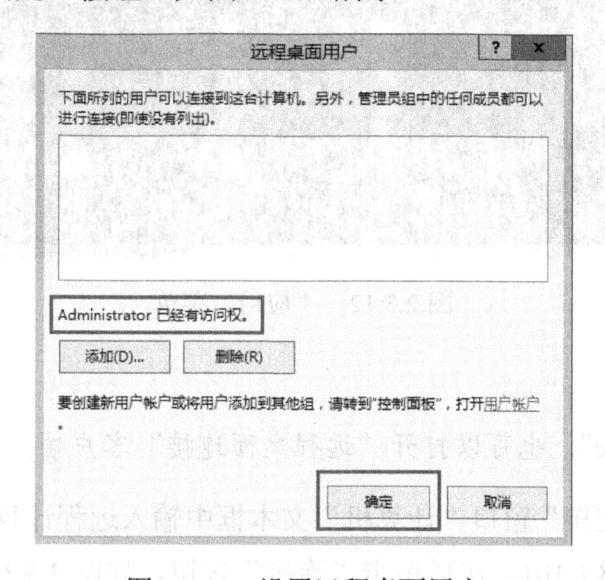

图 2.3.10　设置远程桌面用户

（4）返回"系统属性"对话框后单击"确定"按钮。至此，DC 的远程桌面功能开启了。

3．在 BDC 上对 DC 进行远程桌面管理

在本任务中，BDC 作为远程桌面客户端对 DC 进行远程管理。

（1）在 BDC 的桌面上单击"开始"按钮，在打开的"开始"菜单中单击底部的"↓"按钮，如图 2.3.11 所示。

图 2.3.11　打开"开始"菜单

（2）在"应用"菜单中单击"远程桌面连接"图标，如图 2.3.12 所示。

图 2.3.12　"应用"菜单

小贴士

直接运行"mstsc.exe"，也可以打开"远程桌面连接"客户端。

（3）在"远程桌面连接"窗口"计算机"文本框中输入远程计算机的 IP 地址，本任务输入 DC 的 IP 地址 192.168.1.101，然后单击"连接"按钮，如图 2.3.13 所示。

（4）在弹出的"Windows 安全"对话框中输入用于远程连接的凭据，此处输入 DC 的用户 Administrator 及其密码，然后单击"确定"按钮，如图 2.3.14 所示。

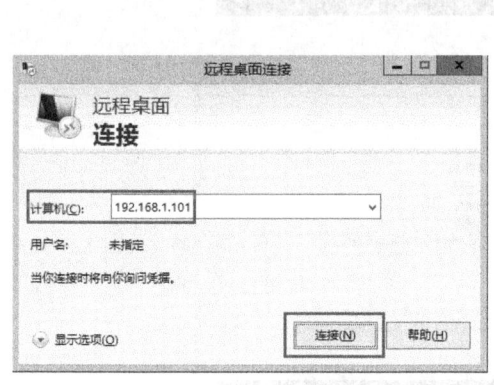

图 2.3.13　输入远程计算机的 IP 地址　　　　图 2.3.14　输入用于远程连接的凭据

（5）在弹出的"远程桌面连接"对话框中单击"是"按钮，如图 2.3.15 所示。

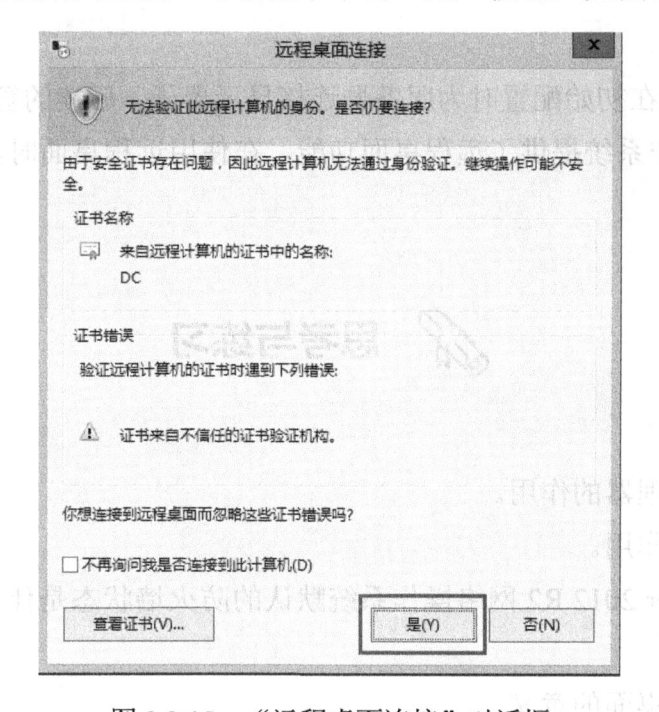

图 2.3.15　"远程桌面连接"对话框

小贴士

Windows Server 2012 R2 的远程桌面服务会借助证书服务增加安全性。如果客户端和服务器端（远程计算机）在同一 Active Directory 域环境中，则会自动信任企业根证书颁发机构。在一般情况下，由于服务器端（远程计算机）的证书是自签名证书，因此客户端默认不信任该证书，一般选择忽略证书错误，也可以添加对证书的信任或设置不显示警告。

（6）连接成功后，客户端的"远程桌面连接"窗口中会显示出远程计算机的桌面，可按需要进行后续的管理工作，如图 2.3.16 所示。

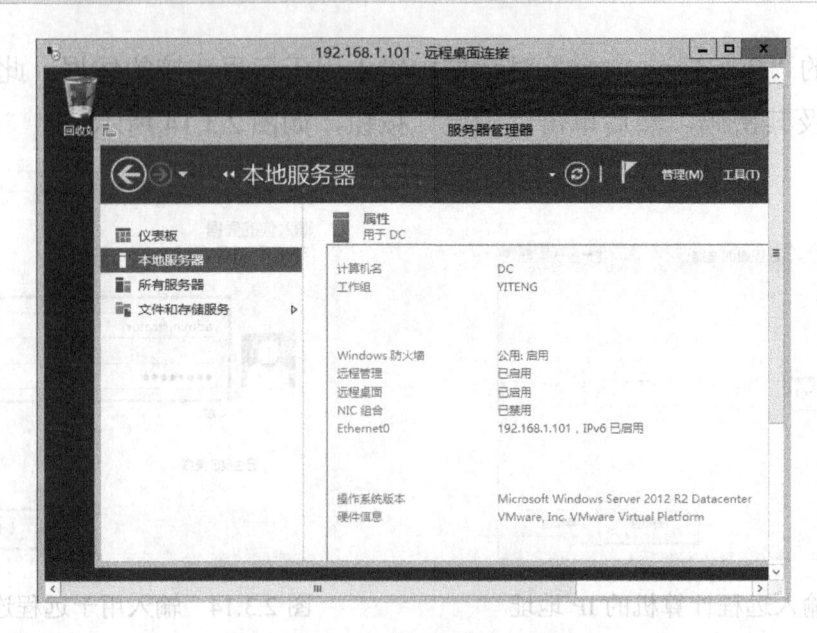

图 2.3.16 远程桌面连接成功

任务小结

（1）在工作中，除在初始配置时为服务器连接显示器外，后续的管理一般采用远程方式。

（2）Windows 操作系统提供了远程桌面功能，在使用远程桌面时，需要将防火墙规则设置为允许。

思考与练习

1．简述服务器管理器的作用。

2．简述防火墙的作用。

3．Windows Server 2012 R2 网络操作系统默认的防火墙状态是什么？如何设置防火墙的属性？

4．简述配置远程桌面的意义。

项目 3

管理本地用户、组和本地组策略

知识目标

（1）理解用户账户、组的基本概念与功能。
（2）理解本地组策略的概念、分类和作用。

能力目标

（1）创建和管理本地用户账户。
（2）创建和管理本地组。
（3）完成本地组策略安全管理的操作。

思政目标

（1）增强信息系统安全意识，能对用户账户进行必要的安全设置。
（2）锻炼统筹规划、交流沟通、独立思考能力，能依据项目需求合理规划用户、组和安全策略。

项目需求

某公司承揽网络中心机房的建设与管理工程，按照合同要求进行施工，公司的小赵已经成功地为这些服务器安装了网络操作系统，并对服务器的网络操作系统进行了基本环境配置。现在公司员工要对计算机进行操作，员工必须拥有合法的账户和密码才能进入系统。用户是计算机使用者在计算机系统中的身份映射，不同用户拥有不同权限。每个用户包含一个名称和一个密码，相当于登录计算机系统的钥匙。Windows Server 2012 R2 提供的用户账户管理功能机制可以很好地解决账户和密码的问题。

通过对本地用户和本地组进行配置可以使每位员工都拥有合法的账户和密码。作为多用户、多任务的网络操作系统，Windows Server 2012 R2 拥有一个完备的系统账户和安全、稳定的工作环境，系统所提供的账户类型主要包括用户账户和组账户。用户只有先登录到系统中，才能够使用系统所提供的资源。

本项目主要介绍 Windows Server 2012 R2 网络操作系统的本地用户和本地组的创建和应用，以使系统管理员根据本地组策略的设置情况，增强服务器的安全性。

任务 3.1　创建与管理本地用户

任务描述

某公司的员工想通过用户账户登录到服务器或通过网络访问服务器及网络资源，这需要通过在服务器上建立本地用户来实现，用户账户是用户在 Windows Server 2012 R2 网络操作系统中的唯一标识。网络管理员小赵为了满足公司员工的访问需求，为每个员工都创建用户账户。

任务要求

Windows Server 2012 R2 通过创建账户并赋予账户合法的权限来保证使用网络和计算机资源的合法性，以确保数据访问、存储的安全需要。在使用 Windows Server 2012 R2 创建用户账户时，具体要求见表 3.1.1。

表 3.1.1　创建用户账户的具体要求

姓　名	用户账户	全　名	密　码	密码选项	权　限	备　注
张三	Zhangsan	Zhangsan	1qaz!QAZ	用户下次登录时须修改密码	系统管理	信息中心主任
王二	Wanger	Wanger	1qaz!QAZ	用户下次登录时须修改密码	网络维护	网络管理组
赵六	Zhaoliu	Zhaoliu	1qaz!QAZ	用户下次登录时须修改密码		
彭五	Pengwu	Pengwu	1qaz!QAZ	用户下次登录时须修改密码	安全维护	网络安全组
李四	Lisi	Lisi	1qaz!QAZ	用户下次登录时须修改密码		

任务实施

活动 1　认识本地用户账户

用户账户是计算机操作系统实现其安全机制的一种重要手段，操作系统通过用户账户来辨别用户的身份，让具有一定使用权限的用户登录计算机，访问本地计算机资源或从网络访问这台计算机的共享资源。

1. 本地用户账户

本地用户账户是指安装了 Windows Server 2012 R2 的计算机在本地安全目录数据库中建立的账户。本地账户只能登录建立该账户的计算机，以及访问该计算机的系统资源。此类账户通常在工作组网络中使用，其显著特点是基于本机的。

域用户账户是建立在域控制器的活动目录数据库中的账户。此类账户具有全局性，可以登录到域网络环境模式中的任何一台计算机，并获得访问该网络的权限。这需要系统管理员在域控制器中，为每个登录到域的用户创建一个用户账户。本项目主要介绍本地用户和组的管理。

当本地用户账户建立在非域控制器的 Windows Server 2012 R2 独立服务器、成员服务器及其他 Windows 客户端上时，本地账户只能在本地计算机上登录，无法访问域中其他计算机资源。

每台本地计算机上都有一个管理账户数据的数据库，称为安全账户管理器（SAM）。SAM 的文件路径为\Windows\system32\config\SAM。在 SAM 中，每个账户被赋予唯一的安全识别号 SID，用户若要访问本地计算机，就必须经过该计算机 SAM 中的 SID 验证。

2. 内置账户

Windows Server 2012 R2 中还有一种账户叫内置账户，它与服务器的工作模式无关。在 Windows Server 2012 R2 安装完毕后，系统会在服务器上自动创建一些内置账户，最常用的两个内置账户是 Administrator 和 Guest，表 3.1.2 描述了内置账户 Administrator 和 Guest 的特点。

表 3.1.2　内置账户 Administrator 和 Guest 的特点

用户账户	特点
Administrator（系统管理员）	拥有最高的权限，管理 Windows Server 2012 R2 系统和域。系统管理员的默认名字是 Administrator，用户可以更改系统管理员的名字，但不能删除该账户。该账户无法被禁止，永远不会到期，不受登录时间和登录设备的限制
Guest（来宾）	是为临时访问计算机的用户提供的，该账户自动生成，且不能被删除，但用户可以更改其名字。Guest 只拥有很少的权限，在默认情况下，该账户被禁止使用。例如，当希望局域网中的用户都可以登录自己的计算机，但又不愿意为每个用户建立一个账户时，就可以启用 Guest

3. net user 命令

作为系统管理员，创建并管理系统账户是基本职责之一。虽然使用计算机管理界面创建用户账户的操作很简单，但是要想批量创建用户账户，就会非常麻烦。在这种情况下，使用 net user 命令就很合适。

（1）语法格式如下：

net user [username {password|*}] [options]] [/DOMAIN] /ADD|DEL [/TIMES:{times|ALL}]

- username：需要进行添加、删除、修改或浏览的用户账户名称。用户名不能超过 20 个字符。
- password：设置或修改用户密码。默认情况下密码必须满足密码策略（长度、复杂度、字符等）要求，最多14个字符。
- *：提示输入密码，但当用户在密码提示符下输入时，密码不显示。
- options：指定命令行选项，下面列出可以部分经常使用的命令行选项。

/ACTIVE:{YES|NO}：激活或禁用账户（命令中使用英文状态下的冒号）。激活为YES，禁用为NO，默认值为YES。

/COMMENT: "text"：用户描述信息（命令中使用英文状态下的双引号）。

- /DOMAIN：在当前Active Directory域的控制器上执行操作（适用于Active Directory域环境）。
- /ADD：将用户账户添加到本地服务器的用户账户数据库中（适用于工作组环境）。
- /DEL：从用户账户数据库中删除用户账户。
- /TIMES:{times|ALL}*：用户可以登录的时间。TIMES的表达方式是day[-day][,day[-day],time[-time][,time[-time]]，增量限制在1小时。"天"可以是全称或缩写。"小时"可以是12小时制或24小时制，12小时制可以使用AM、PM来标记上午、下午。ALL表示用户不受登录时间限制，空值表示用户永远不能登录。可以使用逗号分隔日期和时间，并且可以使用分号分隔多个日期和时间项。

(2) 命令示例。

① 创建一个用户账户Wanger，其密码为P@ss1234，相关命令如图3.1.1所示。

② 创建一个用户账户Zhangsan，其密码为P@ss1234，登录时间为星期一至星期五每天9:00到18:00，相关命令如图3.1.2所示。

③ 删除一个用户账户Wanger，相关命令如图3.1.3所示。

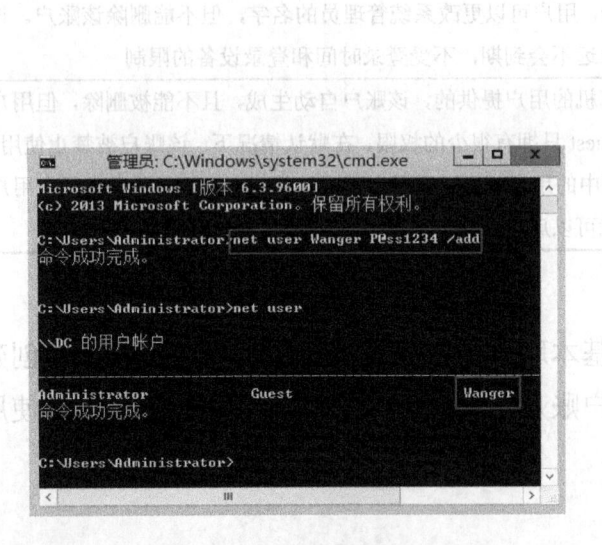

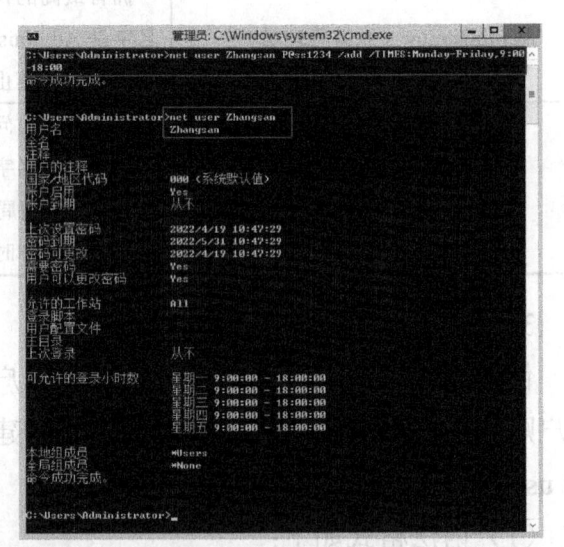

图3.1.1 创建用户账户　　　　图3.1.2 创建用户账户时限定登录时间

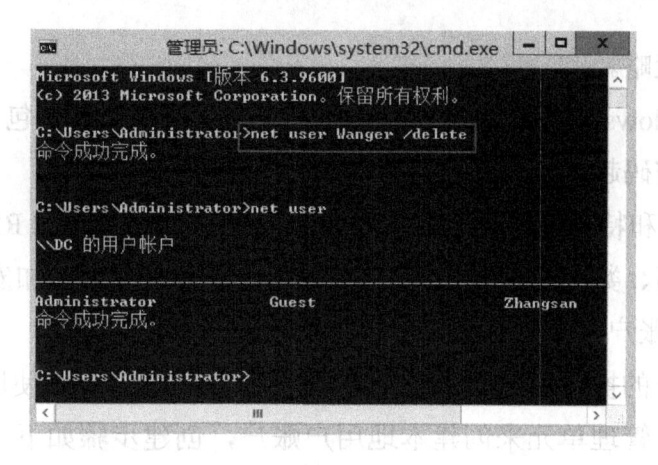

图 3.1.3　删除用户账户

活动 2　创建本地用户账户

1. 用户账户创建前的规划

在创建用户账户之前，先制定一个创建账户所遵循的规则或约定，这样可以统一账户的管理，提供高效、稳定的系统应用环境。

（1）用户账户命名规则。

① 用户账户命名注意事项。一个良好的用户账户命名策略有助于管理系统账户，首先要注意以下的账户命名规则。

账户名必须唯一：本地账户名称必须在本地计算机系统中唯一。

账户名称不能包含的字符：不能包含"\""/""[]""""?""+""*""@""|""=""<"">"等符号。

账户名称最长只能包含 20 个字符。用户可以输入超过 20 个字符，但系统只识别前 20 个字符。

账户名不区分大小写。

② 用户账户命名推荐策略。为加强用户管理,在企业应用环境中通常采用下列命名策略。

用户全名：建议以企业员工的真实姓名命名，便于管理员查找、管理用户账户。例如张艺腾，管理员创建用户账户将其姓指定为"张"，名指定为"艺腾"，则管理员在打开"活动目录用户和计算机"列表时可以方便地查找到该用户账户。

用户登录名：用户登录名一般要符合方便记忆和具有安全性的要求。用户登录名一般采用姓的全拼加名的首字母，如张艺腾的登录名为 Zhangyt。

（2）用户账户密码设置规则。

①密码设置注意事项。

Administrator 账户必须指定一个密码，并且除系统管理员之外的用户不能随便使用该账户。

系统管理员在创建用户账户时，可以给每个用户账户指定一个唯一的密码，要防止其他用户对其进行更改，最好使该用户在第一次登录时修改自己的密码。

②密码设置推荐策略。

采用长密码：Windows Server 2012 R2 用户账户的密码最长可以包含 127 个字符，从理论上来说，用户账户的密码越长，安全性就越高。

采用大小写、数字和特殊字符组合的密码：Windows Server 2012 R2 用户账户密码严格区分大小写，采用大小写、数字和特殊字符组合的密码，将使密码更加安全。

2．创建本地用户账户

创建本地用户账户的操作用户必须拥有管理员权限，可以通过使用"计算机管理"窗口中的"本地用户和组"管理单元来创建本地用户账户，创建步骤如下。

（1）以 Administrator 身份登录系统，依次选择"开始"→"管理工具"→"计算机管理"，打开"计算机管理"窗口，如图 3.1.4 所示。

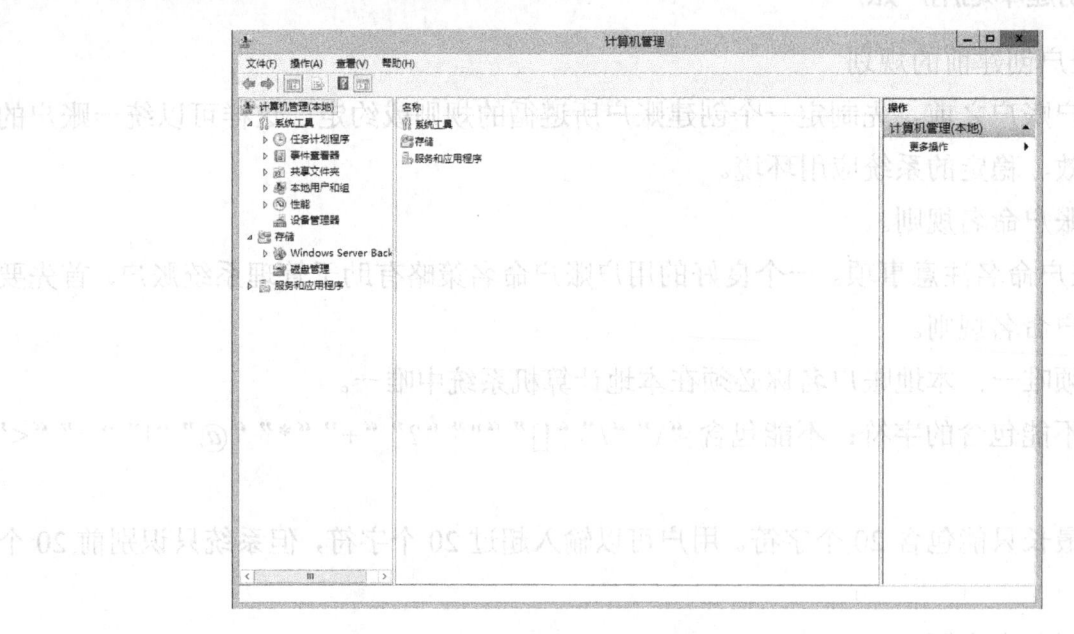

图 3.1.4　"计算机管理"窗口

（2）在"计算机管理"窗口中，依次展开"系统工具"→"本地用户和组"节点，右击"用户"选项，在弹出的快捷菜单中选择"新用户"命令，如图 3.1.5 所示。

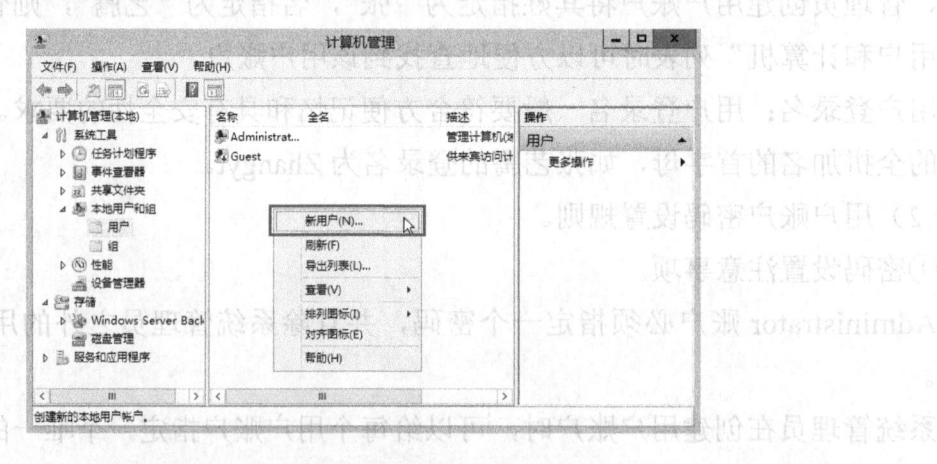

图 3.1.5　选择"新用户"命令

（3）以 Zhaoliu 为例，在"新用户"对话框中，依次输入用户名、全名、描述信息，并输入两遍密码。信息填写完毕后单击"创建"按钮，如图 3.1.6 所示。

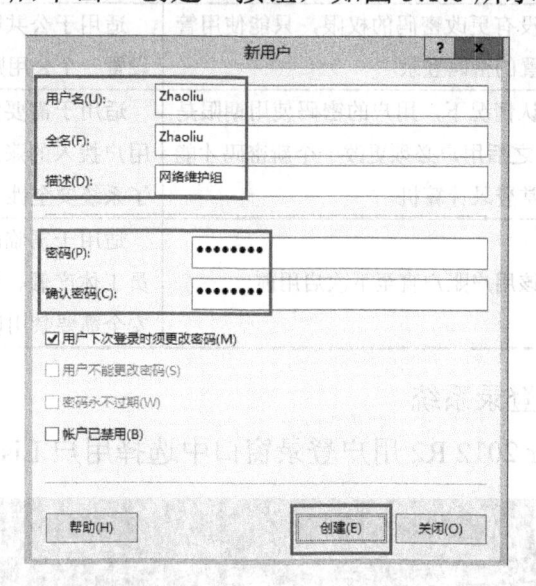

图 3.1.6　输入新用户信息

（4）参考上述步骤创建用户账户 Zhangsan、Wanger、Pengwu、Lisi，并勾选"用户下次登录时须修改密码"复选框，创建完成后的用户账户列表如图 3.1.7 所示。

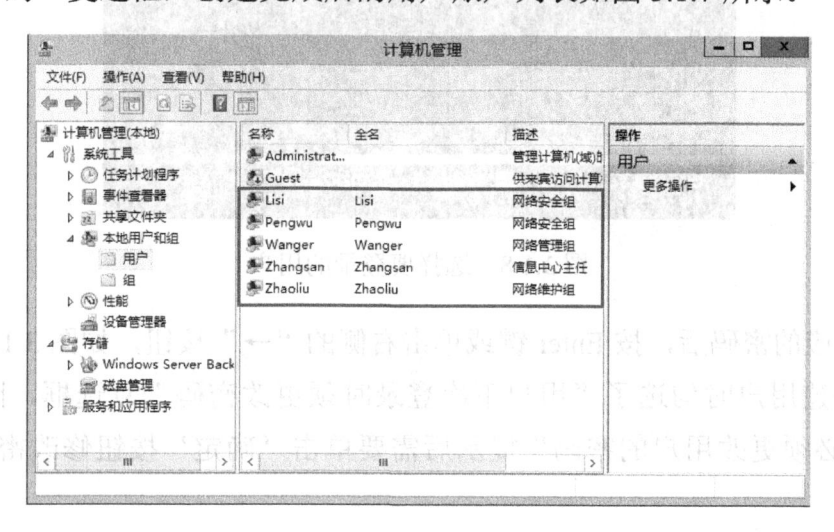

图 3.1.7　创建完成后的用户账户列表

小贴士

在创建用户账户时，密码选项及其作用见表 3.1.3。

表 3.1.3　密码选项及其作用

选　项	作　用	适 用 场 景
用户下次登录时须修改密码	用户下次登录时必须修改密码才能够正常登录，否则系统将拒绝用户登录	适用于需要个人桌面和权限的环境，如为一个企业中的员工分配用户账户，员工获取初始密码后可自行更改密码

续表

选项	作用	适用场景
用户不能修改密码	用户没有更改密码的权限，只能使用管理员设置的密码登录	适用于公共账号环境，如为企业中的临时用户设置一个公用账户
密码永不过期	在默认情况下，用户的密码使用期限是42天，之后用户必须更改一个新密码才能继续正常登录计算机	适用于需要定期更改密码的环境，如用于远程用户拨入的账户。定期更改密码一定程度上增加了系统安全性
账户已停用	禁用该用户账户直至下次启用前	适用于需临时禁用账户的场合，如企业中某一员工休产假、年假，或者管理员认为某一账户不安全需要禁用以便进一步排查等情况

3. 使用 Lisi 用户账户登录系统

（1）在 Windows Server 2012 R2 用户登录窗口中选择用户 Lisi，如图 3.1.8 所示。

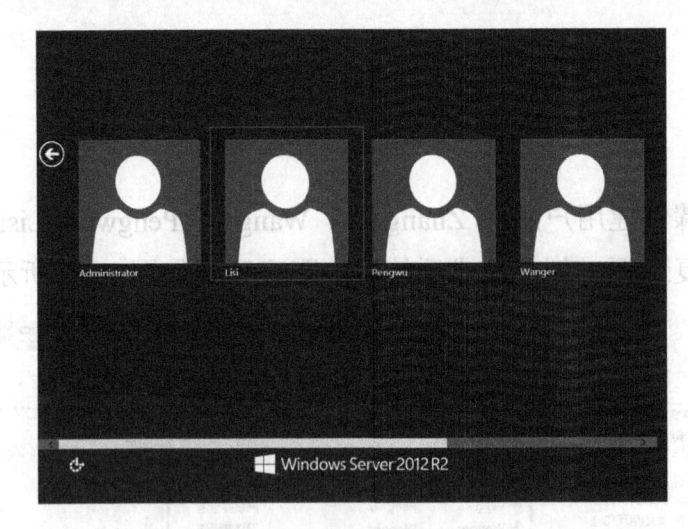

图 3.1.8　选择要登录的用户

（2）输入对应的密码后，按 Enter 键或单击右侧的"→"按钮，如图 3.1.9 所示。

（3）由于创建用户时勾选了"用户下次登录时须更改密码"复选框，因此在此处出现"在登录之前，必须更改用户的密码"提示后需要单击"确定"按钮修改密码，如图 3.1.10 所示。

图 3.1.9　输入密码　　　　图 3.1.10　修改密码提示

（4）连续输入两次新密码后，按 Enter 键或单击"→"按钮。

（5）在出现"你的密码已更改"提示后单击"确定"按钮。

（6）登录后即可看到用户 Lisi 的桌面环境，也可以在"开始"菜单中进一步查看当前登

录的用户，如图 3.1.11 所示。

图 3.1.11　查看当前登录的用户

活动 3　管理本地用户账户

1．重设密码

正常情况下，每个用户都应该自己维护账户、密码。但在用户忘记了密码，又没有创建密码重置盘的情况下，管理员可以为其重设密码。

重设密码是在"计算机管理"窗口中进行的，这里假设要重设密码的用户为 Pengwu，具体步骤如下。

（1）以 Administrator 身份登录系统，依次选择"开始"→"管理工具"→"计算机管理"命令，打开"计算机管理"窗口。

（2）在"计算机管理"窗口中，依次展开"系统工具"→"本地用户和组"节点，单击"用户"选项，右击须重设密码的用户"Pengwu"并在弹出的快捷菜单中选择"设置密码"命令，如图 3.1.12 所示。

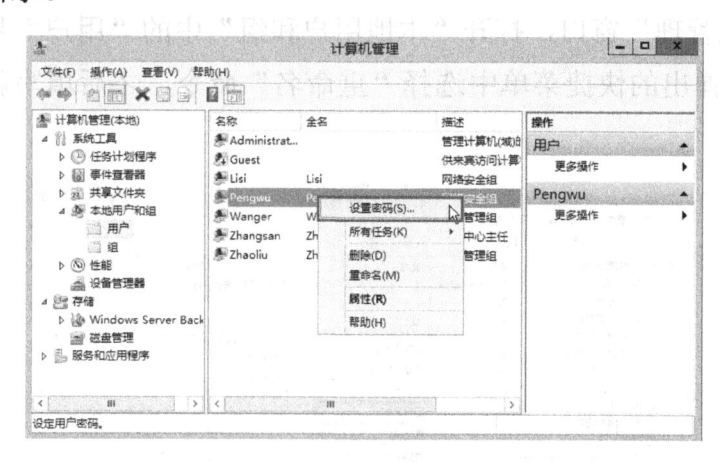

图 3.1.12　选择"设置密码"命令

（3）系统会给出警告提示，如图 3.1.13 所示。如果确定要由管理员重设密码，则单击"继续"按钮。

(4) 在设置密码的对话框中，输入两次新的密码，然后单击"确定"按钮，如图 3.1.14 所示。

图 3.1.13　系统警告提示　　　　　　　　图 3.1.14　设置新密码

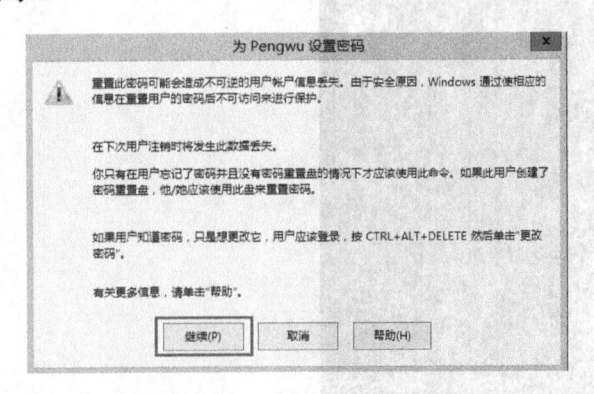

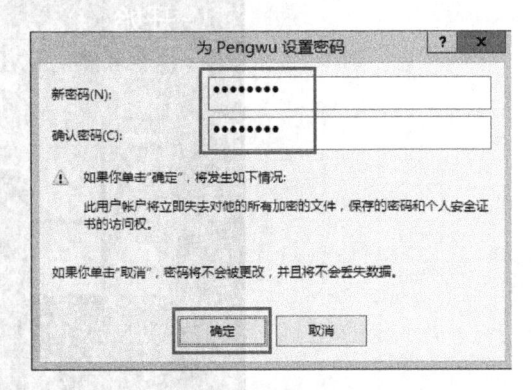

2. 重命名账户

由于账户的所有权限、信息、属性等实际上是绑定在 SID 上而不是用户名上的，因此对账户重命名并不会影响账户自身的任何用户权利。

如果公司员工离职，同时该岗位还需要招聘新员工来补充，那么可以不删除离职员工的账户，只需要通过重命名的方式直接将账户传递给新员工使用，这样可以保证用户账户数据不受损失。

另外，重命名系统管理员账户 Administrator 和来宾账户 Guest，可以使未授权的人员猜测此特权用户的账户名和密码时难度增加，提高系统的安全性。

账户重命名是在"计算机管理"窗口中进行的，这里假设要重命名的用户为 Pengwu，具体步骤如下。

（1）以 Administrator 身份登录系统，依次选择"开始"→"管理工具"→"计算机管理"命令，打开"计算机管理"窗口。

（2）在"计算机管理"窗口，打开"本地用户和组"中的"用户"界面，右击用户账户"Pengwu"选项并在弹出的快捷菜单中选择"重命名"命令，之后填写新的账户名即可，如图 3.1.15 所示。

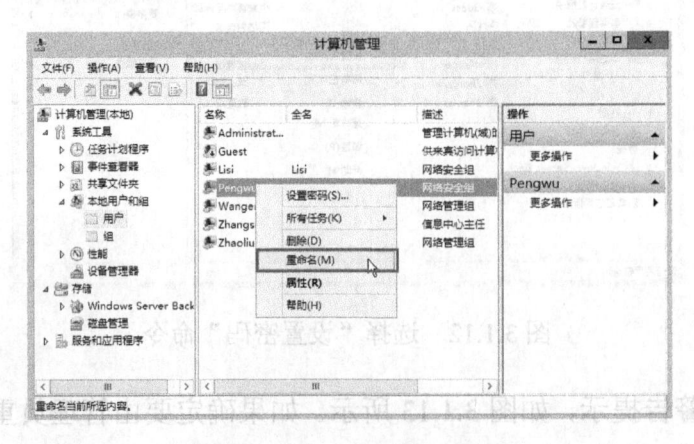

图 3.1.15　账户重命名

3. 删除账户

假如公司有员工离职了，为了防止其继续使用账户登录计算机系统，也为了避免出现太多的垃圾账户，系统管理员可以采取删除账户的方式来回收账户，但在执行删除操作之前应确认其必要性，因为删除账户的操作是不可逆的，删除账户会导致与该账户有关的所有信息丢失。因为每一个账户都有一个名称之外的唯一标识符 SID，SID 在新增账户时由系统自动产生，不同账户的 SID 不会相同。由于系统在设置账户权限、访问控制列表中的资源访问能力等信息时，内部都使用 SID，所以一旦用户账户被删除，这些信息就跟着消失了。即使重新创建一个名称相同的用户账户，也不能获得原先用户账户的权限。系统内置账户如 Administrator、Guest 等是无法被删除的。

删除本地用户账户在"计算机管理"窗口中进行，这里假设要删除的用户账户为 Pengwu，具体步骤如下。

（1）以 Administrator 身份登录系统，依次选择"开始"→"管理工具"→"计算机管理"命令，打开"计算机管理"窗口。

（2）在"计算机管理"窗口中，依次展开"系统工具"→"本地用户和组"节点，单击"用户"选项，右击一个要删除的用户账户"Pengwu"选项并在弹出的快捷菜单中选择"删除"命令，如图 3.1.16 所示。

（3）在弹出的风险提示对话框中，单击"是"按钮确认删除，如图 3.1.17 所示。

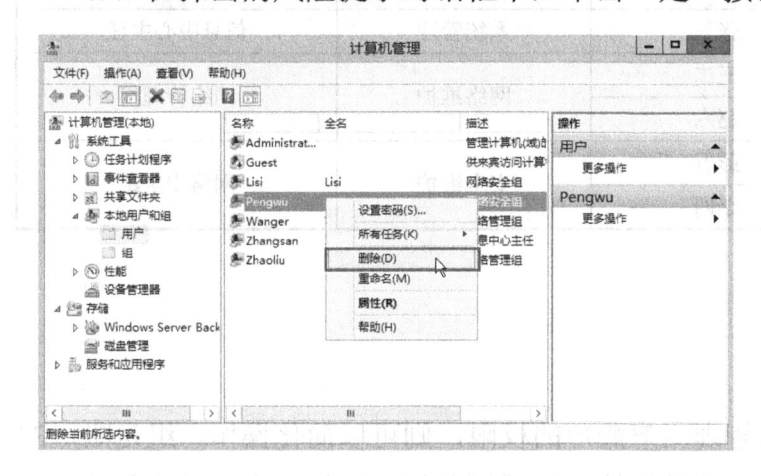

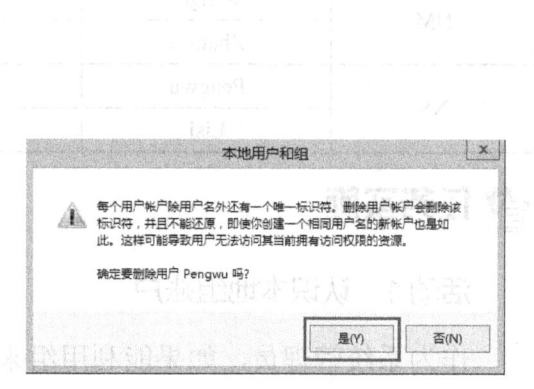

图 3.1.16　删除账户　　　　　　　　　　图 3.1.17　删除账户风险提示

任务小结

（1）用户是登录服务器或计算机的最小身份单位，每个用户都有账户名和密码，用于验证用户的身份。

（2）用户使用唯一的安全标识符（SID）来区分用户身份、记录权限，对用户账户进行重命名操作不会改变其安全标识符。

任务 3.2　创建与管理本地组

任务描述

某公司的网络管理员小赵为公司员工创建了用户账户，但没有对他们进行分组，显得有些杂乱，现准备对所有员工按照部门进行分类管理，可通过建立本地组来实现。组是多个用户、计算机账户、联系人和其他组的集合，也是操作系统实现其安全管理机制的重要技术手段。

任务要求

使用组可以同时为多个用户账户或计算机账户指派一组公共的资源访问权限和系统管理权利，而不必单独为每个账户指派权限和权利，从而简化管理、提高效率。小赵对各部门员工按照部门名称建立组。组账户及权限分配见表 3.2.1。

表 3.2.1　组账户及权限分配

组	用户账户	姓　名	权　限	备　注
TC	Zhangsan	张三	系统管理	信息中心主任
NM	Wanger	王二	网络维护	网络管理组
NM	Zhaoliu	赵六	网络维护	网络管理组
NS	Pengwu	彭五	安全维护	网络安全组
NS	Lisi	李四	安全维护	网络安全组

任务实施

活动 1　认识本地组账户

作为系统管理员，如果能利用组来管理用户账户的权限，则可以简化操作。组是账户的集合，合理使用组来管理用户账户权限，能够为管理员减轻负担。例如，当针对业务部组设置权限后，业务部组内的所有用户都会自动拥有此权限，不需要单独为每个用户设置权限。

与用户账户类似，操作系统安装完成后会自动建立一些特殊用途的内置本地组，常用的内置本地组可分为需要人为添加成员的内置本地组和无法更改成员的动态包含成员的内置本地组。

1. 内置本地组

内置本地组是在系统安装时默认创建的，并被授予特定的权限以方便计算机的管理。常见的内置本地组有下面几个。

（1）Administrators：在系统内具有最高权限，如赋予权限、添加系统组件、升级系统、配置系统参数和配置安全信息等。内置的系统管理员账户是 Administrators 组的成员。如果一台计算机加入域中，则域管理员自动加入该组，并且有系统管理员的权限。属于 Administrators 组的用户都具备系统管理员的权限，拥有对这台计算机最大的控制权，内置的系统管理员 Administrator 就是此本地组的成员，而且无法将其从此组中删除。

（2）Guests：内置的 Guest 账户是该组的成员，一般是在域中或计算机中没有固定账户的用户临时访问域或计算机时使用的。该账户在默认情况下不允许对域或计算机中的设置和资源进行更改。出于安全考虑，Guest 账户在 Windows 服务器操作系统安装好后是被禁用的，若需要则手动启用。应该注意分配给该账户的权限，因为该账户经常是黑客攻击的主要对象。

（3）IIS_IUSRS：Internet 信息服务（IIS）使用的内置组。

（4）Users：一般用户所在的组，所有创建的本地账户都自动属于此组。Users 组对系统有基本的权限，如运行程序，但其权限会受到很大的限制。例如，其可以对系统有基本的权限，如运行程序、使用网络，但不能关闭 Windows 服务器操作系统，不能创建共享目录和使用本地打印机。如果这台计算机加入域，则域用户被自动加入该组。

（5）Network Configuration Operators：该组的成员可以更改 TCP/IP 设置，并且可以更新和发布 TCP/IP 地址。该组中没有默认的成员。

2．内置特殊组

除以上内置本地组外，还有一些内置特殊组。特殊组存在于每台装有 Windows 服务器操作系统的计算机内，用户无法更改这些组的成员。也就是说，无法在"Active Directory 用户和计算机"或"本地用户和组"内看到并管理这些组，这些组只有在设置权限时才会被看到。下面列出了 3 个常用的内置特殊组。

（1）Everyone：包括所有访问该计算机的用户，如果 Everyone 指定了权限并启用了 Guest 账户则一定要小心，Windows 会将没有有效账户的用户当成 Guest 账户，该账户将会自动得到 Everyone 的权限。

（2）Creator Owner：文件等资源的创建者就是该资源的 Creator Owner。不过，如果创建者是属于 Administrators 组内的成员，则其 Creator Owner 为 Administrators 组。

（3）Hyper-V Administrators：虽然在一般情况下都是由系统管理员进行虚拟机的设置，但是有时候也需要一些受限用户来操作虚拟机，也就是普通用户。默认情况下，普通用户是没有虚拟机管理权限的，但是可以通过添加用户（aaa）、添加 Hyper-V 管理员组（Hyper-V Admins，HVA）的方式将普通用户设置为 Hyper-V 管理员。

3．net localgroup 命令

与创建本地用户一样，本地组也可以使用命令来创建。

（1）语法格式如下。

NET LOCALGROUP [groupname [/COMMENT:"text"]] [/DOMAIN] groupname {/ADD [/COMMENT:"text"] | /DELETE} [/DOMAIN] groupname name [...] {/ADD | /DELETE}

[/DOMAIN]

- NET LOCALGROUP：用于修改计算机上的本地组。当不带选项使用本命令时，它会显示计算机上的本地组。
- groupname：指需要添加、扩充或删除的本地组的名字。只要输入组名就可以浏览本地组中的用户或全局组列表。
- /COMMENT:"text"：为一个新的或已存在的组添加注释，需将文本包含在引号中。
- /DOMAIN：在当前域的主域控制器上执行操作，否则在本地计算机上执行这个操作。
- name [...]：列出一个或多个需要从一个本地组中添加或删除的用户名或组名。可以用空格来将多个用户名分隔开。名字可以是用户或全局组，但不可以是其他的本地组。如果一个用户来自另外一个域，就应在用户名前加上域名，如 SALES\RALPHR。
- /ADD：将一个组名或一个用户名添加到一个本地组中，必须为使用此命令添加到本地组中的用户或全局组建立一个账户。
- /DELETE：将一个组名或一个用户名从一个本地组中删除。

（2）命令示例。

① 创建一个组 NM，相关命令如图 3.2.1 所示。

② 将 Wanger 用户（该用户已存在）加入 NM 组，相关命令如图 3.2.2 所示。

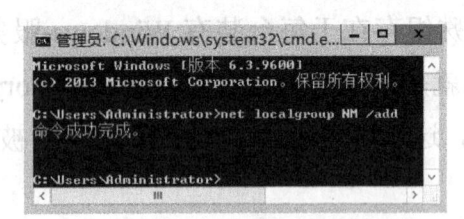

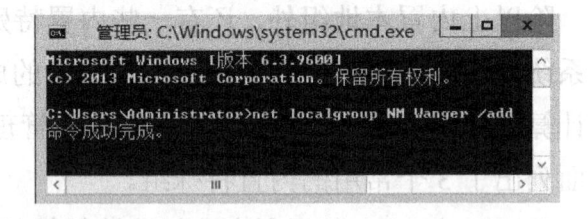

图 3.2.1　创建 NM 组　　　　　图 3.2.2　将 Wanger 用户加入 NM 组

③ 删除一个 NM 组，相关命令如图 3.2.3 所示。

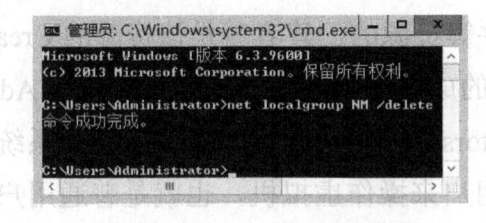

图 3.2.3　删除 NM 组

活动 2　创建本地组账户

创建本地组的操作必须由管理员组或 Power Users 组中的成员完成，只有他们才有权限创建本地组。可以通过使用"计算机管理"窗口中的"本地用户和组"管理单元来创建本地组，创建步骤如下。

（1）以 Administrator 身份登录系统，选择"开始"→"管理工具"→"计算机管理"命令，打开"计算机管理"窗口。

（2）在"计算机管理"窗口中，依次展开"系统工具"→"本地用户和组"节点，右击"组"选项，在弹出的快捷菜单中选择"新建组"命令，如图 3.2.4 所示。

（3）在"新建组"对话框中，依次输入组名、描述信息，然后单击"创建"按钮。此处以 TC 为例进行介绍，如图 3.2.5 所示。

图 3.2.4　选择"新建组"命令　　　　　　图 3.2.5　输入新建组信息

（4）使用上述方法新建组 NM、NS，创建完成后的用户组列表如图 3.2.6 所示。

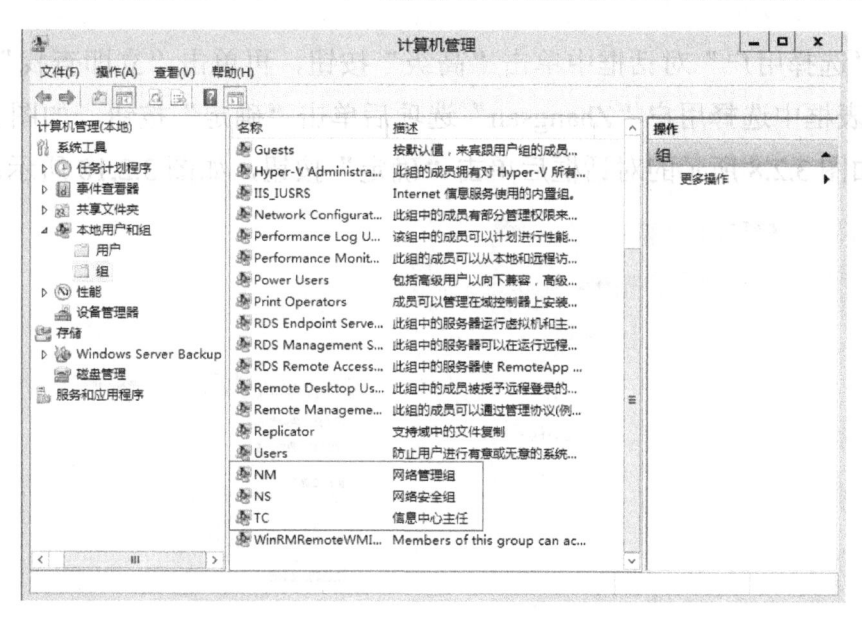

图 3.2.6　创建完成后的用户组列表

活动 3　管理本地组账户

1．本地组成员管理

可以在创建本地组的同时为其添加成员，也可以在创建组之后再添加成员。本地组的成员可以是用户账户，也可以是其他组。

（1）在"计算机管理"窗口中，展开"本地用户和组"列表，双击一个用户组选项，如信息中心主任"TC 组"，将会弹出该用户组的属性设置对话框，如图 3.2.7 所示。

（2）在"TC 属性"对话框中单击"添加"按钮，打开"选择用户"对话框，如图 3.2.8 所示。

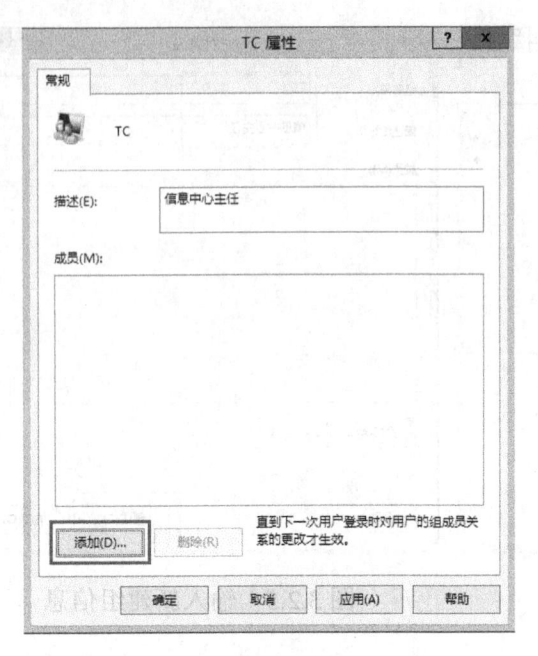

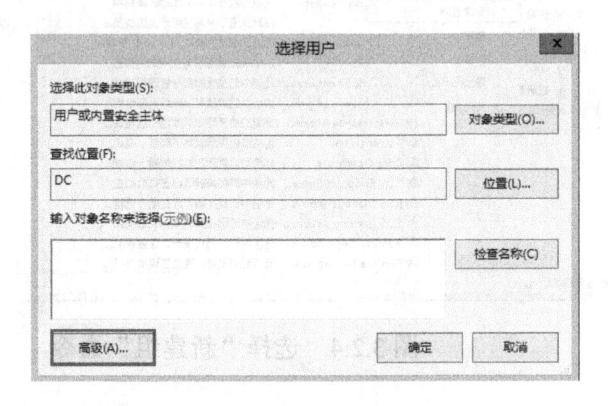

图 3.2.7 属性设置对话框　　　　　　　图 3.2.8 "选择用户"对话框

（3）先在"选择用户"对话框中单击"高级"按钮，再单击"立即查找"按钮，然后在"搜索结果"列表框中选择用户"Zhangsan"选项后单击"确定"按钮，如图 3.2.9 所示。

（4）返回如图 3.2.8 所示的对话框后单击"确定"按钮，如图 3.2.10 所示。

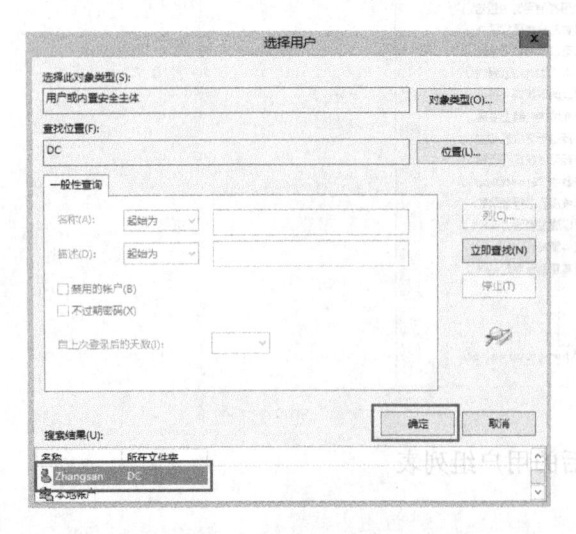

图 3.2.9 选择用户 Zhangsan　　　　　　　图 3.2.10 用户选择完毕

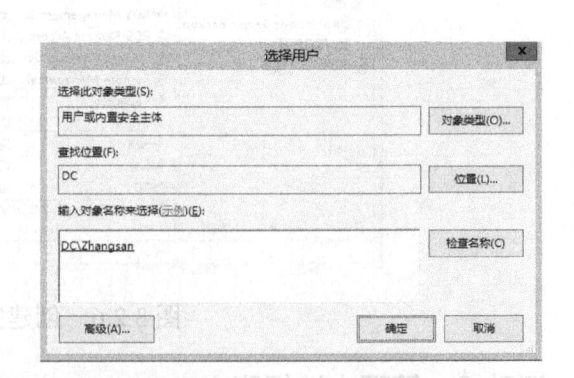

（5）返回"TC 属性"对话框后，可看到其成员已经包含了 Zhangsan，然后单击"确定"按钮，如图 3.2.11 所示。

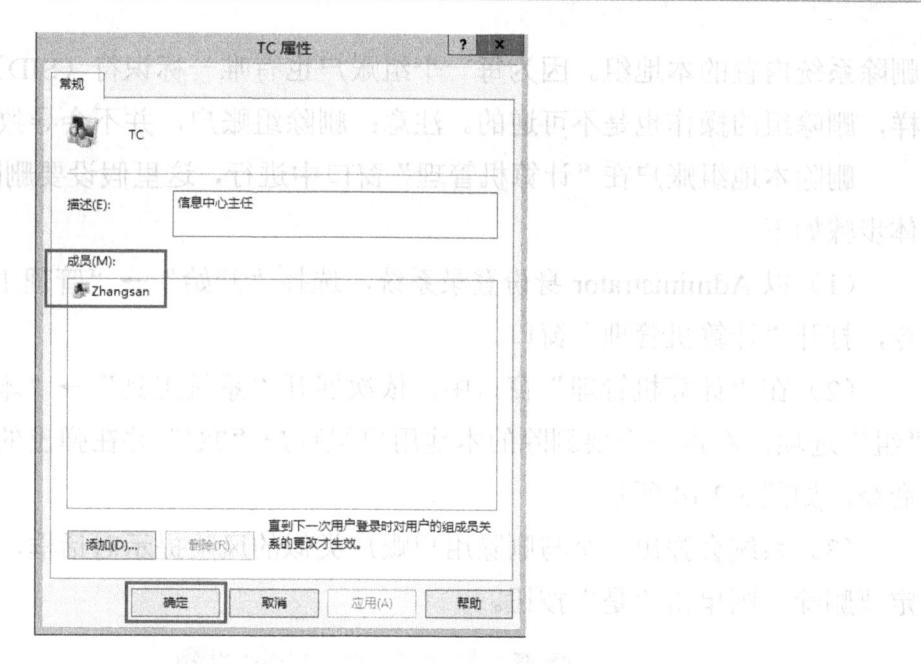

图 3.2.11　向 TC 组中添加成员成功

（6）参考上述步骤将用户账户 Wanger、Zhaoliu、Pengwu、Lisi 添加到对应的用户组中，如图 3.2.12 和图 3.2.13 所示。

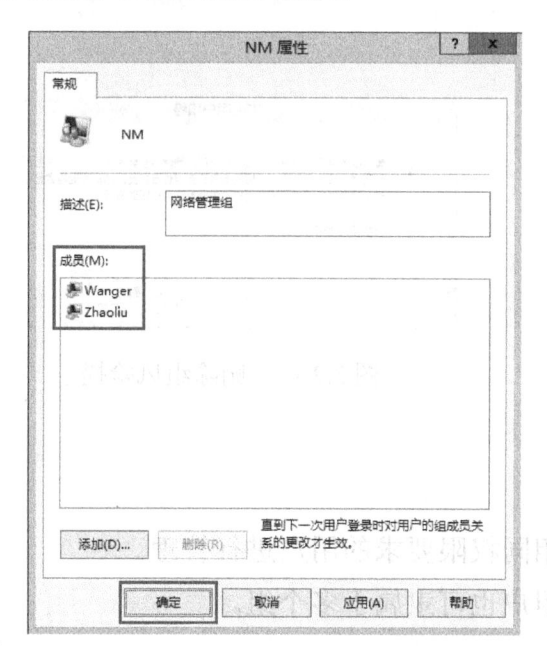

图 3.2.12　向 NM 组中添加成员 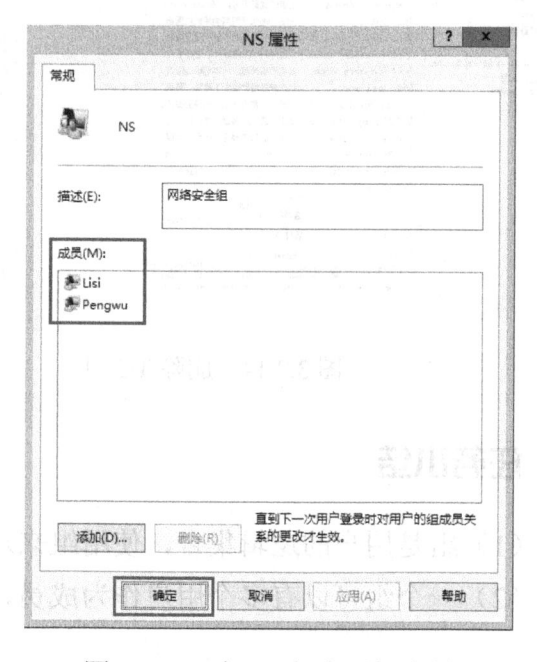　　　　图 3.2.13　向 NS 组中添加成员

2．重命名本地组账户

与重命名本地账户非常类似，本地组命名的方法是，在"计算机管理"窗口中，展开"本地用户和组"列表，右击一个用户组选项并在弹出的快捷菜单中选择"重命名"命令，之后填写新的组名即可。

3．删除本地组账户

对于系统不再需要的本地组，系统管理员可以将其删除，但只能删除自建本地组，不能删除系统内置的本地组。因为每一个组账户也有唯一标识符（SID），所以同删除本地账户一样，删除组的操作也是不可逆的。注意：删除组账户，并不会导致组内成员账户被删除。

删除本地组账户在"计算机管理"窗口中进行，这里假设要删除的本地组账户为 TC，具体步骤如下。

（1）以 Administrator 身份登录系统，选择"开始"→"管理工具"→"计算机管理"命令，打开"计算机管理"窗口。

（2）在"计算机管理"窗口中，依次展开"系统工具"→"本地用户和组"节点，单击"组"选项，右击一个要删除的本地用户组账户"TC"并在弹出的快捷菜单中选择"删除"命令，如图 3.2.14 所示。

（3）系统会弹出一个与删除用户账户类似的风险提示对话框，如图 3.2.15 所示。如果确定要删除，则单击"是"按钮。

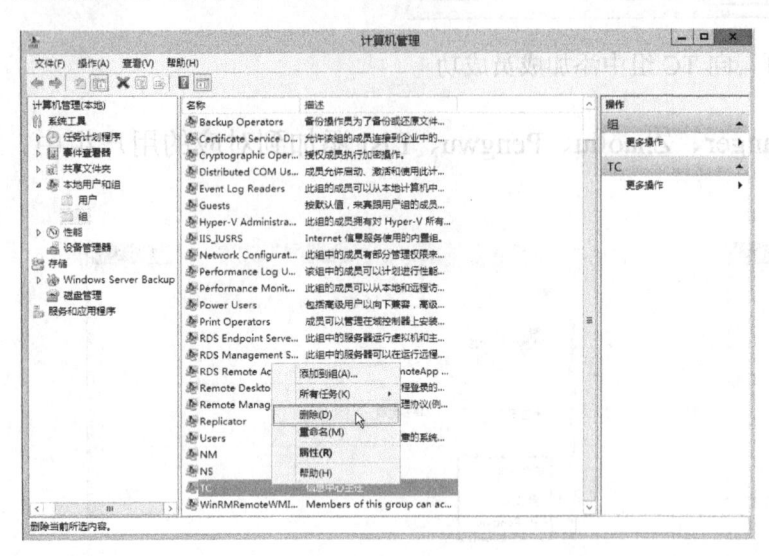

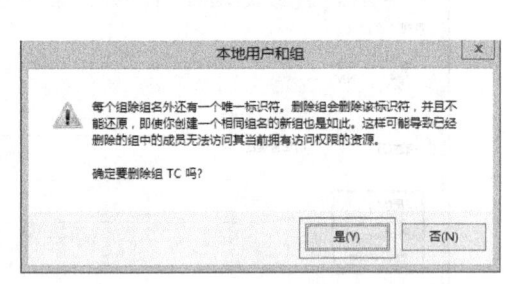

图 3.2.14　删除 TC 组　　　　　　　　　　图 3.2.15　删除组风险提示

任务小结

（1）组是用户的逻辑集合，使用组来对具有相同权限要求的用户进行管理。

（2）一个组可以有多个用户作为成员，一个用户也可隶属于多个组。

任务 3.3　管理本地组策略

任务描述

某公司的网络管理员小赵，要对公司员工用的计算机设置安全策略，这样可以在一定程度上保护服务器的安全和有效限制用户对服务器的登录尝试。

任务要求

在 Windows Server 2012 R2 中,除了创建和删除账户等,为确保计算机系统的安全,系统管理员需要应用与账户相关的一些操作对本地安全进行设置,从而达到提高系统安全性的目的。通过设置本地组策略可以来确保系统的安全性,具体说明如表 3.3.1 所示。

表 3.3.1 本地组策略

项 目	说 明
密码策略	密码长度最小值,至少 8 位字符
	密码最长使用期限,0 天
账户锁定策略	密码输入错误达到 3 次,账户锁定时间 5 分钟
	重置账户锁定计数器,5 分钟之后
本地策略	赋予 NM 用户组关闭系统的权限

任务实施

活动 1　认识本地组策略

本地组策略(Local Group Policy,LGP 或 LocalGPO)是组策略的基础版本,它面向独立且非域的计算机,影响本地计算机的安全设置。本地组策略的打开方法是,在"运行"对话框中输入"gpedit.msc"命令并运行,"本地组策略编辑器"窗口如图 3.3.1 所示。

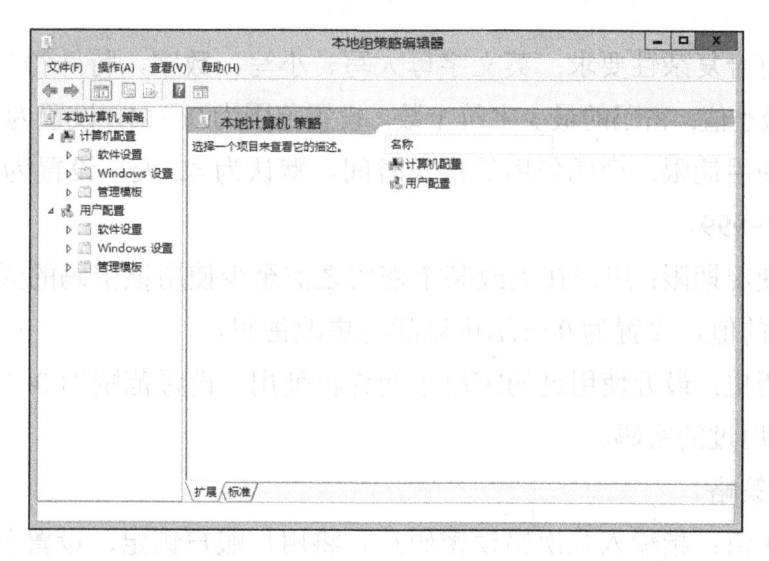

图 3.3.1　"本地组策略编辑器"窗口

本地组策略主要包含计算机配置和用户配置。不管是计算机配置还是用户配置,都包括软件设置、Windows 设置和管理模板三部分的内容。其中比较常用的是"计算机配置"→"Windows 设置"→"安全设置"中的各种配置,这部分的安全设置对应"本地安全策略",单独设置"本地安全策略"的方法为执行"服务器管理器"→"工具"→"本地安全策略"命令,"本地安全策略"窗口如图 3.3.2 所示。

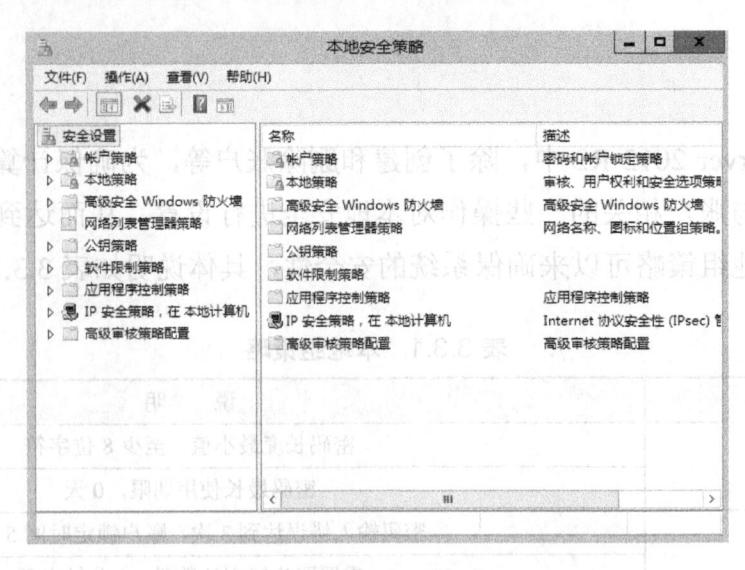

图 3.3.2 "本地安全策略"窗口

本地安全策略影响本地计算机的安全设置，当用户登录安装了 Windows Server 2012 R2 的计算机时，就会受到此计算机的本地安全策略影响。学习设置本地安全策略，建议在未加入域的计算机上设置，以免受到域组策略的影响，因为域组策略的优先级较高，可能会造成本地安全策略的设置无效或无法设置。

本地安全策略主要包括账户策略和本地策略，详细介绍如下。

1．账户策略

（1）密码策略。

① 密码必须符合复杂性要求：英文字母大写、小写，数字，特殊符号四者取其三。

② 密码长度最小值：密码的最少字符个数，设置范围为 0~14，设置为 0 表示不需要密码。

③ 密码最长使用期限：密码使用的最长时间，默认为 42 天，设置为 0 表示密码永不过期，设置范围为 0~999。

④ 密码最短使用期限：用户在更改某个密码之前至少使用该密码的天数，可以设置一个介于 1 和 998 之间的值，设置为 0 表示可以随时更改密码。

⑤ 强制密码历史：最近使用过的密码不允许再使用，设置范围为 0~24，默认为 0，表示随意使用过去已使用过的密码。

（2）账户锁定策略。

① 账户锁定阈值：指输入几次错误密码后，将用户账户锁定，设置范围为 0~999，默认为 0，代表不锁定用户账户。

② 账户锁定时间：指用户账户被锁定多长时间后自动解锁，单位为分钟，设置范围为 0~99 999，0 代表必须由管理员手动解锁。

③ 重置账户锁定计数器：指用户输入密码错误后开始计时计数器保持的时间，该时间过后，计数器将重置为 0。如果定义了账户锁定阈值，则该重置时间必须小于或等于账户锁定时间。需要注意的是，账户锁定策略对本地管理员账户无效。

2. 本地策略

（1）审核策略。

（2）用户权限分配，常用策略如下。

① 关闭系统。

② 更改系统时间。

③ 拒绝本地登录、允许本地登录（作为服务器的计算机不允许普通用户交互式登录）。

（3）安全选项。

① 安全选项常用策略。

② 试图登录时的用户消息文本（标题）。

③ 访问本地账户的共享和安全模式（经典和仅来宾）。

④ 使用空白密码的本地账户只允许进行控制台登录。

注意：执行"gpupdate"命令可以使本地安全策略生效或重启计算机，执行"gpupdate/force"命令可以强制刷新策略。

活动2　设置账户策略

1. 设置密码策略

（1）以 Administrator 身份登录系统，选择"开始"→"管理工具"→"本地安全策略"命令，打开"本地安全策略"窗口。

（2）在"本地安全策略"窗口中，依次展开"安全设置"→"账户策略"→"密码策略"节点，在右侧列表框中双击"密码长度最小值"选项，如图3.3.3所示。

（3）在弹出的"密码长度最小值 属性"对话框中，将密码长度最小值设置为8个字符，然后单击"确定"按钮，如图3.3.4所示。

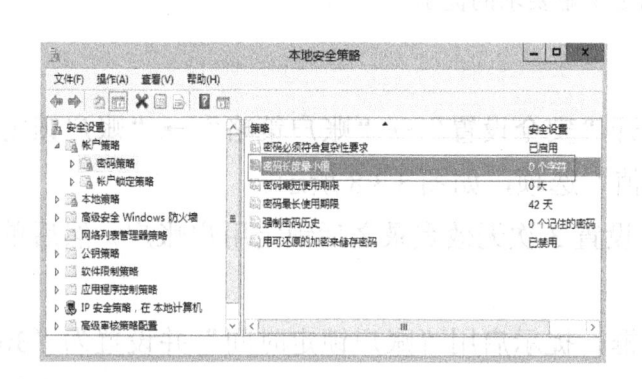

图 3.3.3　设置密码策略

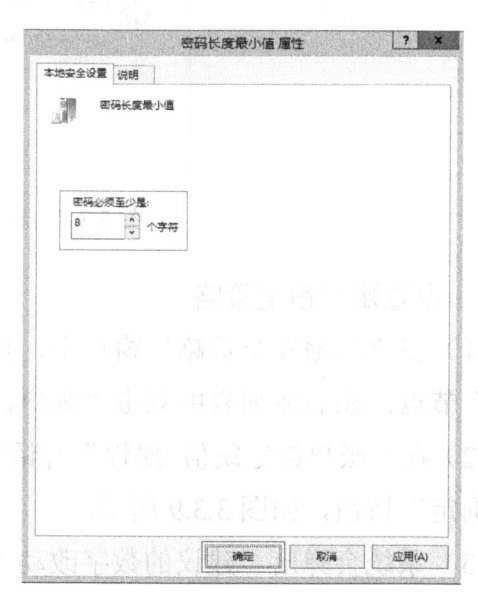

图 3.3.4　设置密码长度最小值

(4)在"本地安全策略"窗口,双击"密码最长使用期限"选项,如图 3.3.5 所示。在弹出的"密码最长使用期限 属性"对话框中,利用数值调节按钮将"密码不过期。"时间设置为 0 天,然后单击"确定"按钮,如图 3.3.6 所示。至此,密码策略设置完毕。

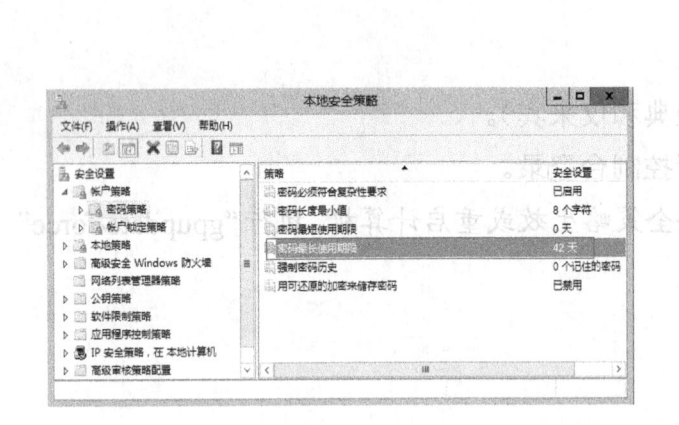

图 3.3.5　双击"密码最长使用期限"选项 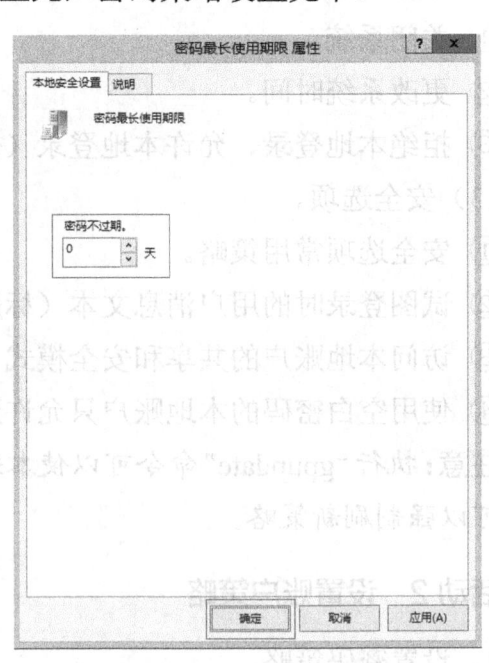　　　　图 3.3.6　修改密码最长使用期限

(5)测试密码策略。

对新建的一个密码长度为 7 个字符的用户账户 Sunq 进行测试,由于密码不符合密码策略要求,系统会出现错误提示,如图 3.3.7 所示,需要输入符合策略要求的密码。

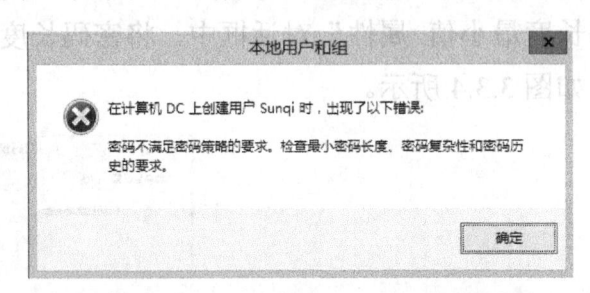

图 3.3.7　密码不满足策略要求的提示

2. 设置账户锁定策略

(1)在"本地安全策略"窗口中,依次展开"安全设置"→"账户策略"→"账户锁定策略"节点,在右侧列表中双击"账户锁定阈值"选项,如图 3.3.8 所示。

(2)在"账户锁定阈值 属性"对话框中,设置 3 次无效登录之后锁定用户账户,然后单击"确定"按钮,如图 3.3.9 所示。

(3)系统会弹出"建议的数字改动"对话框,提示启用"账户锁定时间"并设置为"30 分钟",并将"重置账户锁定计数器"设置为"30 分钟之后",这两个选项可在后续步骤中按需修改,此处先单击"确定"按钮,如图 3.3.10 所示。

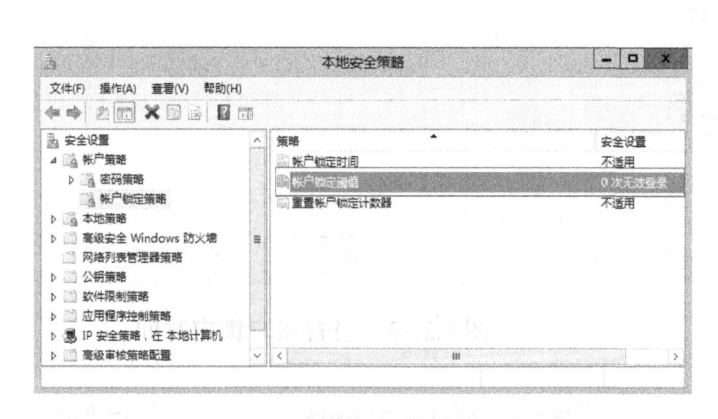

图 3.3.8　双击"账户锁定阈值"选项

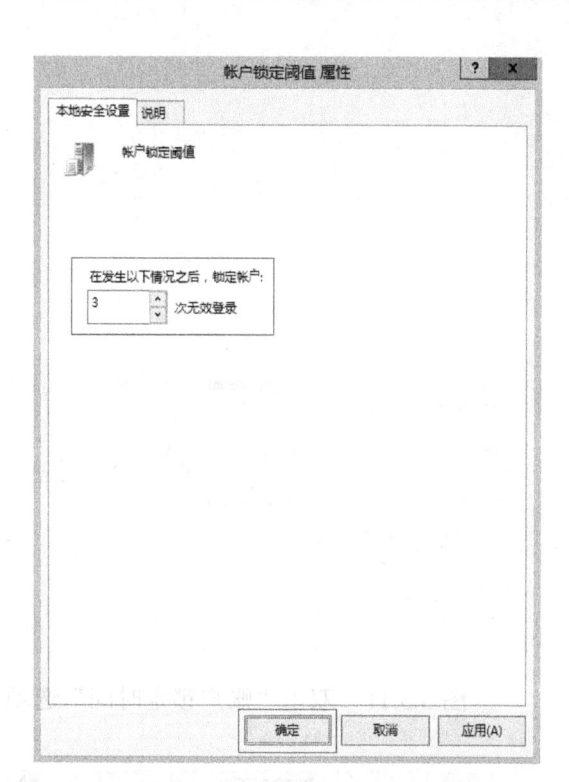

图 3.3.9　设置账户锁定阈值

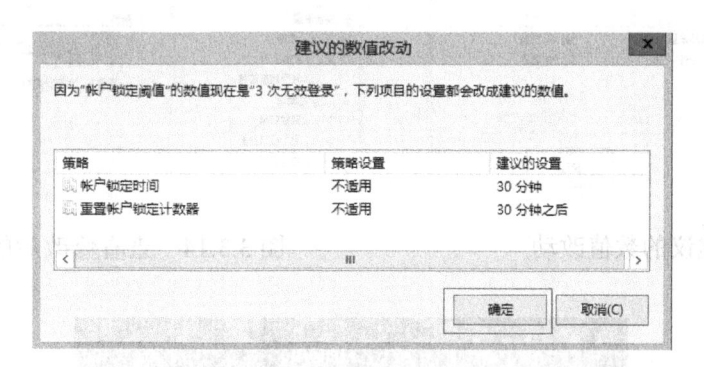

图 3.3.10　建议的数值改动

（4）返回"本地安全策略"窗口，双击"账户锁定时间"选项，如图 3.3.11 所示。

（5）在弹出的"账户锁定时间 属性"对话框中，按本任务需求将"账户锁定时间"设置为 5 分钟，设置完毕后单击"确定"按钮，如图 3.3.12 所示。

（6）系统会弹出"建议的数值改动"对话框，建议"重置账户锁定计数器"的值随"账户锁定时间"修改，并建议设置为"5 分钟之后"，此处单击"确定"按钮以使用建议设置，如图 3.3.13 所示。

（7）返回"本地安全策略"窗口，即可查看已完成的设置，如图 3.3.14 所示。

（8）测试账户锁定策略。依次测试上述账户锁定策略，当某一用户登录失败超过 3 次时，该账户将被锁定 5min。在本任务中，切换到 Zhaoliu 用户并在登录窗口中输入 3 次错误密码，即可看到用户被锁定的信息，如图 3.3.15 所示。

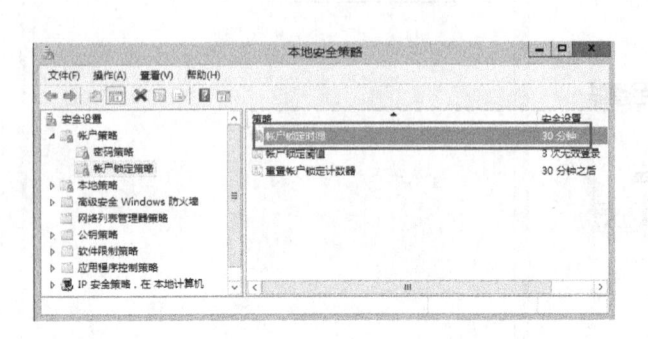

图 3.3.11　双击"账户锁定时间"选项 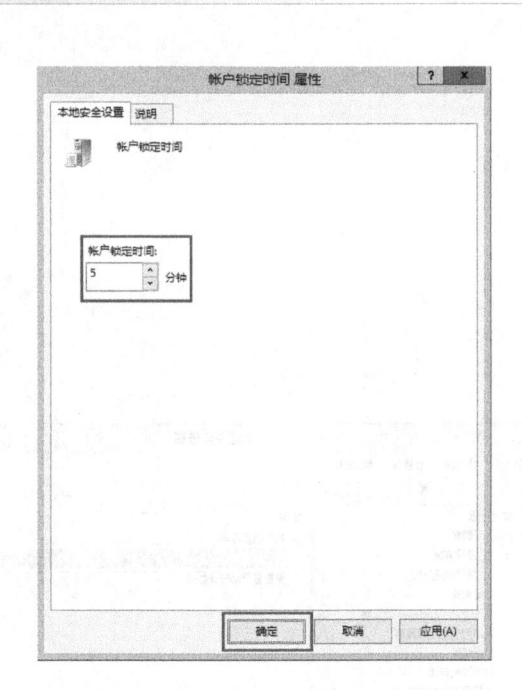　　　　图 3.3.12　设置账户锁定时间

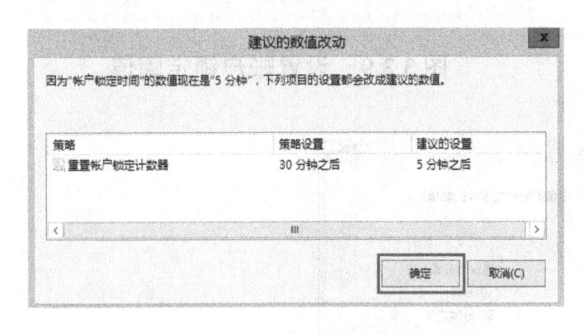

图 3.3.13　建议的数值改动 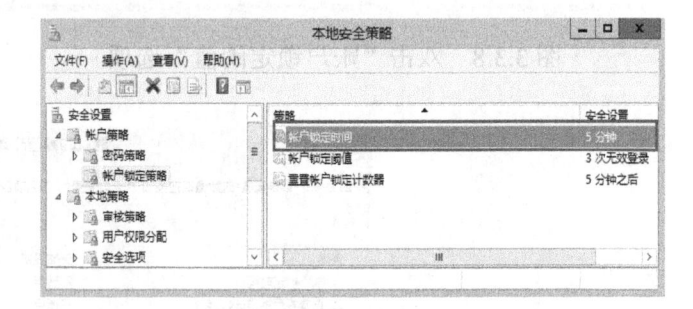　　　　　　　　图 3.3.14　查看修改后的账户锁定策略

图 3.3.15　测试账户锁定策略

3. 手动解锁用户账户

设置账户锁定策略后，如果需要在"账户锁定时间"到达之前解锁用户，则必须使用管理员账户完成解锁。

（1）以 Administrator 用户登录系统，在"计算机管理"窗口中，双击被锁定的用户账户选项"Zhaoliu"，如图 3.3.16 所示。

（2）在"Zhaoliu 属性"对话框中，打开"常规"选项卡，可看到"账户已锁定"复选框为勾选状态。取消勾选"账户已锁定"复选框，然后单击"确定"按钮，即可解锁用户，如

图 3.3.17 所示，之后再次尝试使用用户"Zhaoliu"登录系统。

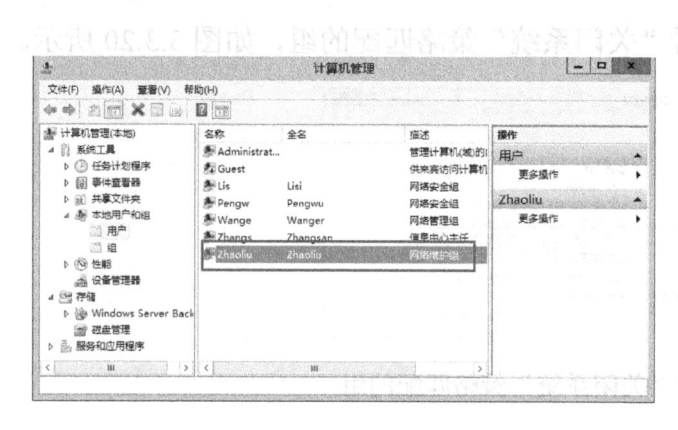

图 3.3.16　双击被锁定的用户账户 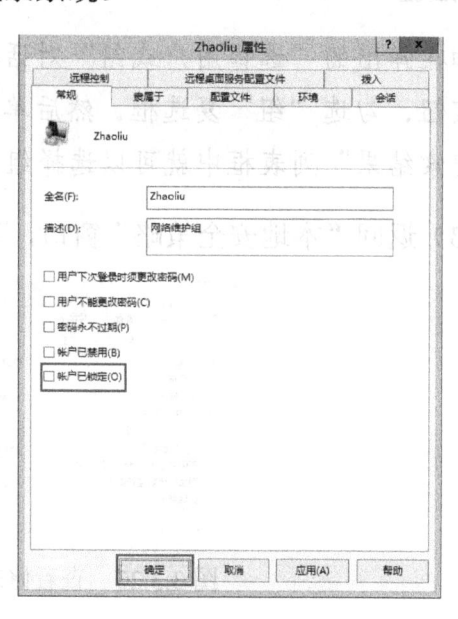　　　　　图 3.3.17　解锁用户账户

活动 3　设置本地策略

Windows Server 2012 R2 默认只允许 Administrators、Backup 两个组的用户关闭系统，若本任务中的 NM 用户组的用户需要关闭系统，则需要设置"用户权限分配"选项。

（1）使用管理员账户 Administrator 登录系统，在"本地安全策略"窗口中依次展开"安全设置"→"本地策略"→"用户权限分配"节点，在右侧列表中双击"关闭系统"选项，如图 3.3.18 所示。

（2）在弹出的"关闭系统 属性"对话框的"本地安全设置"选项卡中单击"添加用户或组"按钮，选择 NM 用户组，然后单击"确定"按钮，如图 3.3.19 所示。

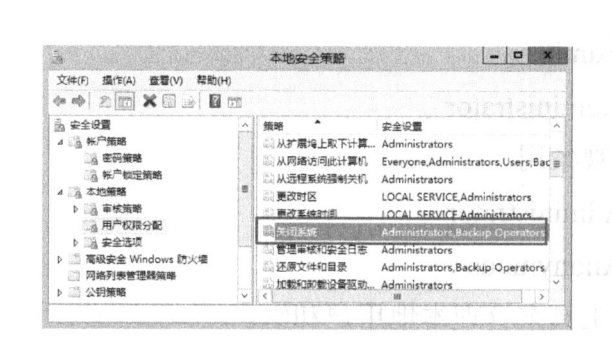

图 3.3.18　双击"关闭系统"选项 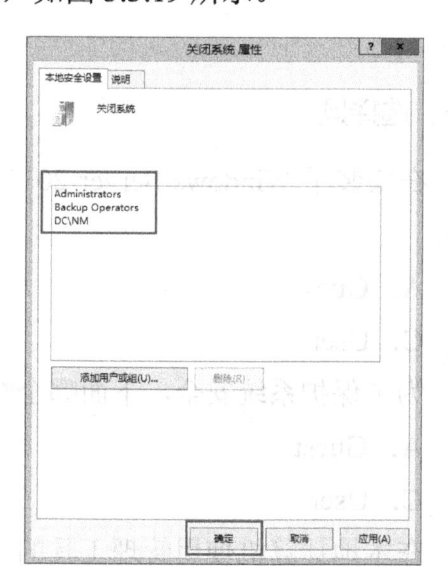　　　　　图 3.3.19　赋予 NM 用户组关闭系统权限

小贴士

如在弹出的"选择用户或组"对话框中无法选择组,则需要单击此对话框中的"对象类型"按钮,勾选"组"复选框,然后单击"高级"按钮,再单击"立即查找"按钮。这时,在"搜索结果"列表框中就可以选择组了。

(3)返回"本地安全策略"窗口,可查看"关闭系统"策略匹配的组,如图 3.3.20 所示。

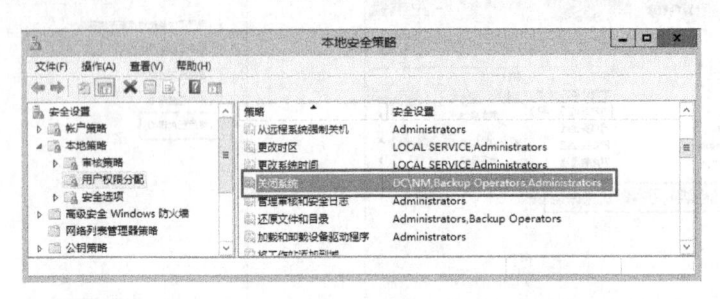

图 3.3.20 查看修改后的"关闭系统"策略匹配的组

(4)切换用户,并使用 NM 组中的 Wanger 账户登录系统,可以看到该用户已能够关闭计算机。

任务小结

(1)本地策略涉及是否在安全日志中记录登录用户的操作事件,用户能否交互式地登录此计算机,以及用户能否从网络上访问计算机等。

(2)本地策略主要包括审核策略、用户权限分配和安全选项策略。

思考与练习

一、选择题

1. 在安装了 Windows Server 2012 R2 的服务器上,(　　)用户账户有重新启动服务器的权限。

  A. Guest   B. Admin

  C. User   D. Administrator

2. 为了保护系统安全,下面哪个账户应该被禁用(　　)。

  A. Guest   B. Administrator

  C. User   D. Anonymous

3. 在本地计算机使用管理工具的(　　)工具来管理本地用户和组。

  A. 系统管理   B. 服务源

  C．计算机管理   D．服务

4．公司某员工出国学习 6 个月，这时管理员最好将该员工的账户（　　）。

  A．禁用   B．删除

  C．不做处理   D．关闭

5．在系统默认的情况下，下列（　　）组的成员可以创建本地用户账户。

  A．Backup Operators   B．Power Users

  C．Guests   D．Users

6．本地用户和组的信息存储在"%windir%\system32\config"文件夹的（　　）文件中。

  A．data   B．ntds.dir

  C．SAM   D．user

二、简答题

1．简述使用组管理用户账户的原因。

2．简述 Administrator 和 Guest 账户的区别。

3．简述 Windows Server 2012 R2 关于用户账户管理的本地安全策略。

项目 4

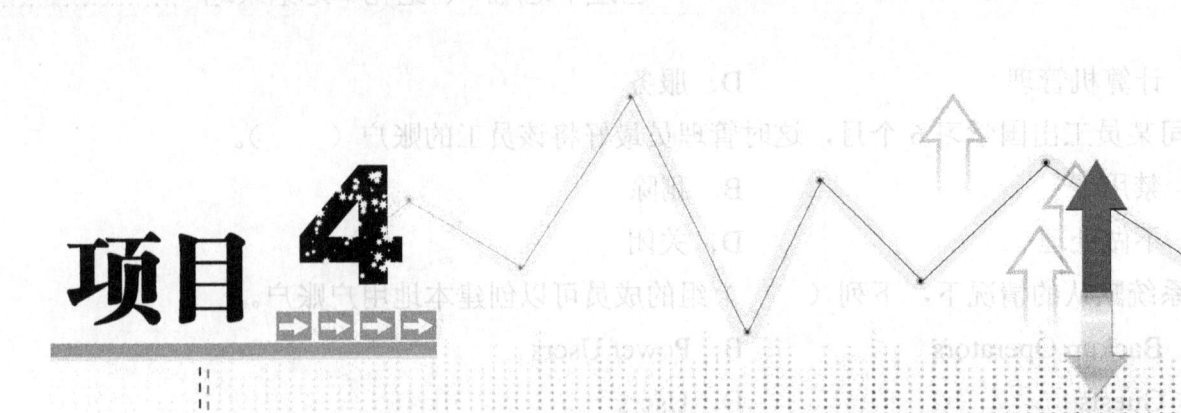

部署与管理活动目录

知识目标

（1）理解域和活动目录的概念。
（2）理解域的结构。
（3）理解域组策略的概念。

能力目标

（1）实现活动目录的安装与管理。
（2）将计算机加入域或脱离域。
（3）管理域组、域用户、组织单位和域组策略。

思政目标

（1）锻炼交流沟通的能力，逐步建立清晰、有序的逻辑思维体系。
（2）在管理用户账户、设置安全策略的过程中逐步建立网络安全意识。
（3）增强信息系统安全和集中管理意识，能够利用 Active Directory 管理内部计算机资源。

项目需求

某公司承揽网络中心机房建设与管理工程，按照合同要求进行施工，公司的小赵已经成功为这些服务器安装了网络操作系统，并对服务器的操作系统进行了基本环境、本地用户和本地组的配置。小赵采用工作组管理模式，当管理的计算机数量少时，工作很轻松，哪台计算机有问题,就去哪台计算机上解决,几乎不用管理;但随着公司规模的壮大,小赵即使很忙碌,也总有问题解决不了。传统的工作组管理模式采用分散管理的方式,只适合小规模的网络管理。当网络中有上百台计算机时,需要一种更加高效的网络管理方式。Windows Server 2012 R2 提供的域管理模式,可以很好地集中管理计算机和用户账户及其他网络资源。

通过域管理模式可以很方便地对内网的所有计算机、用户账号、共享资源、安全策略进行集中管理,是更加高效的网络管理方式。在 Windows Server 2012 R2 中安装了活动目录服务的服务器称为域控制器,域是活动目录服务的逻辑管理单位。活动目录(Active Directory,AD)是 Windows Server 2012 R2 提供的一种目录服务。它用于存储网络上各种对象的相关信息,以方便系统管理员和用户查找与使用。

本项目主要介绍在 Windows Server 2012 R2 网络操作系统中安装和配置域控制器,管理域用户、组和组织单位,以及管理域组策略。项目拓扑结构如图 4.0.1 所示。

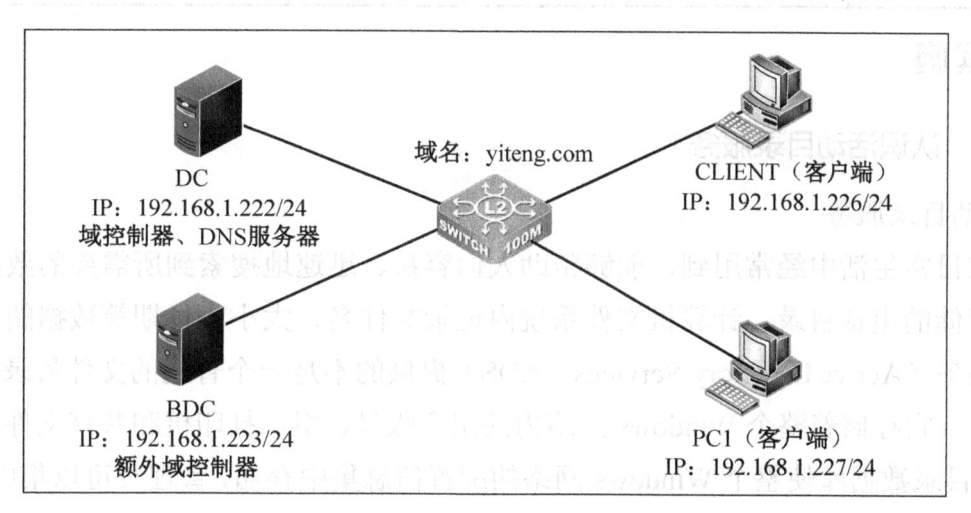

图 4.0.1　项目拓扑结构

任务 4.1　安装和配置域控制器

任务描述

某公司的网络管理员小赵刚进公司时管理 20 台计算机,他使用的是工作组管理模式,网络配置很轻松。但是近年来公司发展很快,计算机增加到了 500 台,原有的管理模式不再适用,现需要将旧的工作组管理模式升级成集中控制、资源共享、方便灵活的域管理模式。

任务要求

当网络中有上百台计算机时,可以对计算机采用域管理模式,即把所有的计算机加入域,由一台或数台域控制器集中管理域中的其他计算机。Windows Server 2012 R2 提供的域管理模式，可以很好地实现此需求。域控制器的基本要求见表 4.1.1。

表 4.1.1 域控制器的基本要求

项 目	说 明	角 色
计算机名 1	DC	域控制器
域名	yiteng.com	
IP 地址/子网掩码 1	192.168.1.222/24	
C 盘	NTFS 分区，有足够的磁盘空间	
管理模式	域管理模式	
计算机名 2	BDC	额外域控制器
IP 地址/子网掩码 2	192.168.1.223/24	
CLIENT	加入 yiteng.com 域	客户端
PC1	加入 yiteng.com 域	

任务实施

活动 1 认识活动目录服务

1．活动目录服务

目录在日常生活中经常用到，能够帮助人们容易、迅速地搜索到所需要的数据，如手机通讯录中存储的电话目录，计算机文件系统内记录文件名、大小、日期等数据的文件目录。活动目录服务（Active Directory Services，ADS）提供的不是一个普通的文件目录，而是一个目录数据库，它存储着整个 Windows 网络内的用户账号、组、打印机和共享文件夹等对象的相关信息。目录数据库使整个 Windows 网络的配置信息集中存储，管理员可以集中管理网络，提高管理效率。

目录数据库所存储的信息都是经过事先整理的有组织、结构化的数据信息，让用户可以非常方便、快速地找到所需数据，也可以方便地对活动目录中的数据执行添加、删除、修改、查询等操作。活动目录具有以下特点。

（1）集中管理。

活动目录集中组织和管理网络中的资源信息，类似图书馆的图书目录，图书目录存放了图书馆的图书信息，方便管理。通过活动目录可以方便地管理各种网络资源。

（2）便捷的网络资源访问。

活动目录允许用户一次登录网络就可以访问网络中所有该用户有权限访问的资源，而且用户在访问网络资源时不必知道资源所在的物理位置，就可以快速找到资源。

（3）可扩展性。

活动目录具有强大的可扩展性，可以随着公司或组织规模的增长而扩展，从一个网络对象较少的小型网络环境发展成网络对象较多的大型网络环境。

2．域和域控制器

域是活动目录的一种实现形式，也是活动目录最核心的管理单位。在域中可以将一组计算机作为一个管理单位，域管理员可以实现对整个域的管理和控制。例如，域管理员为用户创建域用户账号，使他们可以登录域并访问域资源，控制用户的登录时间、登录地点、登录结果，以及登录后能够执行哪些操作等。

一个域由域控制器和成员计算机组成，域网络结构如图 4.1.1 所示。域控制器（Domain Controller，DC）就是安装了活动目录服务的一台计算机。活动目录的数据都保存在域控制器内，即活动目录数据库中。一个域可以有多台域控制器，它们都存储着一份完全相同的活动目录，并会根据数据的变化同步更新。例如，当任意一台域控制器中添加了一个用户后，这个用户的相关数据就会被复制到其他域控制器的活动目录中，保持数据同步，当用户登录时，由其中一台域控制器验证用户的身份。

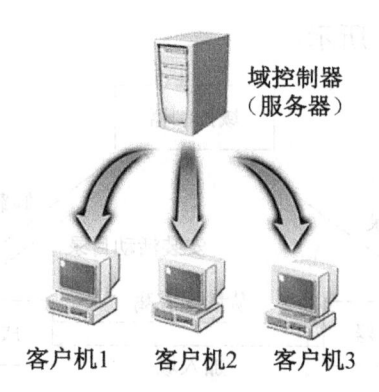

图 4.1.1　域网络结构

管理员可以通过修改活动目录数据库的配置来实现对整个域的管理和控制，域中的客户机要访问域的资源，必须先加入域，并通过管理员为其创建的域用户账户登录域，同时也必须接受管理员的控制和管理。

3．活动目录和 DNS

在 TCP/IP 网络中，DNS 是用来解决域名和 IP 地址映射关系的。Windows Server 2012 R2 的活动目录和 DNS 是紧密不可分的，它使用 DNS 服务器来登记域控制器的 IP 地址、各种资源的定位等，因此在一个域林中至少要有一个 DNS 服务器存在。在 Windows Server 2012 R2 中，域也是采用 DNS 的格式来命名的。

4．域控制器、成员服务器与独立服务器

（1）域控制器。

域控制器是运行活动目录的 Windows Server 2012 R2 服务器。在域控制器上，活动目录存储了所有域范围内的账户和策略信息，如系统的安全策略、用户身份验证数据和目录搜索等。正是由于有活动目录的存在，域控制器不需要本地安全账户管理器（SAM）。

一个域可以有一个或多个域控制器。通常单个局域网的用户可能只需要一个域就能满足要求。由于一个域比较简单，所以整个域也只要一个域控制器。为了获得高可用性和较强的容错能力,具有多个网络位置的大型网络或组织可能在每个部分都需要一个或多个域控制器。

(2)成员服务器。

一个成员服务器是一台运行 Windows Server 2012 R2 的域成员服务器。由于不是域控制器,因此成员服务器不执行用户身份验证,并且不存储安全策略信息,这样可以让成员服务器以更高的处理能力来处理网络中的其他服务。因此,在网络中通常使用成员服务器作为专用的文件服务器、应用服务器、数据库服务器或 Web 服务器,专门用于为网络中的用户提供一种或几种服务。

(3)独立服务器。

独立服务器既不是域控制器,也不是某个域的成员,也就是说它是一台具有独立安全边界的计算机,它维护本机独立的用户账户信息,服务于本机的身份验证。独立服务器以工作组的形式与其他计算机组建成对等网。

服务器的角色转化如图 4.1.2 所示。

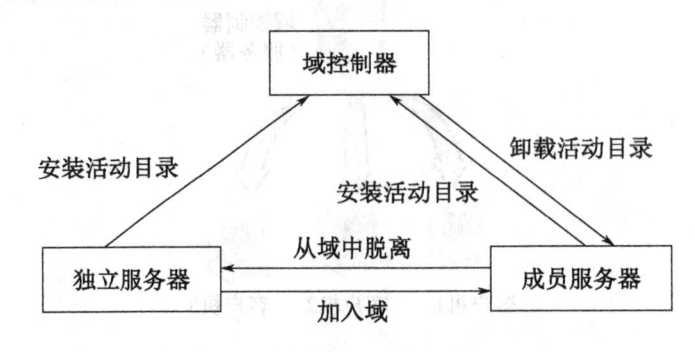

图 4.1.2 服务器的角色转化

活动 2 创建域控制器

当一台 Windows Server 2012 R2 服务器满足成为 DC 的所有条件时,就可以安装部署活动目录控制器(域控制器)了,这台域控制器将成为整个活动目录的核心控制设备,所有的权限分配、资源共享、身份验证等都由它完成。

1. 准备阶段

(1)将计算机名设置为 DC,如图 4.1.3 所示。升级为域控制器后,计算机名会自动更改为 DC.yiteng.com,其中 yiteng.com 为域名。

(2)修改计算机的 IP 地址和 DNS 服务器地址,如图 4.1.4 所示。如果网络中有独立的 DNS 服务器,则需要填写正确的 DNS 服务器地址。在当前环境中,由于没有专门的 DNS 服务器,域控制器会自动安装 DNS 服务,并成为域网络的 DNS 服务器,因此 DNS 服务器地址填写本机 IP 地址。

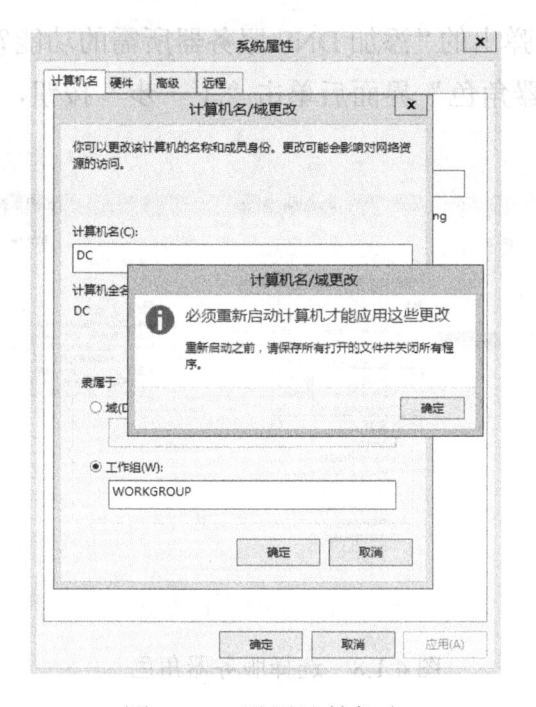

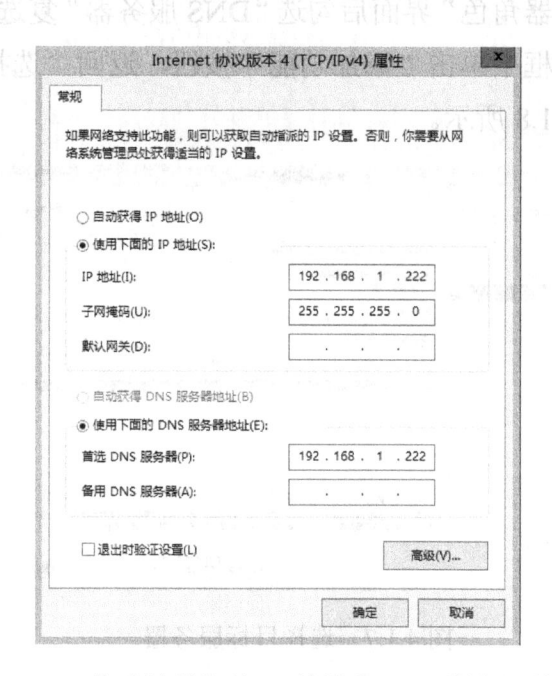

图 4.1.3　设置计算机名　　　　　图 4.1.4　修改计算机的 IP 地址和 DNS 服务器地址

2. 安装活动目录域服务与 DNS 服务器角色

（1）在"服务器管理器"窗口中，选择"仪表板"→"快速启动"→"添加角色和功能"命令，打开"添加角色和功能向导"窗口，在"开始之前"界面中单击"下一步"按钮，如图 4.1.5 所示。

（2）在"选择安装类型"界面中，选中"基于角色或基于功能的安装"单选按钮，然后单击"下一步"按钮，如图 4.1.6 所示。

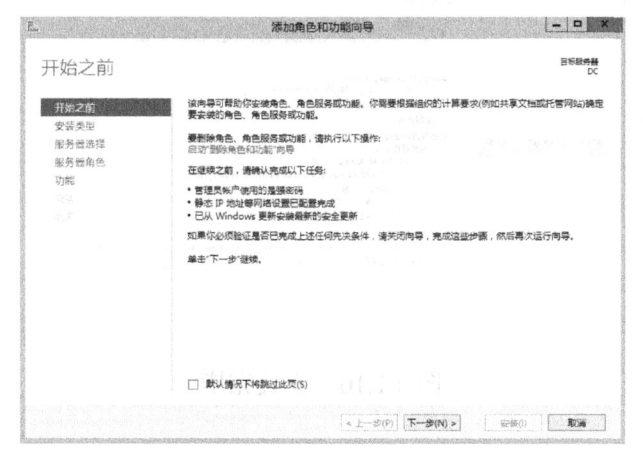

图 4.1.5　安装开始之前　　　　　图 4.1.6　选择安装类型

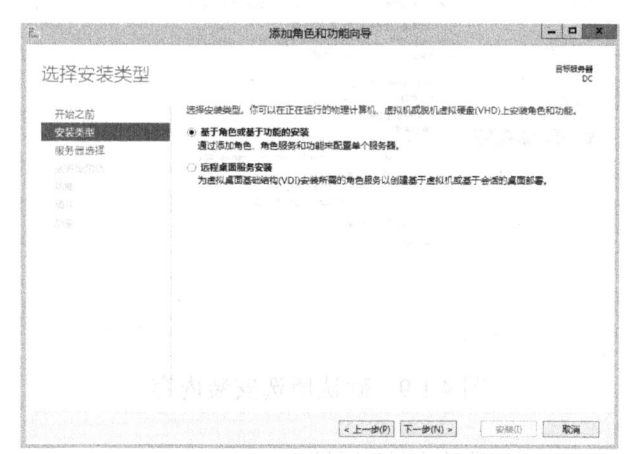

（3）在"选择目标服务器"界面中，选中"从服务器池中选择服务器"单选按钮，然后选择当前服务器，本例为"DC"，单击"下一步"按钮，如图 4.1.7 所示。

（4）在"选择服务器角色"界面中，勾选"Active Directory 域服务"复选框，在弹出的"添加 Active Directory 域服务所需的功能？"对话框中单击"添加功能"按钮；返回"选择服务器角色"界面后勾选"DNS 服务器"复选框,在弹出的"添加 DNS 服务器所需的功能?"对话框中单击"添加功能"按钮,返回"选择服务器角色"界面后单击"下一步"按钮,如图 4.1.8 所示。

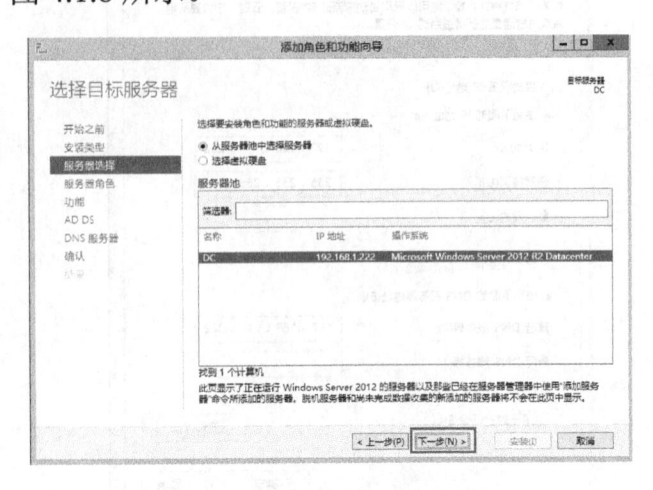

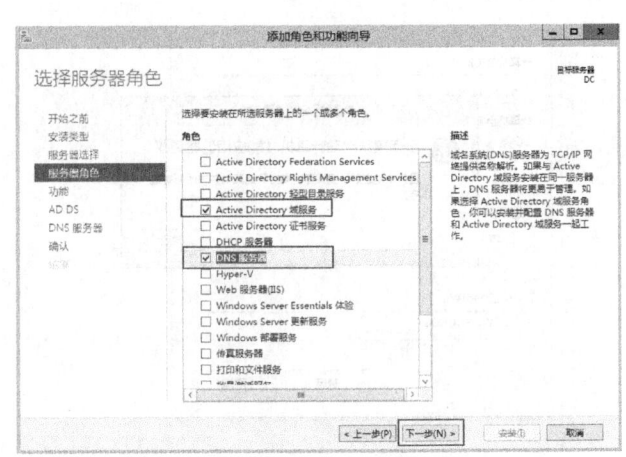

图 4.1.7　选择目标服务器　　　　　　　图 4.1.8　选择服务器角色

(5) 在"选择功能"界面中,单击"下一步"按钮。

(6) 在"Active Directory 域服务"界面中,单击"下一步"按钮。

(7) 在"DNS 服务器"界面中,单击"下一步"按钮。

(8) 在"确认安装所选内容"界面中,单击"安装"按钮,如图 4.1.9 所示。

(9) 安装完毕后,在"安装进度"界面中,单击"关闭"按钮,如图 4.1.10 所示。

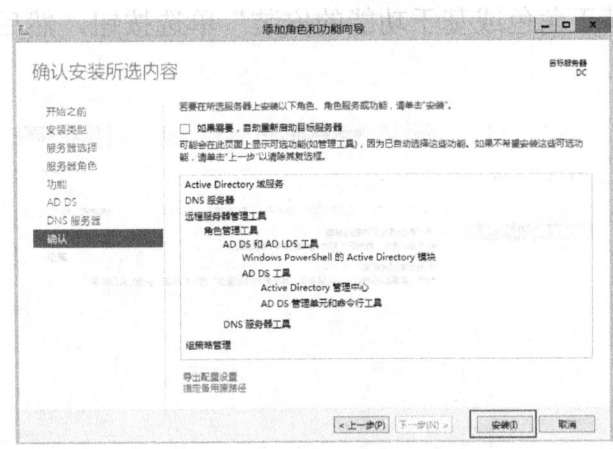

图 4.1.9　确认所选安装内容　　　　　　图 4.1.10　安装完毕

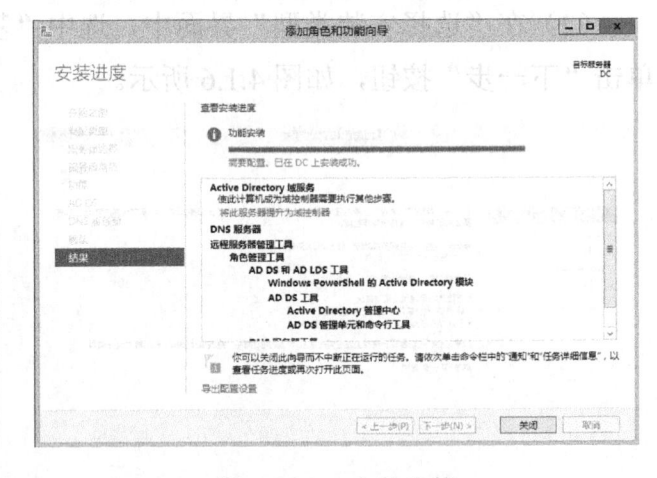

3. 提升为域控制器

(1) 在"服务器管理器"窗口中,单击通知区域的黄色感叹号图标,在弹出的对话框中单击"将此服务器提升为域控制器"链接,如图 4.1.11 所示。

(2) 在"Active Directory 域服务配置向导"窗口的"部署配置"界面中,选中"添加新林"单选按钮,在"根域名"文本框中输入名称(本任务输入"yiteng.com"),然后单击"下一步"按钮,如图 4.1.12 所示。

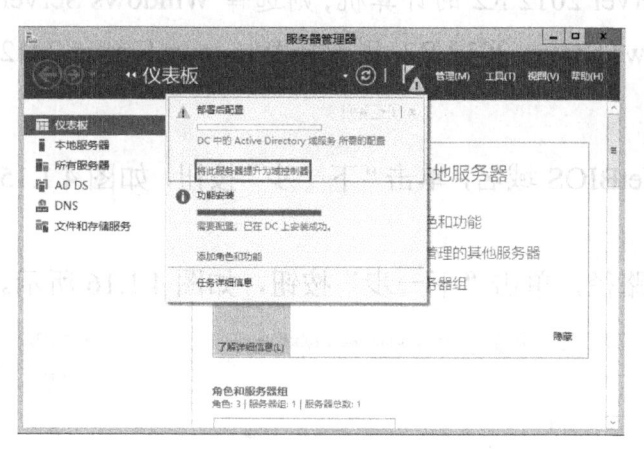

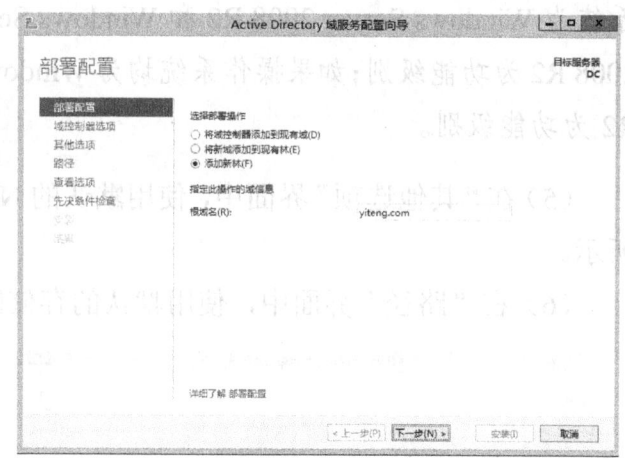

图 4.1.11　单击"将此服务器提升为域控制器"链接　　　图 4.1.12　添加新林并输入根域名

> 💡 **小贴士**
>
> 域控制器是安装了 Active Directory 域服务的计算机，存储了用户账户、计算机位置等目录数据，负责管理用户访问网络资源的各种权限，包括管理登录域、账号的身份验证，以及访问目录和共享资源等，一个 Active Directory 域中至少有一台域控制器。

（3）在"域控制器选项"界面中，"林功能级别"和"域功能级别"均设置为"Windows Server 2012 R2"，然后两次输入目录服务还原模式的密码，最后单击"下一步"按钮，如图 4.1.13 所示。

（4）在"DNS 选项"界面中，单击"下一步"按钮，如图 4.1.14 所示。

图 4.1.13　设置域控制器选项　　　图 4.1.14　设置 DNS 选项

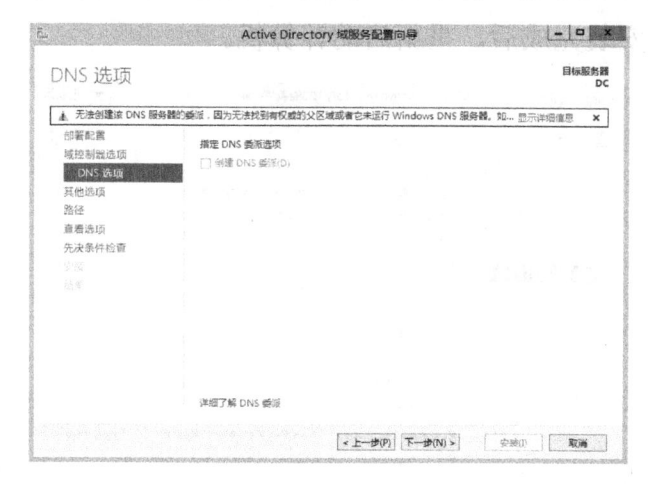

> 💡 **小贴士**
>
> 域和林的功能级别是指以何种方式在 Active Directory 域服务环境中，启用全域性或全林性功能。功能级别越高，域所支持的功能就越强，但向下兼容性就越差。例如，域中有操作

系统为 Windows Server 2008 R2 和 Windows Server 2012 R2 的计算机，则选择 Windows Server 2008 R2 为功能级别；如果操作系统均为 Windows Server 2012 R2，则选择 Windows Server 2012 R2 为功能级别。

（5）在"其他选项"界面中，使用默认的 NetBIOS 域名，单击"下一步"按钮，如图 4.1.15 所示。

（6）在"路径"界面中，使用默认的存储路径，单击"下一步"按钮，如图 4.1.16 所示。

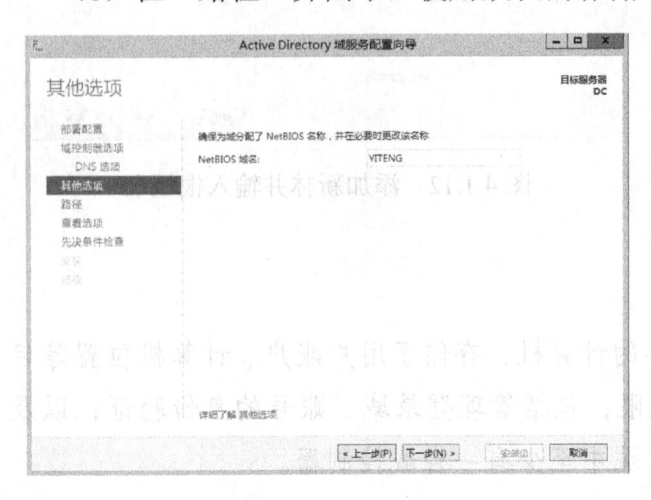

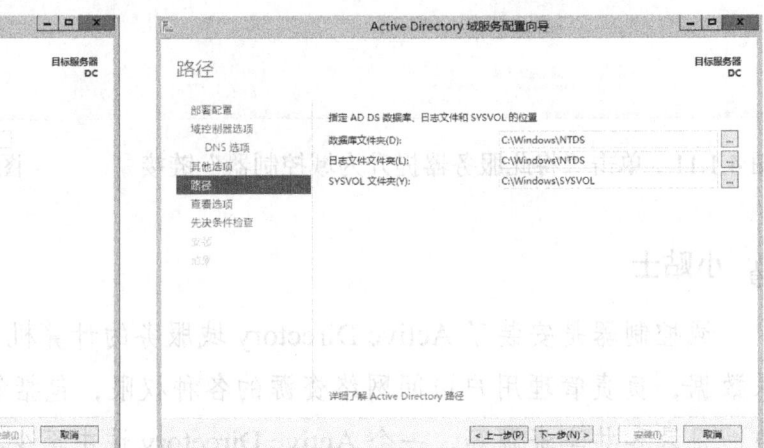

图 4.1.15　使用默认的 NetBIOS 域名　　　　图 4.1.16　设置路径

（7）在"查看选项"界面中，单击"下一步"按钮，如图 4.1.17 所示。

（8）在"先决条件检查"界面中，在"查看结果"列表末尾出现"所有先决条件检查都成功通过。请单击'安装'开始安装"提示信息后，单击"安装"按钮，如图 4.1.18 所示。安装完成后，重新启动计算机。

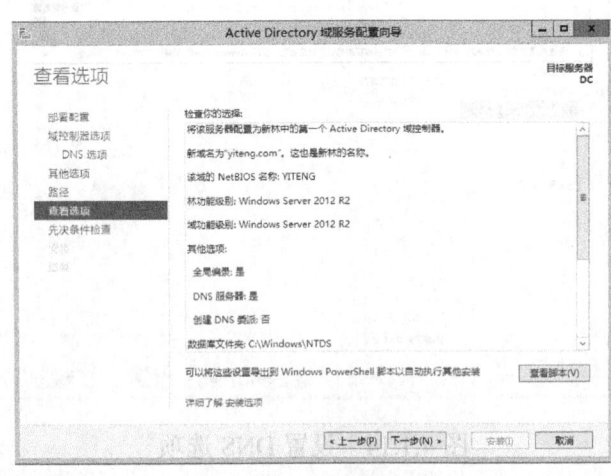

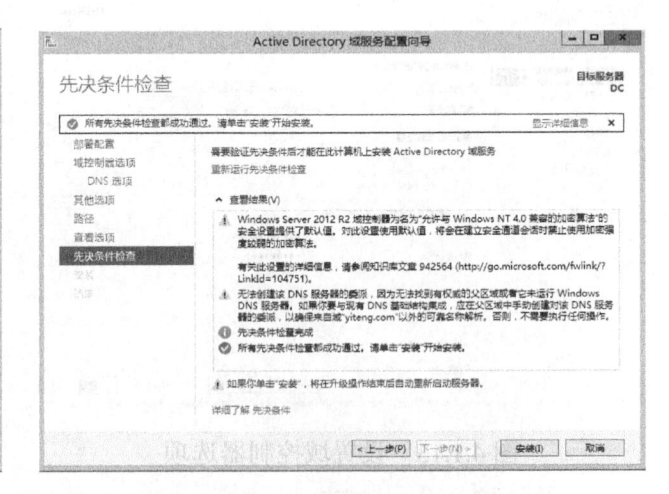

图 4.1.17　设置查看选项　　　　图 4.1.18　查看先决条件检查结果

4．登录域控制器

重启计算机后，按 Ctrl+Alt+Delete 组合键登录系统，可看到登录的用户为域管理员，登录的用户名格式为"YITENG\Administrator"，如图 4.1.19 所示。

图 4.1.19 登录域控制器

> 💡 **小贴士**
>
> 登录域控制器的域用户名格式为"域 NetBIOS 名\用户名",如"ABC\Administrator"。在域成员计算机上登录时,除采用这种方式外,还可以采用"用户名@域名"的方式,如"administrator@abc.com"。

5. 查看域控制器

(1) 在"服务器管理器"窗口中,选择"工具"→"Active Directory 用户和计算机"命令,如图 4.1.20 所示。

(2) 在"Active Directory 用户和计算机"窗口中,依次展开"yiteng.com"→"Domain Controllers"(域控制器)节点,可以看到服务器"DC"的角色已经成功升级为域控制器,如图 4.1.21 所示。

图 4.1.20 "服务器管理器"窗口

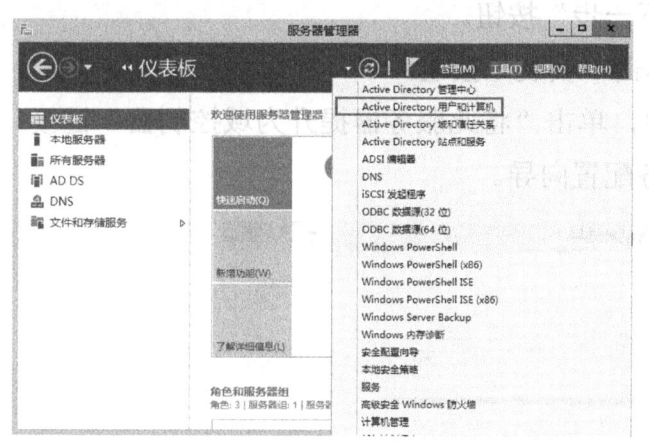

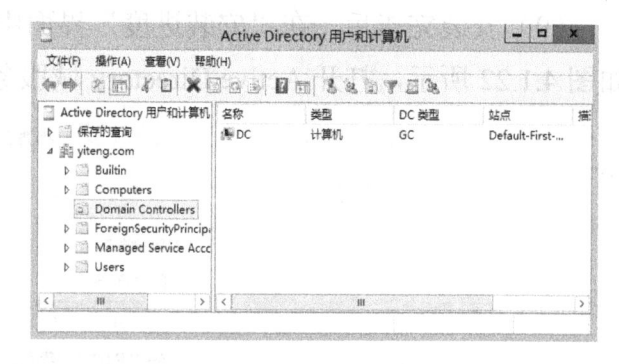

图 4.1.21 查看域控制器

活动 3 添加额外的域控制器

在一个安装了 Windows Server 2012 R2 操作系统的计算机组成的域中可以有多个地位平等的域控制器,它们都有所属域活动目录的副本,多个域控制器可以分担用户登录时的验证任务,同时还能防止因单一域控制器的失败而导致的网络瘫痪问题。在域中的某一个域控制器上添加用户时,域控制器会把活动目录的变化复制到域中别的域控制器上。在域中安装额外的域控制器,需要把活动目录从原有的域控制器复制到新的服务器上。下面以 BDC 服务器为例来说明添加额外域控制器的过程。

1. 准备阶段

（1）将计算机名设置为 BDC，升级为额外域控制器后，计算机名会自动更改为 BDC.yiteng.com，其中 yiteng.com 为域名。

（2）修改计算机的 IP 地址（192.168.1.223/24）和 DNS 服务器地址（192.168.1.222）。

2. 安装 Active Directory 域服务

（1）在"服务器管理器"窗口中，选择"仪表板"→"快速启动"→"添加角色和功能"命令，打开"添加角色和功能向导"窗口，在"开始之前"界面中单击"下一步"按钮。

（2）在"选择安装类型"界面中，选中"基于角色或基于功能的安装"单选按钮，然后单击"下一步"按钮。

（3）在"选择目标服务器"界面中，选中"从服务器池中选择服务器"单选按钮，然后选择当前服务器，本例为"BDC"，单击"下一步"按钮。

（4）在"选择服务器角色"界面中，勾选"Active Directory 域服务"复选框，在弹出的"添加 Active Directory 域服务所需的功能？"对话框中单击"添加功能"按钮，返回"选择服务器角色"界面后单击"下一步"按钮。

（5）在"选择功能"界面中，单击"下一步"按钮。

（6）在"Active Directory 域服务"界面中，单击"下一步"按钮。

（7）在"DNS 服务器"界面中，单击"下一步"按钮。

（8）在"确认安装所选内容"界面中，单击"安装"按钮。

（9）安装完毕后，在"安装进度"界面中，单击"将此服务器提升为域控制器"链接，如图 4.1.22 所示，打开 Active Directory 域服务配置向导。

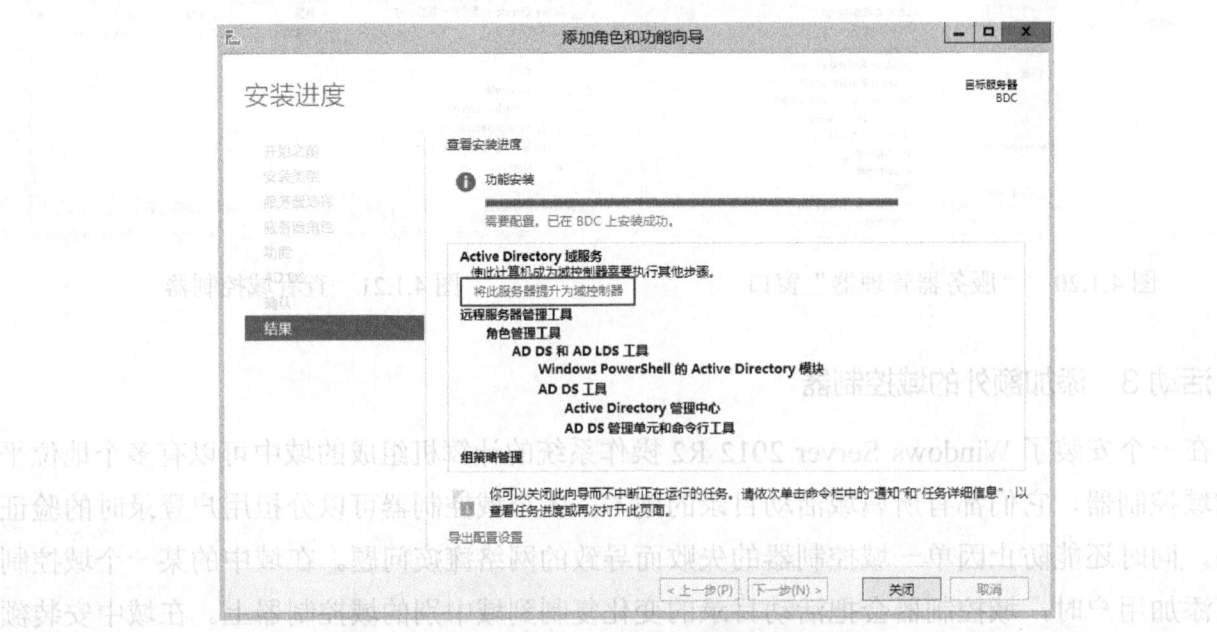

图 4.1.22 "安装进度"界面

（10）在"Active Directory 域服务配置向导"窗口中，在"部署配置"界面选中选中"将域控制器添加到现有域"单选按钮,在"域"文本框中输入"yiteng.com",如图 4.1.23 所示。接下来,单击"更改"按钮,打开"Windows 安全"对话框,输入凭据,即有权限添加域控制器的用户名(yiteng\administrator)与密码,单击"确定"按钮,如图 4.1.24 所示。单击"下一步"按钮,如图 4.1.25 所示。

(11)在"域控制器选项"界面中,确认默认设置,然后两次输入目录服务还原模式的密码,最后单击"下一步"按钮,如图 4.1.26 所示。

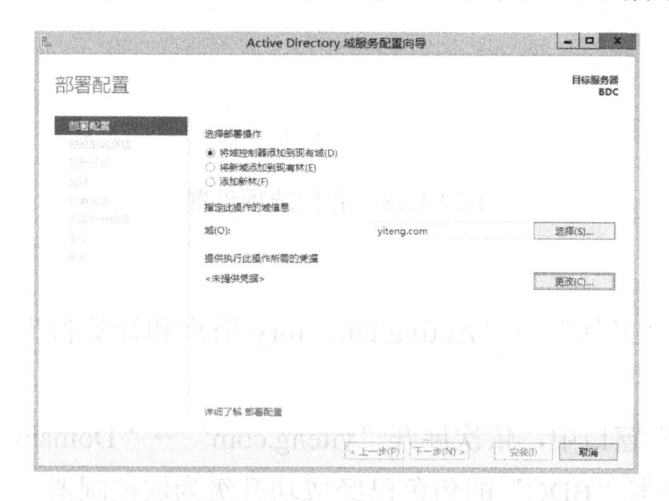

图 4.1.23 指定域

图 4.1.24 输入凭据

图 4.1.25 单击"下一步"按钮

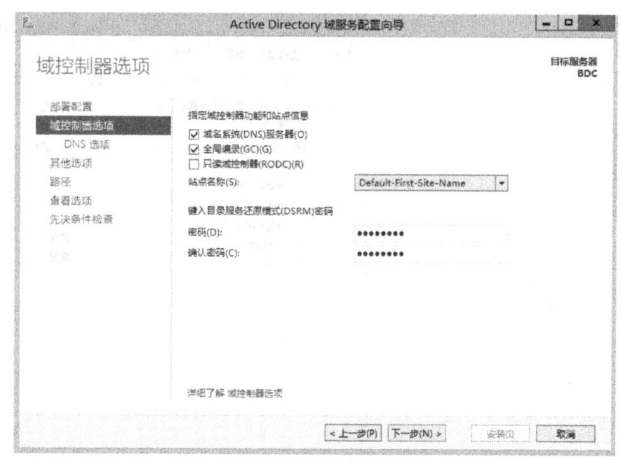

图 4.1.26 "域控制器选项"界面

(12)在"DNS 选项"界面中,单击"下一步"按钮,如图 4.1.27 所示。

(13)在"其他选项"界面中,"复制自"文本框设置为"DC.yiteng.com",单击"下一步"按钮,如图 4.1.28 所示。

(14)随后的步骤和创建域林中的域控制器的步骤一样,这里不再赘述。最后,单击"确定"按钮后,配置向导从原有的域控制器上开始复制活动目录。安装完成后,重新启动计算机。

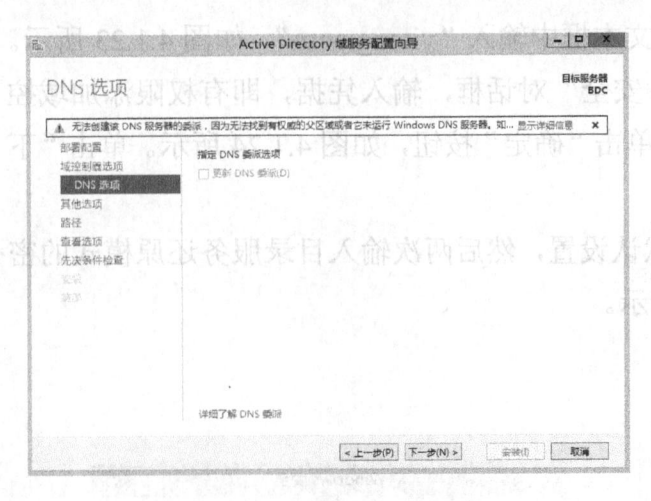

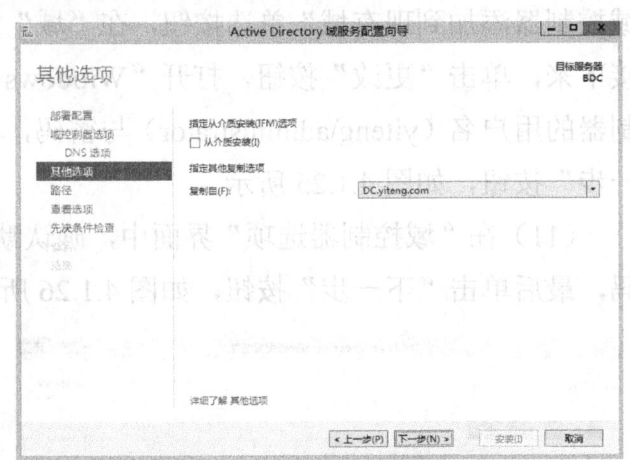

图 4.1.27　DNS 选项设置　　　　　图 4.1.28　其他选项设置

3．查看域控制器

（1）在"服务器管理器"窗口中，选择"工具"→"Active Directory 用户和计算机"命令。

（2）在"Active Directory 用户和计算机"窗口中，依次展开"yiteng.com"→"Domain Controllers"（域控制器）节点，可以看到服务器"BDC"的角色已经成功升级为域控制器，如图 4.1.29 所示。

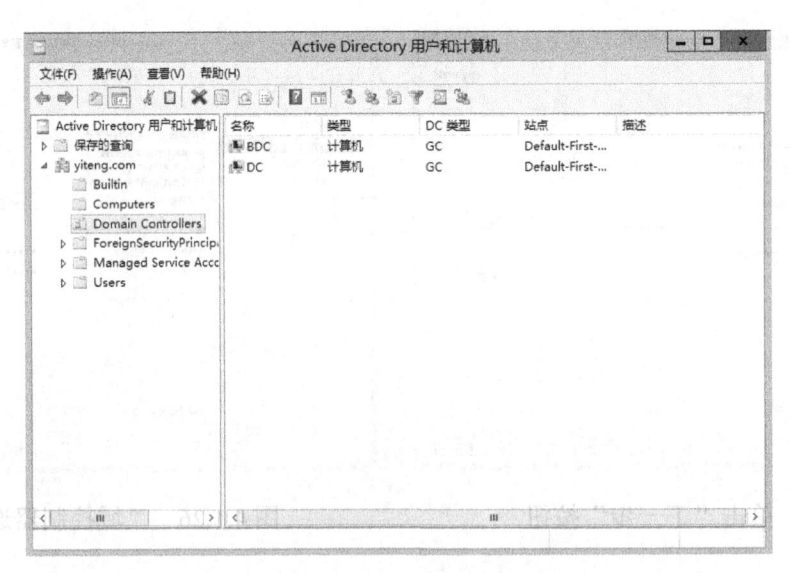

图 4.1.29　查看域控制器

活动 4　域控制器降级

1．域控制器降级为成员服务器

在域控制器上把活动目录删除，域控制器就降级为成员服务器了，下面以 BDC.yiteng.com 为例来介绍其实现过程。

（1）在"服务器管理器"窗口中，选择"管理"→"删除角色和功能"命令，打开"删除角色和功能向导"窗口，在"开始之前"界面中单击"下一步"按钮，如图 4.1.30 所示。

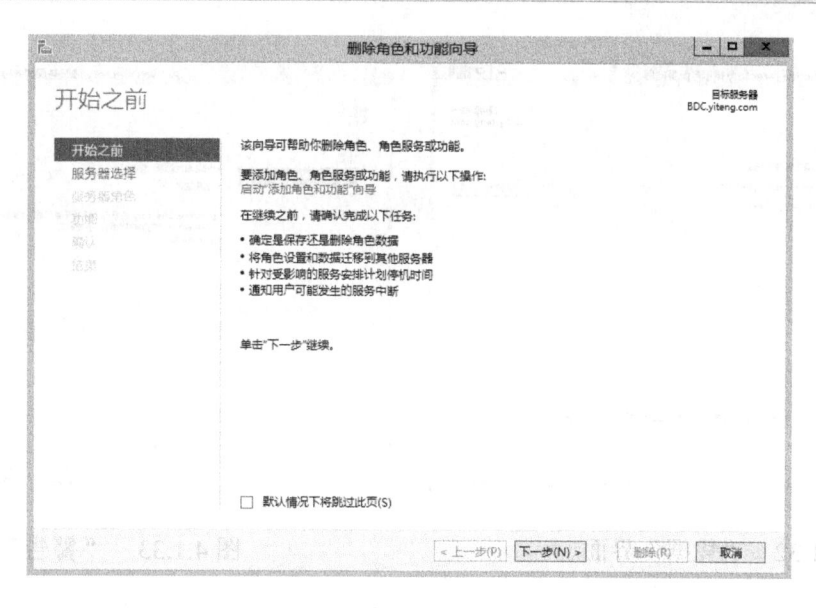

图 4.1.30　删除角色和功能向导

（2）在"选择目标服务器"界面中，选中"从服务器池中选择服务器"单选按钮，然后选择当前服务器，本例为"BDC.yiteng.com"，接下来单击"下一步"按钮。

（3）在"删除服务器角色"界面中，勾选要删除的角色"Active Directory 域服务"复选框，在弹出的"删除 Active Directory 域服务所需的功能？"对话框中单击"删除功能"按钮。然后在弹出的"删除角色和功能向导"对话框中单击"将此域控制器降级"链接，如图 4.1.31 所示。

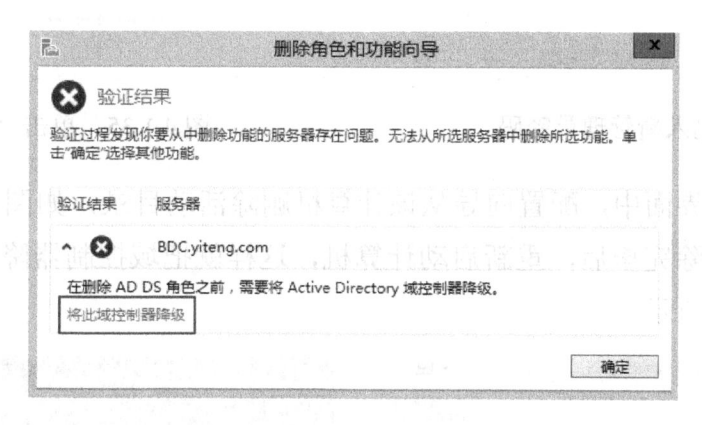

图 4.1.31　"域控制器降级"链接

（4）在"凭据"界面中，单击"下一步"按钮，如图 4.1.32 所示。

（5）在"警告"界面中，勾选"继续删除"复选框后单击"下一步"按钮，如图 4.1.33 所示。

（6）在"新管理员密码"界面中，两次输入新管理员密码，然后单击"下一步"按钮，如图 4.1.34 所示。

（7）在"查看选项"界面中，单击"降级"按钮，域控制器开始降级，如图 4.1.35 所示。

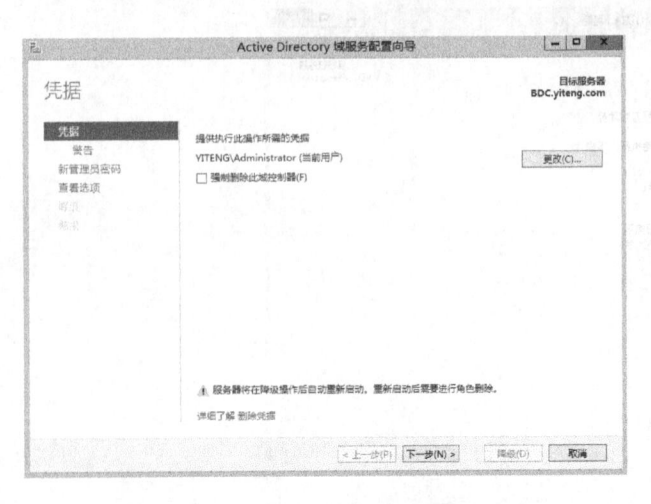

图 4.1.32 "凭据"界面

图 4.1.33 "警告"界面

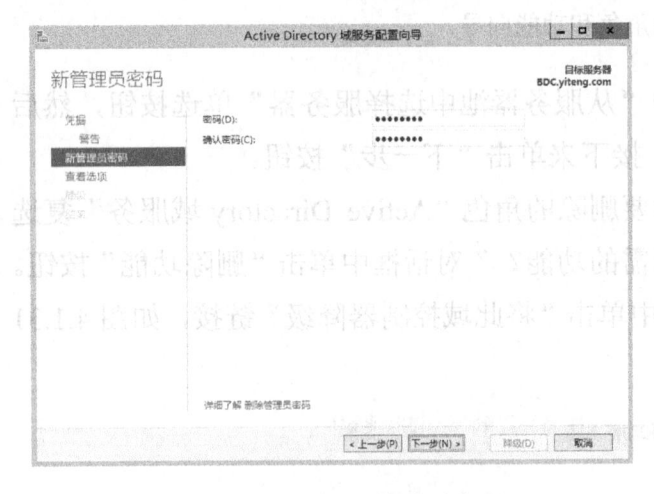

图 4.1.34 输入新管理员密码

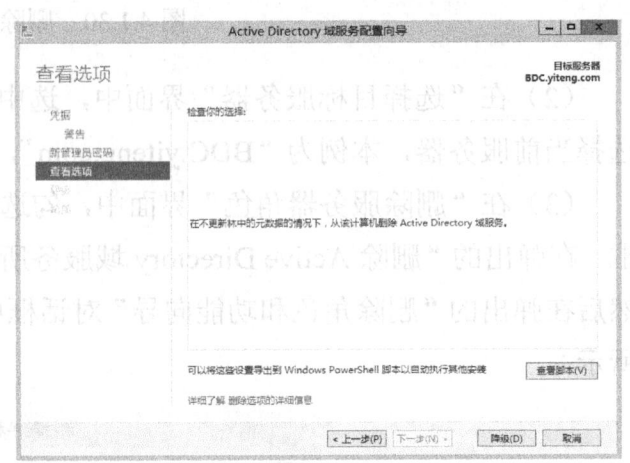

图 4.1.35 单击"降级"按钮

（8）在"降级"界面中，配置向导从该计算机删除活动目录，如图 4.1.36 所示。

（9）活动目录删除完毕后，重新启动计算机，这样就把域控制器降级为成员服务器了，降级结果如图 4.1.37 所示。

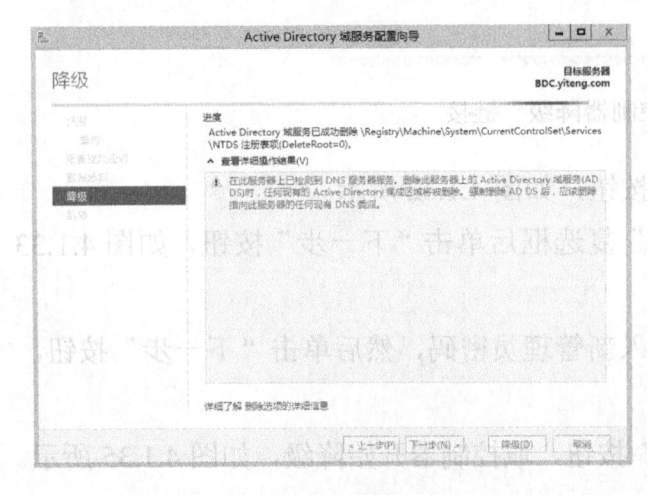

图 4.1.36 降级过程

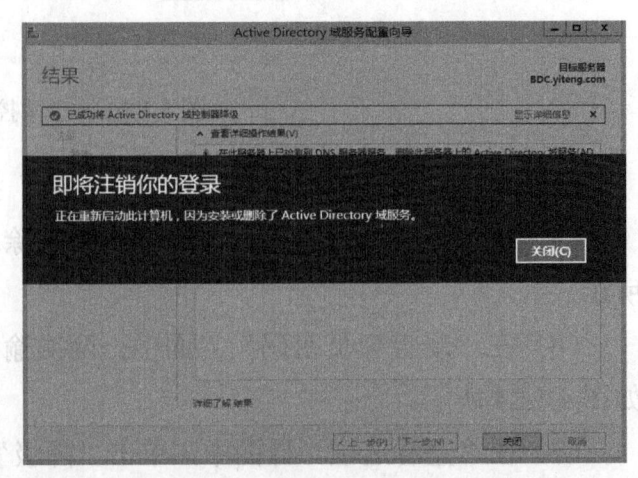

图 4.1.37 降级结果

2. 成员服务器降级为独立服务器

（1）在"服务器管理器"窗口中，选择"本地服务器"→"计算机名"命令，弹出"系统属性"对话框，如图4.1.38所示。

（2）在"系统属性"对话框中，单击"更改"按钮，在"计算机名/域更改"对话框中，选中"隶属于"选区中的"工作组"单选按钮，并输入从域中脱离后要加入的工作组的名称，如图4.1.39所示。单击"确定"按钮后会提示"欢迎加入WORKGROUP工作组"，如图4.1.40所示。再次单击"确定"按钮，重新启动计算机。

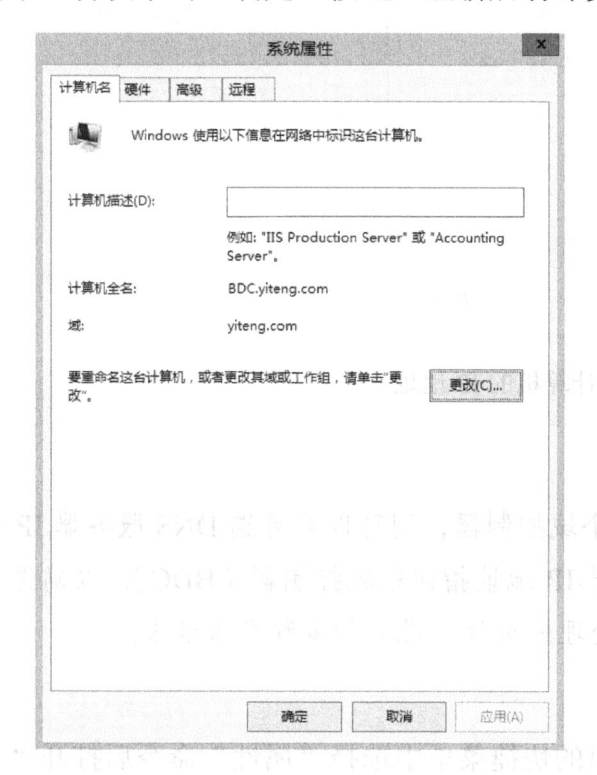

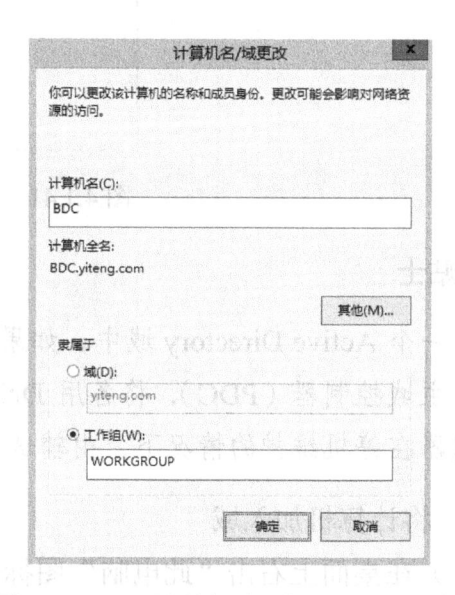

图 4.1.38　"系统属性"对话框　　　　图 4.1.39　"计算机名/域更改"对话框

图 4.1.40　提示"欢迎加入WORKGROUP工作组"

活动 5　客户计算机加入域

1. 设置计算机的 IP 地址

如果计算机需要加域，则应具备两个条件：一是计算机能够与域控制器进行通信，并且将首选 DNS 服务器 IP 地址指向域控制器；二是需要一个能够登录 Active Directory 的域账户，首次加域时可使用域管理员账户完成，后面再为公司员工建立普通身份的域账户。

设置成员计算机的 IP 地址，如图 4.1.41 所示。

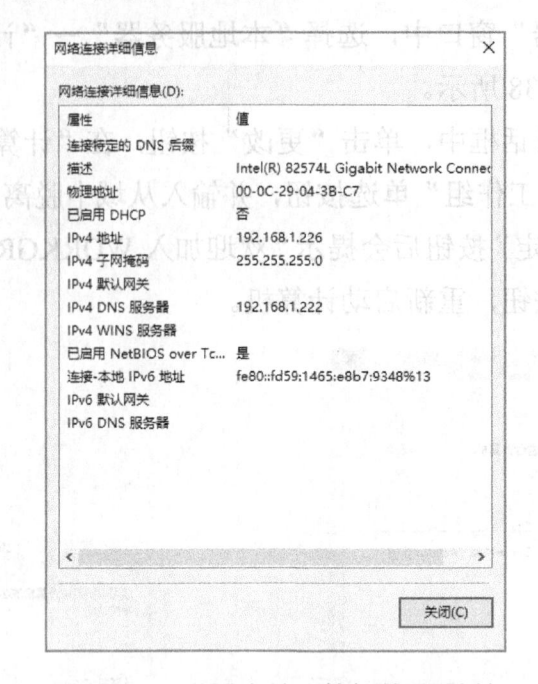

图 4.1.41　设置成员计算机的 IP 地址

💡 小贴士

在一个 Active Directory 域中，如果具有两个域控制器，则可以将首选 DNS 服务器 IP 地址指向主域控制器（PDC），将备用 DNS 服务器 IP 地址指向辅域控制器（BDC），以确保主域控制器在停机维护的情况下，由辅域控制器处理成员计算机的加域和登录请求。

2．将计算机加入域

（1）在桌面上右击"此电脑"图标，在弹出的快捷菜单中选择"属性"命令后打开"系统"窗口，如图 4.1.42 所示。

图 4.1.42　"系统"窗口

（2）在"系统"窗口的"计算机名、域和工作组设置"选区中，单击"更改设置"链接，在弹出的"系统属性"对话框中单击"更改"按钮，如图 4.1.43 所示。

（3）将"计算机名/域更改"对话框中的"计算机名"修改为"CLIENT"，然后在"隶属于"选区中选中"域"单选按钮，并在其后面的文本框中输入要加入域的名称"yiteng.com"，接下来单击"确定"按钮，如图 4.1.44 所示。

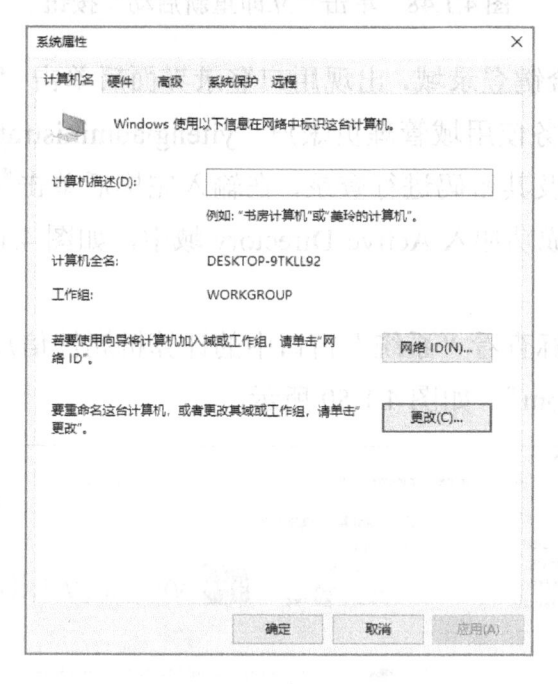

图 4.1.43　"系统属性"对话框　　　　图 4.1.44　更改计算机名/域

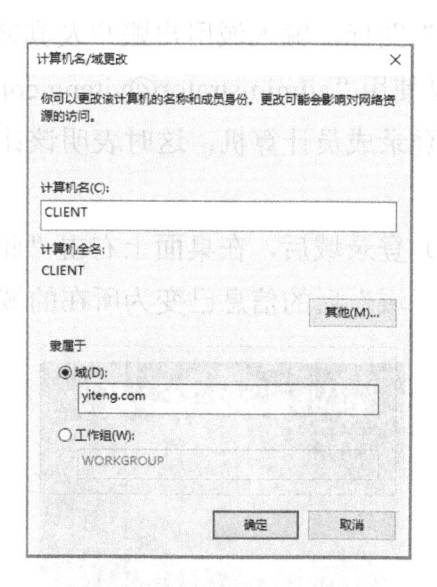

（4）在弹出的"Windows 安全中心"对话框中输入具有加域权限的账户名称（Administrator）及密码，然后单击"确定"按钮，如图 4.1.45 所示。

（5）弹出"欢迎加入 yiteng.com 域"提示信息后单击"确定"按钮，如图 4.1.46 所示。

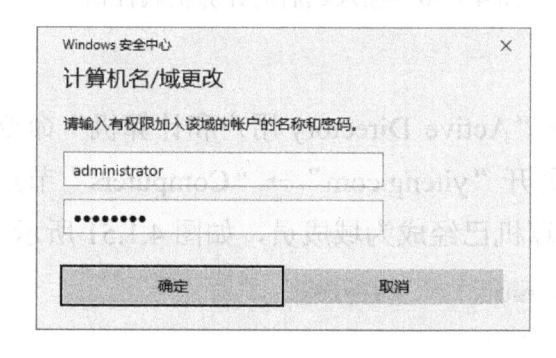

图 4.1.45　输入账户名称及密码（帐→账）　　　　图 4.1.46　加入域提示信息

（6）返回后可以看到要求重新启动计算机的相关提示，单击"确定"按钮，如图 4.1.47 所示。然后在弹出的"Microsoft Windows"对话框中单击"立即重新启动"按钮，如图 4.1.48 所示。

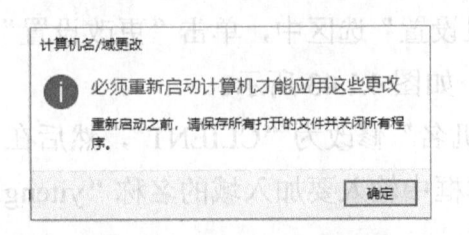

Windows Server 2012 R2 系统管理与服务器配置

图 4.1.47 重新启动计算机的相关提示 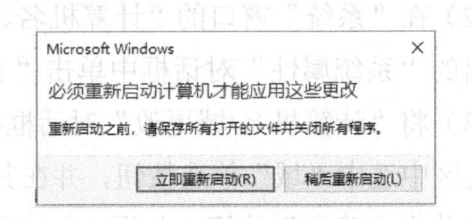   图 4.1.48 单击"立即重新启动"按钮

（7）重新启动计算机后，按 Ctrl+Alt+Del 组合键登录域，出现用户登录界面后单击"其他用户"图标，输入域用户账户及其密码，本任务使用域管理员账户"yiteng\administrator"（也可以使用"administrator@yiteng.com"格式）及其密码进行登录，在输入完毕后单击 ➡ 按钮即可登录成员计算机，这时表明该计算机已经成功加入 Active Directory 域中，如图 4.1.49 所示。

（8）登录域后，在桌面上右击"此电脑"图标查看"系统"窗口中的计算机属性信息，可看到"域"后的信息已变为所在的域"yiteng.com"，如图 4.1.50 所示。

图 4.1.49 使用域管理员账户登录成员计算机    图 4.1.50 加入域后的计算机属性信息

3. 在域控制器中查看成员计算机

在"服务器管理器"窗口中，选择"工具"→"Active Directory 用户和计算机"命令打开"Active Directory 用户和计算机"窗口，依次展开"yiteng.com"→"Computers"节点，可以看到域成员信息，本任务中的"CLIENT"计算机已经成为域成员，如图 4.1.51 所示。

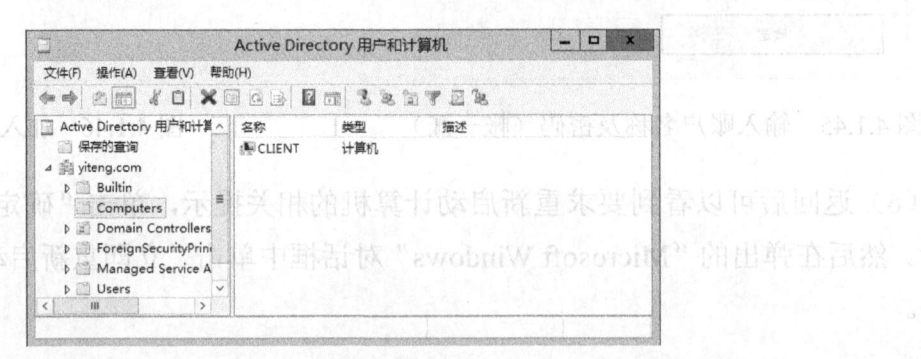

图 4.1.51 在域控制器上查看域成员计算机信息

小贴士

在域控制器系统版本较低的 Active Directory 环境中，一般需要将域控制器迁移到系统版本较高的服务器中。若因某些情况无法迁移，则可以在域控制器上对域架构进行升级。以域控制器系统是 Windows Server 2008 R2、成员服务器系统是 Windows Server 2012 R2 为例，若因某些情况无法迁移，则需要在 Windows Server 2008 R2 域控制器中使用 Windows Server 2012 R2 安装盘中的 adprep 组件升级林、域的架构。

任务小结

（1）在工作组模式下的计算机加域：首先要保证其首选 DNS 服务器指向域控制器，并能够正常解析记录；其次修改计算机的属性信息，输入要加入域的名称；最后进行加域权限的身份验证，在验证通过后需重新启动计算机完成加域操作。

（2）作为域成员的计算机可以继续以本地账户进入系统，工作在工作组模式下，也可以使用域账户登录服务器或计算机。域账户名称可以采用两种形式：user@mydomian.com 或 MYDOMAIN\user。

任务 4.2 管理域用户、组和组织单位

任务描述

某公司的网络管理员小赵，根据需求已经完成 Active Directory 域的初步部署，并且将财务部的计算机 PC1 及营销部的若干台计算机加入 yiteng.com 域。财务部有员工 Zhangsan，营销部有员工 Lisi、Wanger 和 Pengwu，小赵要为这些员工创建登录 yiteng.com 域的用户账户并进行分组。

任务要求

根据公司业务需求，需要在域控制器上添加域用户并按照部门进行逻辑划分，考虑日后将要使用组策略对相应部门的计算机和用户进行管理，组织单位可以实现对某个部门的用户、组、计算机等进行组策略的设置。

本任务在域控制器"DC"上完成相关操作，按由大到小的原则新建组织单位、组、用户，最后将用户、组、计算机划分到相应的组织单位中。组织结构转换为域的逻辑关系见表 4.2.1。

表 4.2.1 组织结构转换为域的逻辑关系

组织单位（部门名称）	组（部门名称）	用户账户	用户计算机
财务部	Finances	Zhangsan	CLIENT

续表

组织单位（部门名称）	组（部门名称）	用 户 账 户	用户计算机
营销部	Sales	Lisi	PC1
		Wanger	PC2
		Pengwu	PC3

任务实施

活动1 认识域用户、组和组织单位

Active Directory 域用户账户代表物理实体，如人员。管理员可以将用户账户用作某些应用程序的专用服务账户。用户账户也被称为安全主体。安全主体是指自动为其分配安全标识符（SID）的目录对象，这些对象可用于访问域资源。用户账户的主要作用如下。

（1）验证用户的身份。用户可以使用能够通过域身份验证的身份登录计算机或域。每个登录到网络的用户都会有自己唯一的账户和密码。为了最大限度地保证安全，要避免多个用户共享同一个账户。

（2）授权或拒绝对域资源的访问。在对用户凭据进行身份验证之后，为该用户授予访问域资源的权限或拒绝该用户对域资源的访问。

1．默认域用户

Active Directory 用户和"计算机管理"窗口中的"用户"容器显示了两种内置用户账户：Administrator 和 Guest。这些内置用户账户在创建域时自动创建。

每个内置用户账户都有不同的权限组合。Administrator 账户在域内具有最大的权限，而 Guest 账户只具有有限的权限。

如果网络管理员对内置用户账户没有修改或禁用的权限，恶意用户（或服务）就会使用这些权限通过 Administrator 账户或 Guest 账户非法登录到域。保护这些账户的一种较好的办法就是重命名或禁用它们。重命名的用户账户会保留其 SID，也会保留其他属性，如说明、密码、组成员身份、用户配置文件、账户信息及任何已分配的权限和用户权利。

要想提高用户身份验证和授权的安全优势，则可以通过"Active Directory 用户和计算机"窗口为所有加入网络的用户创建单独的账户，然后将各个用户账户（包括 Administrator 账户和 Guest 账户）添加到组，以控制分配给该账户的权限。如果具有适合某网络的账户和组，则要确保可以识别登录该网络的用户和只能访问允许资源的用户。

设置强密码和实施账户锁定策略，可以帮助域抵御攻击。强密码可以减少攻击者对密码的猜测和字典攻击的危险。账户锁定策略可以减少攻击者通过重复登录危及用户所在域安全的可能性。账户锁定策略将会用来确定用户账户在禁用之前尝试登录的失败次数。

2．域中组

组是指用户与计算机账户、联系人及其他可以作为单个单位管理的组的集合。属于特定组的用户和计算机被称为组成员。

活动目录域服务中的组都是驻留在域和组织单位容器对象中的目录对象。AD DS（活动目录域服务）自动安装了系列默认的内置组，也允许以后根据实际需要创建组，管理员还可以灵活地控制域中的组和成员。对 AD DS 中的组进行管理，可以提供如下功能：①资源权限管理，即为组而不是个别用户账户指派资源权限。这样可将相同的资源访问权限指派给该组的所有成员；②用户集中管理，可以创建一个应用组，指定组成员的操作权限，然后向该组中添加与该组成员具有相同权限的成员。

（1）按安全性质划分组。

在 Windows Server 2012 R2 中，组按照安全性质可划分为安全组和通信组两种类型。

① 安全组主要用于控制和管理资源的安全性。使用安全组可以在共享资源的"属性"对话框中，选择"共享"选项卡，并为该组的成员分配访问控制权限。例如，设置该组的成员对特定文件夹具有"写入"权限。

② 通信组又称为分布式组，用来管理与安全性无关的任务。例如，将信息发送给某个分布式组，但是不能为其设置资源权限，即不能在某个文件夹的"共享"选项卡中为该组的成员分配访问控制权限。

（2）按作用域划分组。

组都有一个作用域，用来确定在域树或域林中该组的应用范围。组按作用域可划分为全局组、本地域组和通用组。

① 全局组主要用来组织用户，面向域用户，即全局组中只包含所属域的域用户账户。为了管理方便，系统管理员通常将多个具有相同权限的用户账户加入一个全局组中。之所以被称为全局组，是因为它不仅能够在所创建的计算机上使用，还能在域中的任何一台计算机上使用。只有在 Windows Server 2012 R2 域控制器上才能够创建全局组。

② 本地域组主要用来管理域的资源。通过本地域组，可以快速地为本地域、其他信任域的用户账户和全局组的成员指定访问本地资源的权限。本地域组由该组所属域的用户账户、通用组和全局组组成，它不能包含非本域的本地域组。为了管理方便，管理员通常在本域内建立本地域组，并根据资源访问的需要将适合的全局组和通用组加入该组，最后为该组分配本地资源的访问控制权限。本地域组的成员仅限于访问本域的资源，而无法访问其他域内的资源。

③ 通用组用来管理所有域内的资源，包含任何一个域内的用户账户、通用组和全局组，但不能包含本地域组。一般在大型企业应用环境中，管理员先建立通用组，并为该组的成员分配在各域内的访问控制权限。通用组的成员可以使用所有域的资源。

3．组织单位

域中包含的一种特别有用的目录对象类型是组织单位（OU）。OU 是一个 Active Directory 容器，可以放置用户、组、计算机和其他 OU。OU 不能包含来自其他域中的对象。

OU 是可以向其分配组策略设置或委派管理权利的最小作用域或单位。管理员使用 OU 可以在域中创建表示组织层次结构、逻辑结构的容器，然后可以根据组织模型管理账户，以及配置和使用资源。

OU 还可以包含其他 OU。管理员可以根据需要将 OU 的层次结构扩展为模拟域中组织的层次结构。使用 OU 有助于最大限度地减少网络所需的域的数目。

使用 OU 可以创建能够缩放到任意大小的管理模型。用户可以具有对域中的所有 OU 或单个 OU 的管理权利。一个 OU 的管理员不一定对域中的其他 OU 具有管理权利。

活动 2 创建域用户、组和组织单位

要想管理域用户，则需要在 Active Directory 域服务中创建用户账户。若要执行此过程，则创建的用户账户必须是 Active Directory 域服务中 Account Operators 组、Domain Admins 组或 Enterprise Admins 组的成员，或者必须被委派了适当的权限才行。从安全角度来考虑的话，可以使用"运行身份"来执行此过程。

如果未分配密码，则用户在首次尝试登录时系统会弹出一条登录消息"您必须在第一次登录时更改密码"。用户更改密码后，登录过程才可以继续。如果需要登录的用户账户密码已更改，则必须重置该用户账户，验证通过才可以。

如果要添加组，则可以单击要添加组的文件夹，然后单击工具栏上的"新建组"图标完成此过程，最低需要使用 Domain Admins 组、Account Operators 组、Enterprise Admins 组或类似组中的成员身份。

1. 新建组织单位

（1）在域控制器"DC"的"服务器管理器"窗口中，选择"工具"→"Active Directory 用户和计算机"命令，打开"Active Directory 用户和计算机"窗口，右击"yiteng.com"域选项，在弹出的快捷菜单中选择"新建"→"组织单位"命令，如图 4.2.1 所示。

（2）在"新建对象-组织单位"对话框的文本框中输入组织单位名称"财务部"，然后单击"确定"按钮，如图 4.2.2 所示。

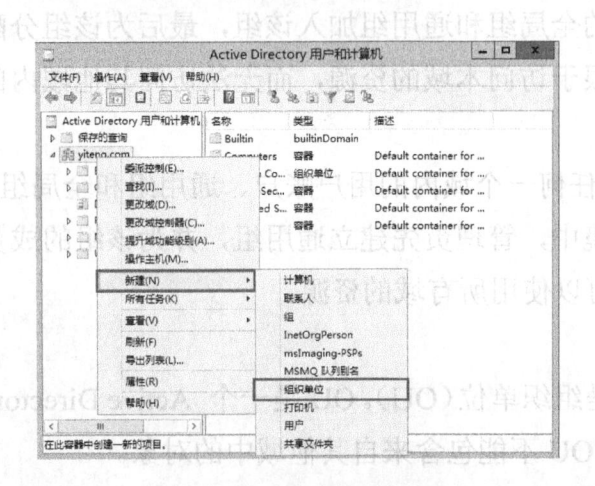

图 4.2.1 新建组织单位   图 4.2.2 输入组织单位名称

2. 在组织单位中新建组

（1）右击组织单位"财务部"选项，在弹出的快捷菜单中选择"新建"→"组"命令，如图 4.2.3 所示。

（2）在"新建对象-组"对话框中，输入组名"Finances"（本任务中财务部的组名），然后单击"确定"按钮，如图 4.2.4 所示。

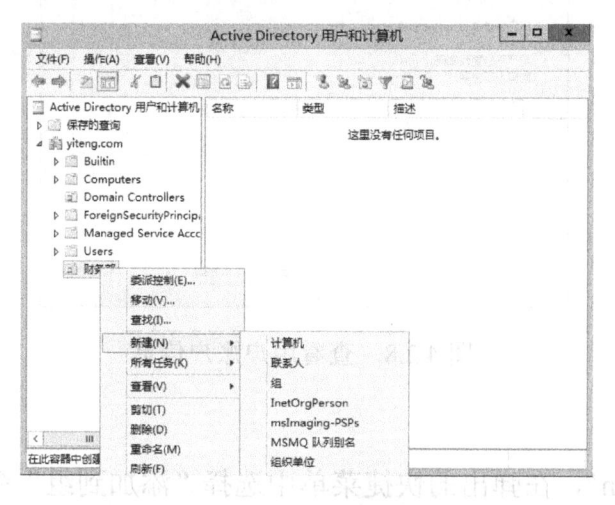

图 4.2.3　新建组　　　　　　　　　　　图 4.2.4　输入组名

3. 在组织单位中新建用户

（1）右击组织单位"财务部"选项，在弹出的快捷菜单中选择"新建"→"用户"命令，如图 4.2.5 所示。

（2）在"新建对象-用户"对话框中，输入姓名和用户登录名"Zhangsan"（本任务中财务部的用户账户），然后单击"下一步"按钮，如图 4.2.6 所示。

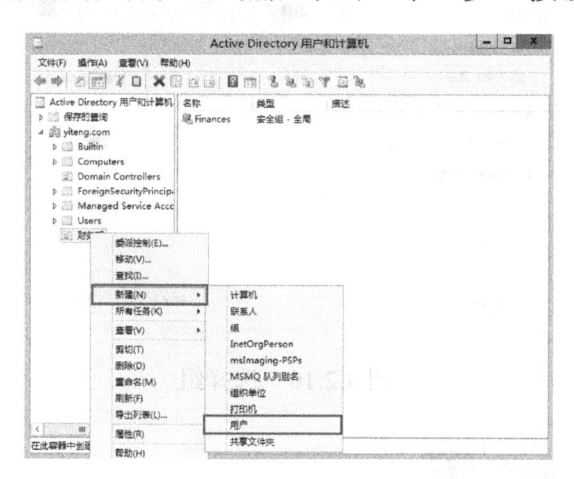

图 4.2.5　新建用户　　　　　　　　　　图 4.2.6　输入姓名和用户登录名

（3）在"新建对象-用户"对话框中，两次输入用户密码。为了便于管理，取消勾选"用户下次登录时须更改密码"复选框，勾选"用户不能修改密码"和"密码永不过期"复选框，然后单击"下一步"按钮，如图 4.2.7 所示。

(4) 查看用户账户信息无误后单击"完成"按钮，如图 4.2.8 所示。

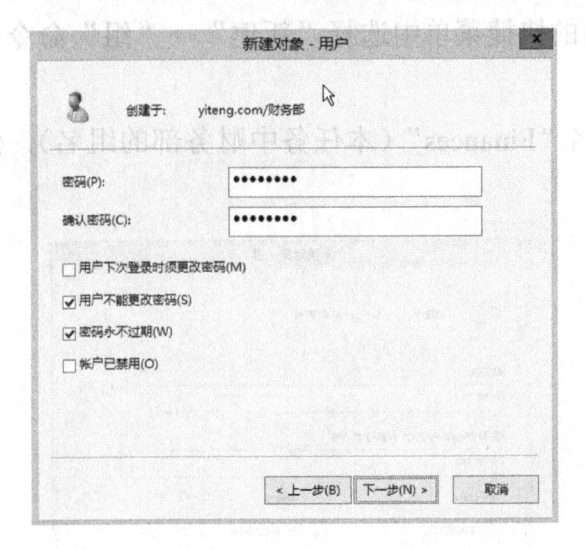

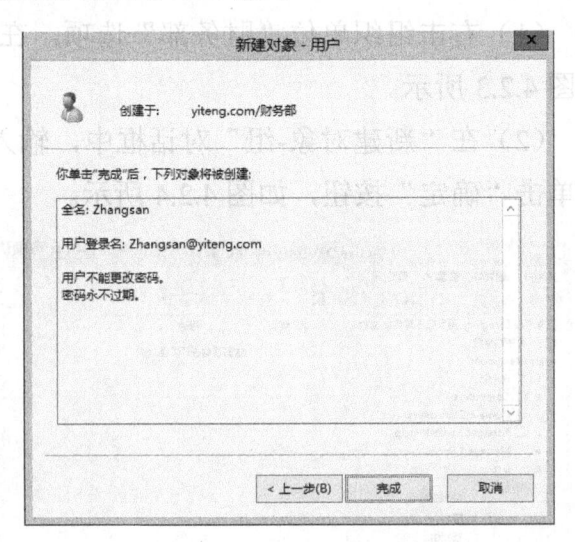

图 4.2.7　输入用户密码　　　　　　　　图 4.2.8　查看用户账户信息

4．将用户添加到组

（1）右击要添加到组的用户选项"Zhangsan"，在弹出的快捷菜单中选择"添加到组"命令，如图 4.2.9 所示。

（2）在"选择组"对话框中，输入组名"Finances"，或者依次单击"高级""立即查找"按钮后在组列表框中选择"Finances"选项，然后单击"确定"按钮，如图 4.2.10 所示。弹出完成"添加到组"操作的信息后再次单击"确定"按钮，如图 4.2.11 所示。

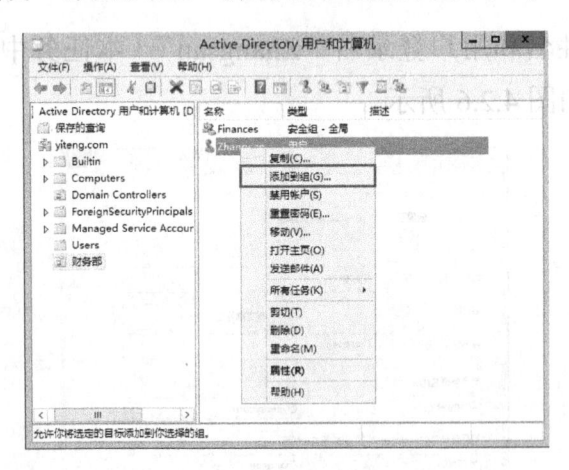

图 4.2.9　将用户添加到组　　　　　　　　图 4.2.10　选择组

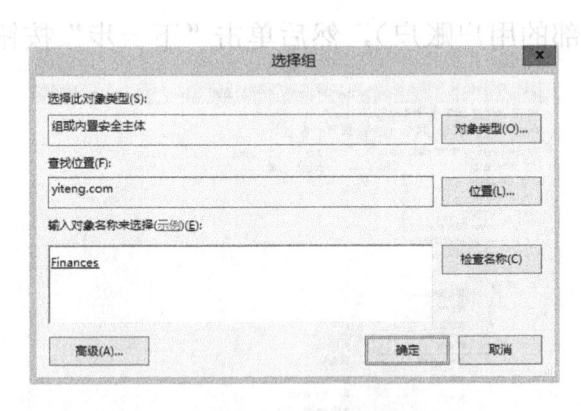

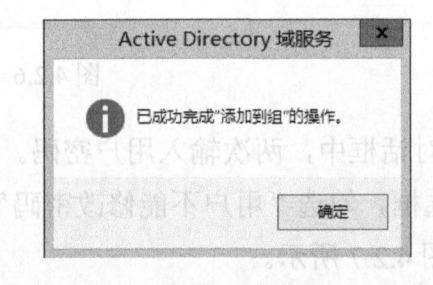

图 4.2.11　完成"添加到组"操作

5. 将成员计算机（对象）移动到组织单位

（1）在"Active Directory 用户和计算机"窗口中，双击"Computers"选项，然后右击成员列表中要移动位置的计算机选项 CLIENT（本任务中财务部计算机），在弹出的快捷菜单中选择"移动"命令，如图 4.2.12 所示。

（2）在弹出的"移动"对话框中选择要移动到的组织单位，本任务选择"财务部"，然后单击"确定"按钮，如图 4.2.13 所示。

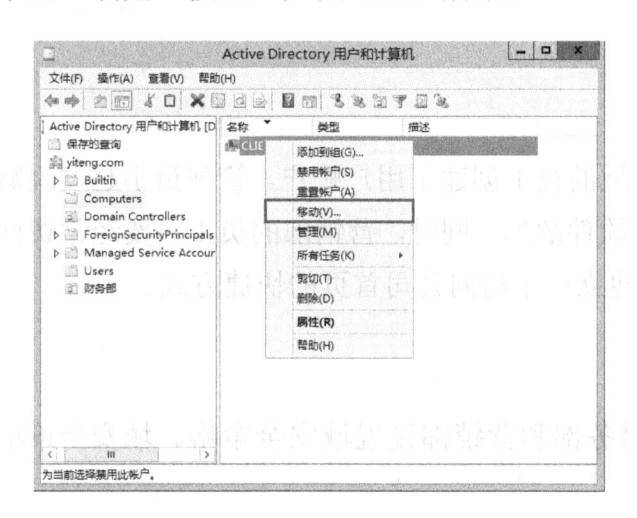

图 4.2.12　将成员计算机移动到组织单位 　　　　图 4.2.13　选择要移动到的组织单位

（3）返回"Active Directory 用户和计算机"窗口后，双击组织单位"财务部"选项，可看到其所包含的对象，如图 4.2.14 所示。

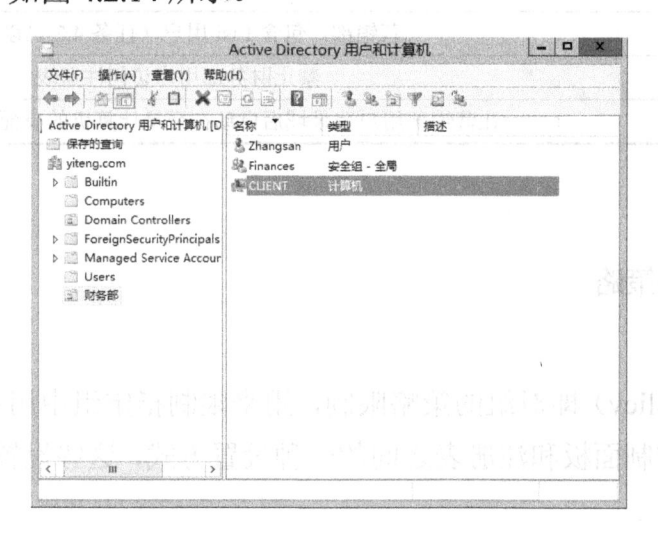

图 4.2.14　查看组织单位内的对象

参照上述步骤完成表 4.2.1 中营销部对象的创建域管理，这里不再赘述。

任务小结

（1）如果需要使用组织单位对用户、组、计算机等资源按部门进行逻辑划分，则建议先建立组织单位，然后在组织单位内建立用户和组，这样所创建的用户、组等就默认在相对应的组织单位中，而不是在 Domain\Users 容器中，避免了在对用户和组进行移动时发生错误。

（2）将用户划分到组中，既可以通过修改用户的"隶属于"属性来实现，也可通过修改组的"成员"属性来实现。

任务 4.3　管理域组策略

任务描述

某公司已经为各部门使用 Active Directory 域的员工创建了用户账户。管理员小赵发现财务部员工自行修改 Windows 中的注册表产生了软件故障；同时，营销部的员工需要经常访问公司首页，他们希望登录系统后桌面能够自动建立一个访问公司首页的快捷方式。

任务要求

针对公司的需求，网络管理员需要针对财务部和营销部设置域安全策略。域安全策略基本要求见表 4.3.1。

表 4.3.1　域安全策略基本要求

项　目	说　明
组织单位	财务部，包含 Zhangsan 用户（任务 4.2 已创建）
	营销部，包含 Lisi 用户（任务 4.2 已创建）
域安全策略	禁止财务部用户访问注册表
	让营销部用户登录域后自动在登录计算机的桌面创建快捷方式

任务实施

活动 1　认识域组策略

1. 组策略

组策略（Group Policy）即对组的策略限制，用来限制指定组中用户对系统设置的更改或资源的使用，是介于控制面板和注册表之间的一种设置方式，这些设置最终保存在注册表中。

2. 组策略对象

组策略对象（Group Policy Object，GPO）是定义了各种策略的设置集合，是 Active Directory 中的重要管理方式，可管理用户和计算机对象。一般需要为不同组织单位设置不同的 GPO，组织单位等容器可以链接（可理解为调用，在容器中显示时会标记为快捷方式）多个 GPO，一个 GPO 也可以被不同的容器链接。

3. 组策略继承

组策略继承是指子容器将从父容器中继承策略设置。例如，本任务中的组织单位"财务部"如果没有单独设置策略，则它包含的用户或计算机会继承全域的安全策略，即会执行 Default Domain Policy 的设置。

4．组策略执行顺序

组策略执行顺序是指多个组策略叠加在一起时的执行顺序。子容器有自己单独的 GPO 时，策略执行累加。例如，"财务部"组策略为"已启动"，继承来的组策略为"未定义"，则组策略最终为"已启动"。当策略发生冲突时以子容器策略为准。例如，某组织单位中设置某一策略为"已启动"，继承来的组策略是"已禁用"，则组策略最终是"已启动"，执行的先后顺序为组织单位、域控制器、域、站点、（域内计算机的）本地安全策略。

活动 2　配置域组策略

1．禁止特定组织单位的用户访问注册表编辑器

（1）在"服务器管理器"窗口中，选择"工具"→"组策略管理"命令，或者在"运行"对话框中执行"gpmc.msc"命令，打开"组策略管理"窗口，依次展开"组策略管理"→"林：yiteng.com"→"域"→"yiteng.com"节点，右击组织单位"财务部"选项，在弹出的快捷菜单中选择"在这个域中创建 GPO 并在此处链接"命令，如图 4.3.1 所示。

（2）在"新建 GPO"对话框中输入 GPO 的名称"财务部策略"，然后单击"确定"按钮，如图 4.3.2 所示。

图 4.3.1　创建财务部对应的 GPO　　　　图 4.3.2　输入 GPO 名称

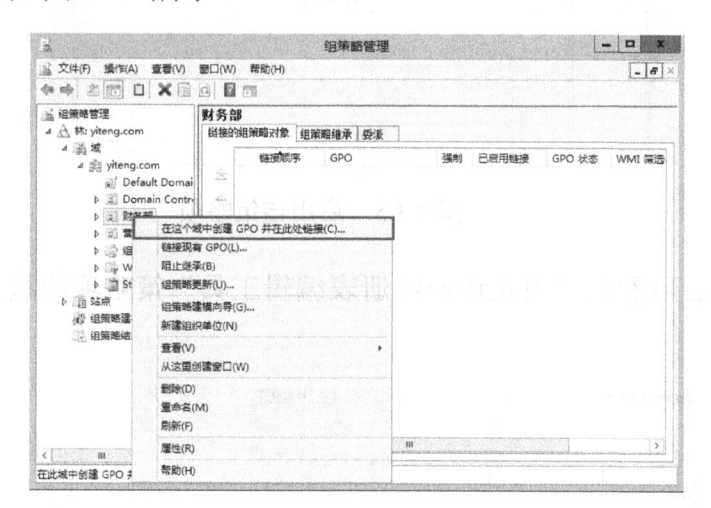

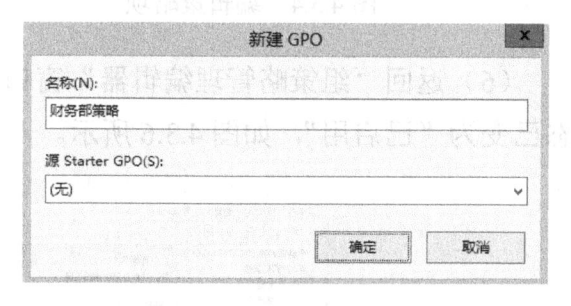

（3）右击 GPO "财务部策略"选项，在弹出的快捷菜单中选择"编辑"命令，如图 4.3.3 所示。

（4）在"组策略管理编辑器"窗口中，依次展开"用户配置"→"策略"→"管理模板"→"系统"节点后，在右侧列表中右击"阻止访问注册表编辑工具"策略项，在弹出的快捷菜单中选择"编辑"命令，如图 4.3.4 所示。

（5）在"阻止访问注册表编辑工具"窗口中，选中"已启用"单选按钮，然后单击"确定"按钮启用该策略项，如图 4.3.5 所示。

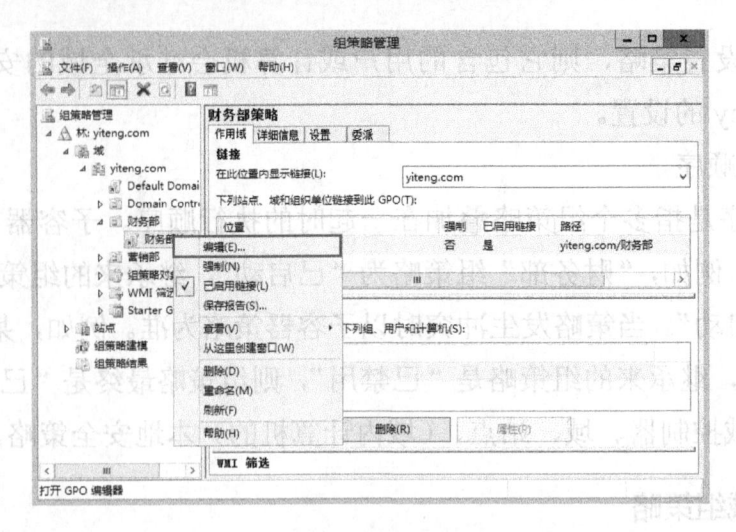

图 4.3.3　编辑 GPO

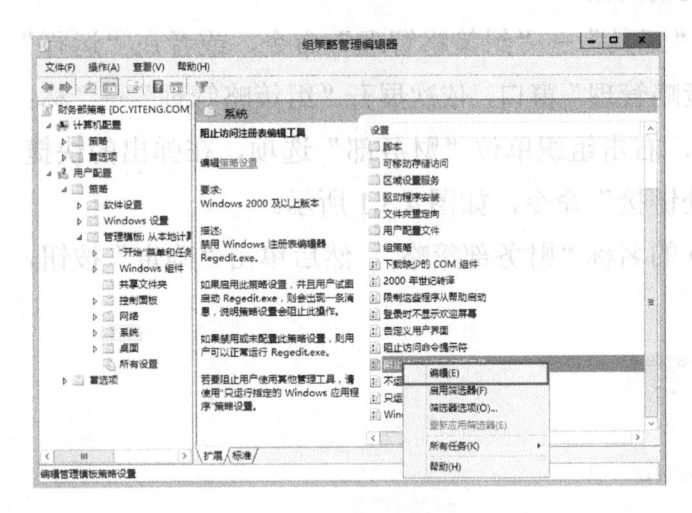

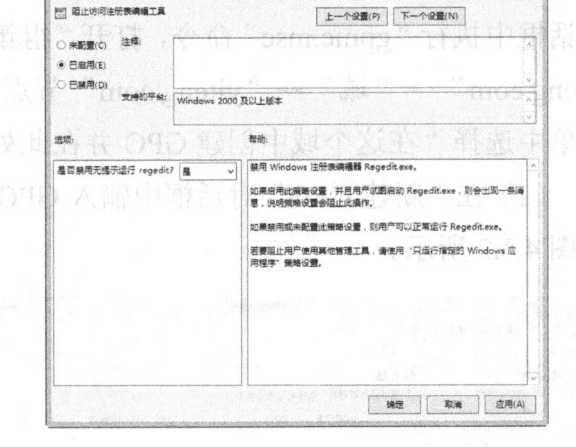

图 4.3.4　编辑策略项　　　　　　　　　　图 4.3.5　启用该策略项

（6）返回"组策略管理编辑器"窗口后可看到"阻止访问注册表编辑工具"策略项的状态已变为"已启用"，如图 4.3.6 所示。

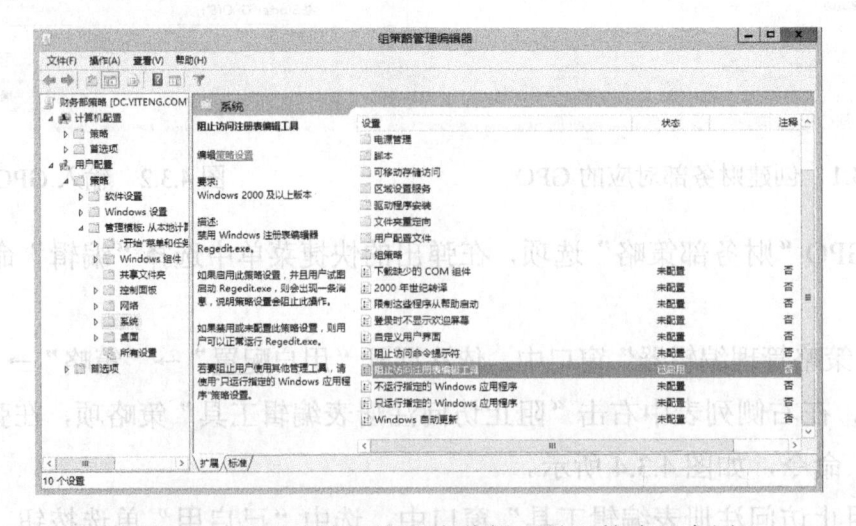

图 4.3.6　"阻止访问注册表编辑工具"策略已启用

2. 域账户登录时自动在桌面创建快捷方式

（1）在"组策略管理"窗口中，创建"营销部"GPO"营销部策略"。

（2）右击"营销部策略"选项，在弹出的快捷菜单中选择"编辑"命令。

（3）在"组策略管理编辑器"窗口中，依次展开"用户配置"→"首选项"→"Windows 设置"节点，单击"快捷方式"选项，并在工作区的空白处单击鼠标右键，然后在弹出的快捷菜单中选择"新建"→"快捷方式"命令，如图 4.3.7 所示。

（4）在"新建快捷方式属性"对话框中输入名称"www.yiteng.com"，设置目标类型为"URL"、位置为"桌面"，在"目标 URL"文本框中输入"http://www.yiteng.com"，然后单击"确定"按钮，如图 4.3.8 所示。

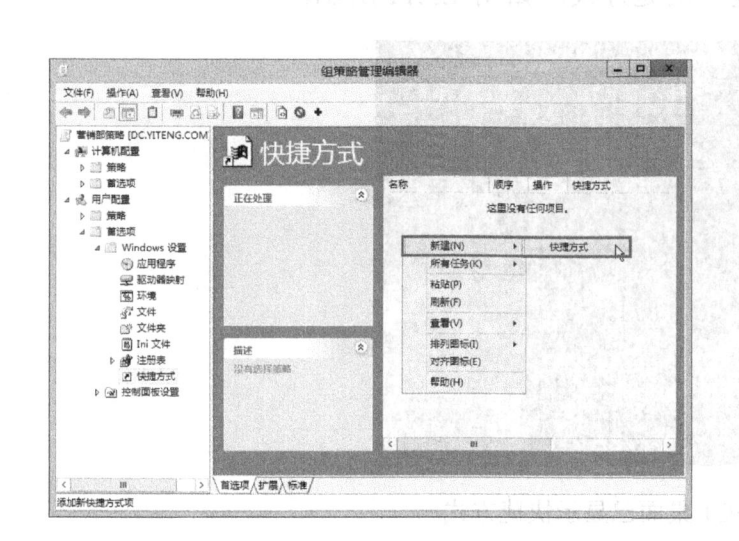

图 4.3.7　新建快捷方式　　　　　图 4.3.8　设置快捷方式属性

3. 更新组策略

在命令提示符窗口中输入并执行"gpupdate /force"命令更新组策略，如图 4.3.9 所示。

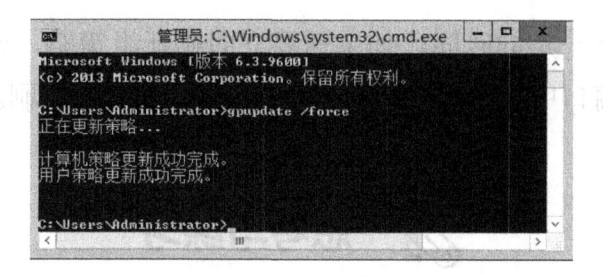

图 4.3.9　更新组策略

4. 在成员计算机上验证组策略效果

（1）使用财务部员工账户登录，验证禁止访问注册表编辑器策略。

① 使用域用户账户 Zhangsan@yiteng.com 登录销售部安装有 Windows 10 操作系统的计算机 CLIENT，使用"gpupdate /force"命令立即更新组策略。

② 单击"开始"按钮，在"运行"对话框中输入"regedit"，会弹出"注册表编辑已被管理员禁用"的提示信息，如图 4.3.10 所示。

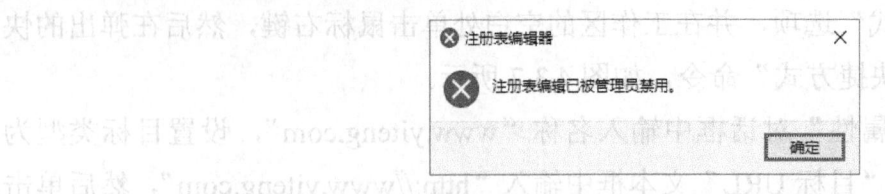

图 4.3.10　提示注册表编辑已被禁用

（2）使用营销部员工账户登录，验证自动创建快捷方式。

使用域用户账户 Lisi@yiteng.com 登录销售部安装有 Windows 10 操作系统的计算机 PC1，可看到桌面已显示通过策略配置自动创建的快捷方式，如图 4.3.11 所示。

图 4.3.11　PC1 桌面已显示快捷方式

任务小结

（1）密码策略等需要应用整个域的策略设置，其是通过修改 Default Domain Policy 来完成的。

（2）组策略刷新需要一定的时间，如果需要立即刷新组策略，则可以在域控制器和域成员计算机的命令提示符窗口中执行"gpupdate /force"命令来强制刷新。

思考与练习

一、选择题

1. 通过下面哪种方法可以在服务器上安装活动目录？（　　）

A．管理工具/配置服务器　　　　　B．管理工具/计算机管理

C．管理工具/文件服务器　　　　　D．以上都不是

2．在下列策略中，（　　）只属于计算机安全策略。

A．软件设置策略　　　　　　　　B．密码策略

C．文件夹重定向　　　　　　　　D．软件限制

3．为加强公司域的安全性，您需要设置域安全策略。下面与密码策略不相关的是（　　）。

A．密码长度最小值　　　　　　　B．账户锁定时间

C．密码必须符合复杂性要求　　　D．密码最长使用期限

4．以下关于 Windows Server 2012 R2 的域管理模式的描述中，正确的是（　　）。

A．域间信任关系只能是单向信任

B．只有一个主域控制器，其他都为备份域控制器

C．每个域控制器都可以改变目录信息，并把变化的信息复制到其他域控制器

D．只有一个域控制器可以改变目录信息

5．活动目录（Active Directory）是由组织单元、域、（　　）和域林构成的层次结构。

A．超域　　　　　　　　　　　　B．域树

C．团体　　　　　　　　　　　　D．域控制器

6．安装活动目录要求分区的文件系统为（　　）。

A．FAT16　　　　　　　　　　　B．FAT32

C．ext2　　　　　　　　　　　　D．NTFS

二、简答题

1．在什么情况下适合采用 Windows 域模式？

2．安装域控制器需要满足哪些条件？

3．什么是域控制器？什么是成员服务器？两者之间有何关系？

项目 5

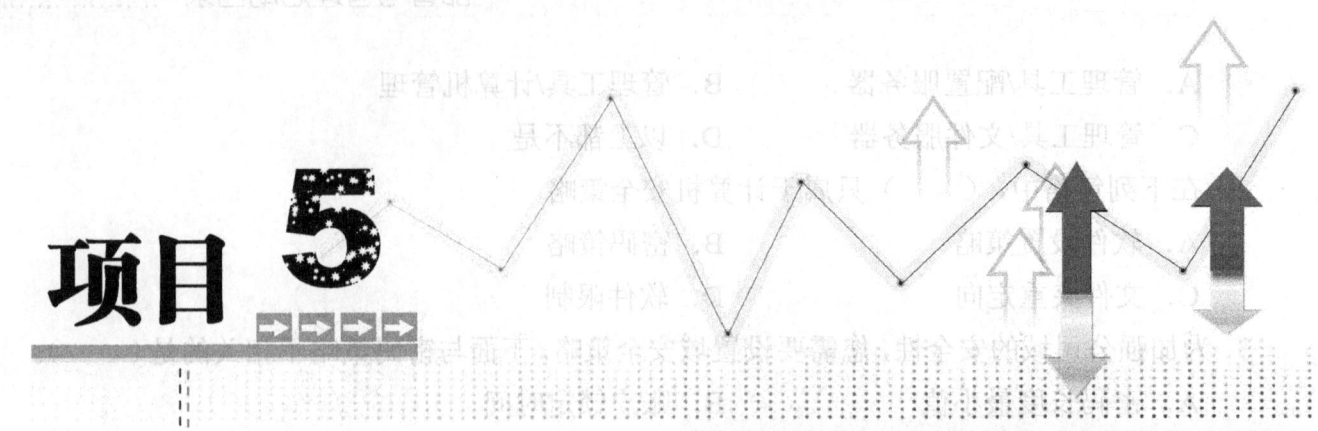

管理文件系统与共享资源

知识目标

（1）理解 NTFS 权限的概念。
（2）掌握 NTFS 文件系统的权限设置。
（3）理解共享权限和 NTFS 权限的关系。
（4）掌握 EFS 加密文件的原理和作用。

能力目标

（1）使用用户账户和组对 NTFS 文件系统进行管理。
（2）按不同用户权限需求创建共享文件夹。
（3）通过客户端正确访问共享文件夹。
（4）使用 EFS 对文件进行加密，并备份和导入 EFS 证书。

思政目标

（1）增强信息系统安全意识，能设置文件系统权限以授权合法用户访问数据。
（2）弘扬工匠精神，不断优化、调整文件系统访问控制规则，以便更好地保护数据。
（3）增强服务意识，能为用户使用内部资源提供便捷方法。

项目需求

某公司承揽网络中心机房建设与管理工程，按照合同要求进行施工。公司的小赵已经为

项目 5 管理文件系统与共享资源

服务器成功安装了网络操作系统，并进行了基本的环境配置。现在，公司的一台公共服务器上放置了各部门的资料，为保障数据安全，需要根据公司人员身份的不同创建不同的用户账户。这些账户根据身份的不同，使用的计算机资源不同，可访问的文件及文件夹的权限也不同。Windows Server 2012 R2 提供了不同于其他操作系统的 NTFS 文件系统，在管理、安全等方面提供了强大的功能。

合理利用用户的不同权限，能够保障网络操作系统的稳定与安全。通过对 Windows Server 2012 R2 共享文件夹的配置与管理，用户可以很方便地在计算机或网络上使用、管理、共享和保护文件及文件夹资源。

本项目主要介绍文件系统的基本概念、NTFS 权限的配置、加密文件系统的配置、共享文件夹的创建和使用。项目拓扑结构如图 5.0.1 所示。

图 5.0.1 项目拓扑结构

任务 5.1 配置 NTFS 权限

任务描述

某公司有一台服务器安装了 Windows Server 2012 R2 网络操作系统，服务器上有一个名为"软件工具"的文件夹。根据工作需要，管理员组的用户具有对"软件工具"文件夹的完全控制权限；NM 组的用户需要读取"软件工具"文件夹的内容，但不能修改文件夹中的内容；NS 组的用户需要读取和修改"软件工具"文件夹中的内容。

任务要求

根据公司使用需求，可使用 NTFS 权限来控制用户对文件夹的访问。用户或组权限分配见表 5.1.1。

表 5.1.1 用户或组权限分配

用 户 或 组	NTFS 权限	备 注
Administrators 组（Admin）	完全控制	管理员组
NM 组（Wanger、Zhaoliu）	读取，但不能修改	网络管理组
NS 组（Pengwu、Lisi）	读取和修改	网络安全组

任务实施

活动1 认识文件系统

文件系统是操作系统在存储设备上按照一定的原则组织、管理数据所用的总体结构，规定了计算机对文件和文件夹的操作标准和机制。具体而言，它负责为用户创建、存入、读出、修改、转储文件，当用户不再使用文件时撤销文件等。

Windows Server 2012 R2 提供了非常强大的文件管理功能，其 NTFS 文件系统具有高安全性，用户可以十分方便地在计算机或网络上处理、使用、组织、共享和保护文件及文件夹。Windows Server 2012 R2 主要使用两种文件系统：FAT（File Allocation Table）和 NTFS（New Technology File System）。

1. FAT 文件系统

FAT 是文件分配表，是一个由微软公司发明并拥有部分专利的文件系统，供 DOS 操作系统使用，也是所有非 NT 核心的微软窗口使用的文件系统。FAT 文件系统包括 FAT16 和 FAT32 两种。

FAT16 文件系统使用 16 位空间来表示每个扇区配置文件的情形，在 DOS 和 Windows 操作系统中，磁盘文件的分配是以簇为单位的。所谓簇就是磁盘空间的配置单位，就像图书馆内一格格的书架一样。每个要存到磁盘的文件都必须配置足够数量的簇，才能存放到磁盘中。FAT16 文件系统最大可以管理 2GB 的分区，但每个分区最多只有 65525 个簇。

一个簇只能分配给一个文件使用，不管这个文件占用整个簇容量的多少。簇的大小由磁盘分区的大小来决定，分区越大簇就越大。例如，1GB 的磁盘若只分一个区，那么簇的大小是 32KB，即使一个文件只有 1 字节长，存储时也要占 32KB 的磁盘空间，剩余的空间便全部闲置。这就导致了磁盘空间的极大浪费。因此，FAT16 文件系统支持的分区越大，磁盘上每个簇的容量也越大，造成的浪费也越大。

为了解决 FAT16 文件系统对卷大小的限制，同时让 DOS 实模式在不减少可用常规内存状况下处理这种格式的文件，微软公司决定实施新一代的 FAT，即 FAT32，使用 32 位空间来表示每个扇区配置文件的情形。随着大容量磁盘的出现，FAT32 开始流行。FAT32 是 FAT16 的增强版本，它可以支持的磁盘大小达到 2TB。而且 FAT32 还具有一个最大的优点：在一个不超过 8GB 的分区中，FAT32 分区格式的每个簇容量都固定为 4KB，与 FAT16 的 32KB 相比，可以大大减少磁盘空间的浪费，提高磁盘的空间利用率。但是这种分区也有它的缺点：首先采用 FAT32 格式分区的磁盘，由于文件分配表的扩大，运行速度比采用 FAT16 格式分区的磁盘要慢。

2. NTFS 文件系统

NTFS 是 Windows NT 内核系列操作系统支持的一种特别为网络和磁盘配额、文件加密等管理安全特性设计的磁盘格式，提供了长文件名、数据保护和恢复功能，能够通过目录和文件许可确保安全性，并且支持跨越分区。

NTFS 文件系统设计简单、功能强大，以卷为基础，卷建立在磁盘分区之上。分区是磁盘的基本组成部分，是一个能够被格式化的逻辑单元。一个磁盘可以有多个卷，此时的一个卷对应一个分区，一个卷也可以由多块磁盘组成。从本质上来讲，卷中的一切都是文件，文件中的一切都是属性（从数据属性到安全属性，再到文件名属性），NTFS 卷中的每个扇区都分配给了某个文件，甚至系统的超数据也是文件的一部分。

NTFS 是 Windows Server 2012 R2 推荐使用的高性能文件系统，它支持许多新的文件安全、存储和容错功能，用来代替原来的 FAT 文件系统，从而提高性能，NTFS 文件系统具有如下特点。

（1）支持的分区容量可以达到 2TB。如果是 FAT32 文件系统，则支持的分区容量最大为 32GB。

（2）NTFS 是一个可恢复的文件系统。NTFS 文件系统通过使用标准的事务处理日志和恢复技术来保证分区的一致性。

（3）支持对分区、文件夹和文件的压缩。

（4）采用了更小的簇，可以更有效地管理磁盘空间。

（5）在 NTFS 分区上，可以为共享资源、文件夹及文件设置访问许可权限。

（6）在 Windows Server 2012 R2 的 NTFS 文件系统下可以进行磁盘配额管理。

（7）使用一个"变更"日志来跟踪记录文件所发生的变更。

FAT32 文件系统只能设置共享方式的访问权限，而没有文件和文件夹的访问权限。NTFS 文件系统拥有更高的安全性，不仅可以设置共享方式的访问权限，还可以设置文件和文件夹的访问权限，因此应该优先选用 NTFS 文件系统。

活动 2　认识 NTFS 权限

Windows Server 2012 R2 在 NTFS 格式的卷上提供了 NTFS 权限，允许管理员为每个用户或用户组指定 NTFS 权限，用来保护文件和文件夹资源的安全。NTFS 权限只适用于 NTFS 格式的磁盘分区，不能用于 FAT 或 FAT32 格式的磁盘分区。

1. NTFS 权限概述

不管是本地用户还是网络用户，最终都要通过 NTFS 权限的"检查"才能访问 NTFS 分区上的文件和文件夹。不同于读取、更改和完全控制三种共享权限，NTFS 权限要稍微复杂和精细一些。NTFS 权限类型包括完全控制（Full Control）、修改（Modify）、列出文件夹内容（List Folder Contents）、读取和运行（Read & Execute）、写入（Write）、读取（Read）、特别的权限（Special）。这几种类型的权限对文件和文件夹的作用有所不同，具体说明见表 5.1.2。

表 5.1.2　NTFS 权限类型说明

权限类型	文件的权限说明	文件夹的权限说明
完全控制	改变权限，成为拥有者，读取、写入、更改或删除文件	改变权限，成为拥有者，读取、写入、更改或删除文件夹和子文件夹

续表

权限类型	文件的权限说明	文件夹的权限说明
修改	读取、写入、更改或删除文件	读取、写入、更改或删除文件夹和子文件夹
列出文件夹内容	无	列出文件夹内容
读取和运行	读取文件内容,运行应用程序	遍历文件夹,读取子文件和子文件夹内容,运行应用程序
写入	覆盖写入文件,改变文件属性,查看文件拥有者和权限,但不能删除文件	创建子文件或子文件夹,修改子文件夹属性,查看子文件夹的拥有者和权限
读取	读取文件的内容,查看文件的属性、拥有者和权限	读取文件夹或子文件夹的内容,查看子文件夹属性、子文件夹拥有者和权限
特别的权限	读取属性、写入属性、更改权限等不常用的权限	读取属性、写入属性、更改权限等不常用的权限

2．权限设置规则

（1）累加。

用户对某个文件或文件夹的有效权限,是该用户和其隶属的所有组的权限总和。例如,用户 Zhangsan 隶属于 Users 和 NM 组,其 NTFS 权限累加实例见表 5.1.3。

表 5.1.3　NTFS 权限累加实例

用户或组	对某文件或文件夹的权限	有效权限
Zhangsan	写入	完全控制 （写入+读取+完全控制）
Users	读取	
NM	完全控制	

（2）拒绝优先。

虽然 NTFS 权限遵循累加规则,但若有一种权限来源设置为拒绝,则用户不会被授予该权限。例如,用户 Zhangsan 隶属于 Users 和 NM 组,其 NTFS 权限拒绝优先实例见表 5.1.4。

表 5.1.4　NTFS 权限拒绝优先实例

用户或组	对某文件或文件夹的权限	权限的设置效果
Zhangsan	允许	拒绝
Users	允许	
NM	拒绝	

（3）指定优先继承。

某用户或组的明确的权限设置优先于继承的权限设置。例如,对于当前文件或文件夹,从父项继承来的权限中显示 Zhangsan 用户的读取权限为拒绝状态,但又进行了指定,则以指定的权限优先,其 NTFS 权限指定优先实例见表 5.1.5。

（4）其他规则。

文件的权限高于文件夹；自动从父项继承；继承来的 NTFS 权限不能修改（可以取消继

承后，使用管理员账户或所有者账户删除）；具有读取权限的文件夹可以被复制到 FAT32 下；网络服务和 NTFS 权限同时使用时，执行最严格的权限规则。

表 5.1.5　NTFS 权限指定优先实例

权 限 来 源	对某文件或文件夹的权限	读取权限的设置效果
从父项继承来的权限	拒绝	允许
用户指定的权限	允许	允许

3．移动或复制的权限变化

无论文件被复制到哪个磁盘分区，都会作为目的文件夹下新创建的文件，权限以目的文件夹权限作为依据继承。

通俗来说，磁盘分区内的移动，相当于维持原有文件权限，只是换了位置；不同磁盘分区间的移动，相当于在目的文件夹中新建了一个文件，再把原来的删除，所以会继承目的文件夹的权限。移动或复制的权限变化见表 5.1.6。

表 5.1.6　移动或复制的权限变化

原 文 件 夹	操　　作	目的文件夹	权 限 变 化
C:\files	移动	C:\tools	权限不变
C:\files	复制	C:\tools	继承目标文件夹 C:\tools 的权限
C:\files	移动	D:\tools	继承目标文件夹 D:\tools 的权限
C:\files	复制	D:\tools	继承目标文件夹 D:\tools 的权限

4．FAT 和 NTFS 文件系统的转换

如果需要将文件系统由原来的 FAT32 格式转换为 NTFS 格式，并且不希望数据丢失，那么可以使用命令"convert 盘符/FS:NTFS"将特定分区由 FAT32 格式转换为 NTFS 格式。

例如，将 F 盘由 FAT32 格式转换为 NTFS 格式，命令如下。

```
convert F:/FS:NTFS
```

活动 3　NTFS 权限的配置方法

1．删除文件夹所继承的 NTFS 权限

（1）右击"软件工具"文件夹，在弹出的快捷菜单中选择"属性"命令，如图 5.1.1 所示。

（2）在"软件工具 属性"对话框中打开"安全"选项卡，单击右下角的"高级"按钮，如图 5.1.2 所示。

（3）在"软件工具的高级安全设置"窗口的"权限"选项卡中，单击"禁用继承"按钮，如图 5.1.3 所示。

（4）在弹出的"阻止继承"对话框中，选择"从此对象中删除所有已继承的权限。"选项，如图 5.1.4 所示。

（5）返回"软件工具的高级安全设置"窗口后，单击"确定"按钮，如图 5.1.5 所示。

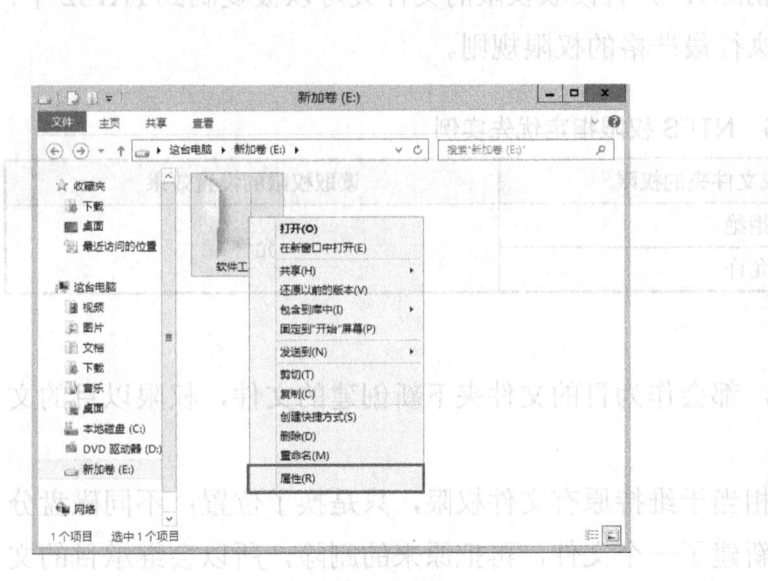

图 5.1.1　选择"属性"命令

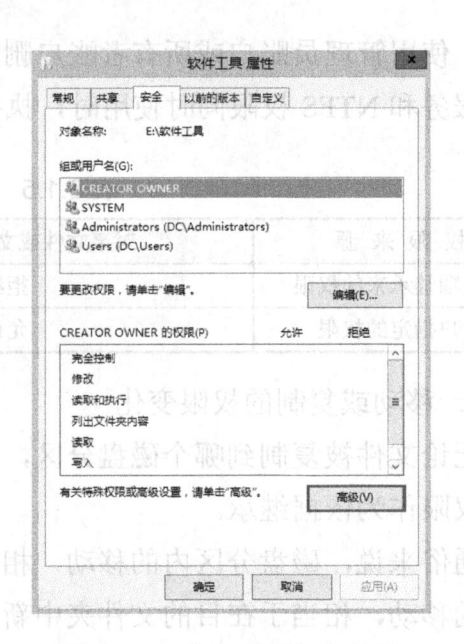

图 5.1.2　单击"高级"按钮

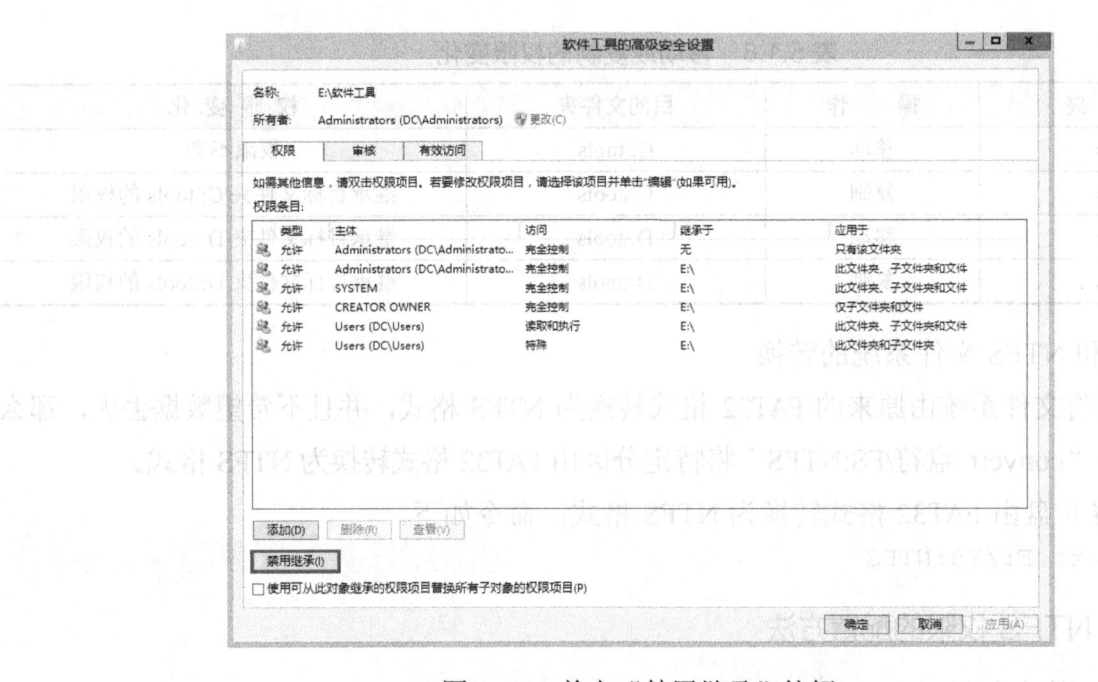

图 5.1.3　单击"禁用继承"按钮

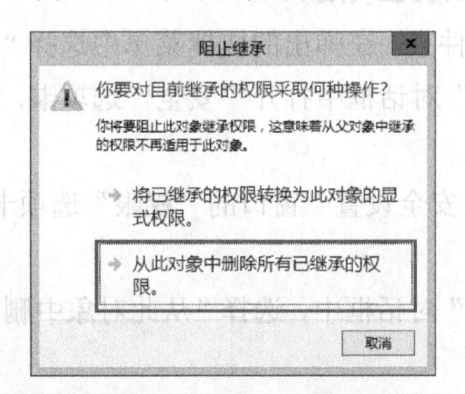

图 5.1.4　设置阻止继承权限

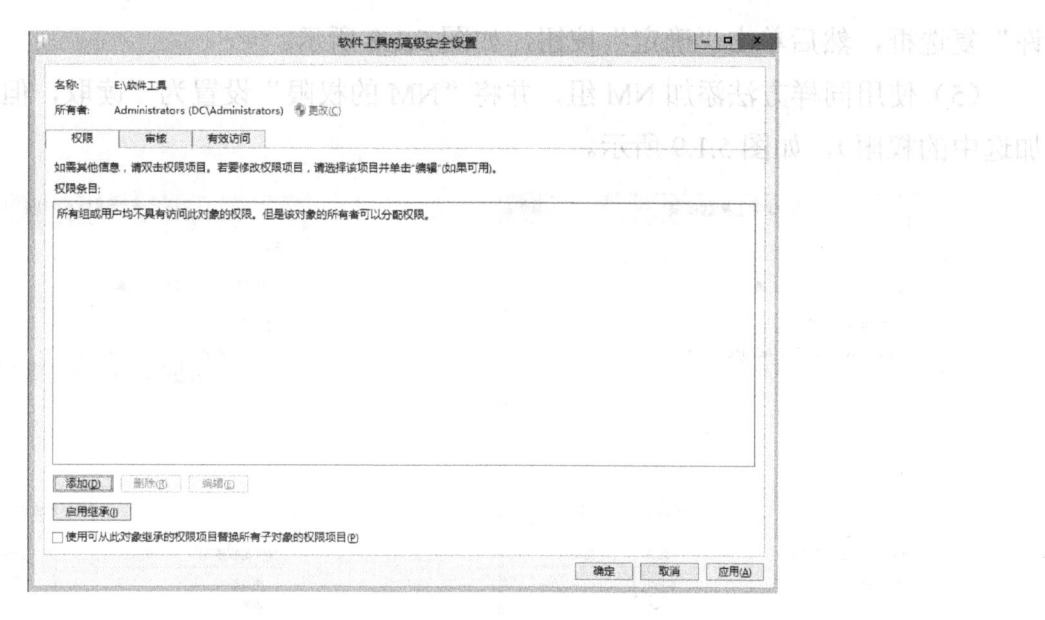

图 5.1.5　阻止继承权限设置完毕

2. 添加新用户权限

（1）在"软件工具 属性"对话框的"安全"选项卡中单击"编辑"按钮，如图 5.1.6 所示。

（2）在"软件工具 的权限"对话框中，单击"添加"按钮，如图 5.1.7 所示。

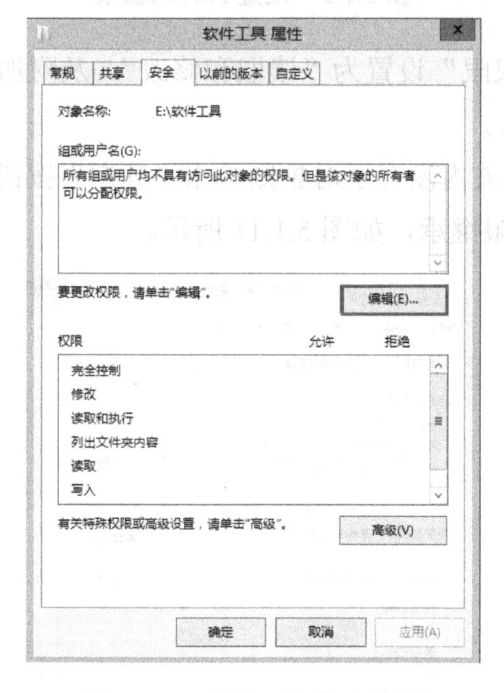

图 5.1.6　单击"编辑"按钮　　　　　　图 5.1.7　添加权限

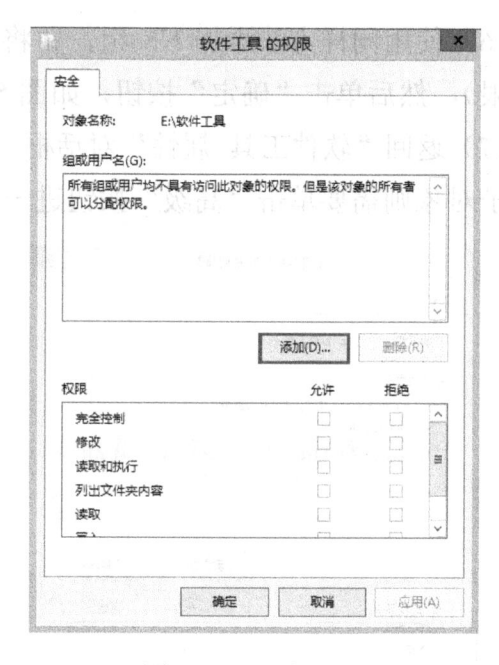

（3）在弹出的"选择用户或组"对话框中单击"高级"按钮，然后单击"立即查找"按钮，选择"Administrators（DC\Administrators）"组后单击"确定"按钮。

（4）返回"软件工具 的权限"对话框后，在"组或用户名"列表框中选择"Administrators（DC\Administrators）"组，在"Administrators 的权限"列表框中勾选"完全控制"右侧的"允许"复选框,然后单击"确定"按钮,如图 5.1.8 所示。

(5)使用同样方法添加 NM 组,并将"NM 的权限"设置为"读取,但不能修改"(及附加选中的权限),如图 5.1.9 所示。

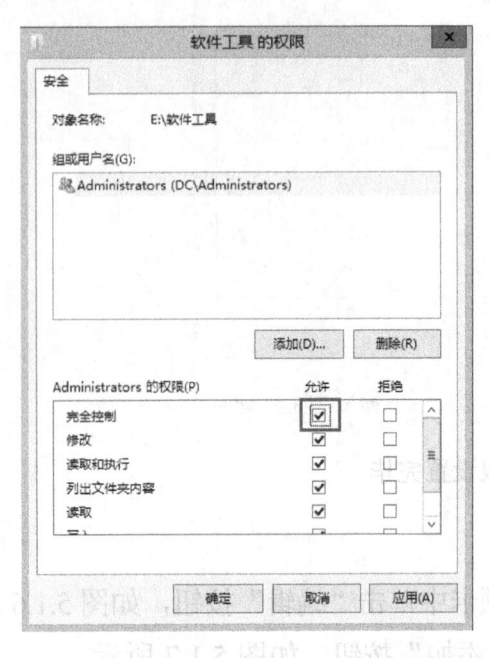

图 5.1.8　设置 Administrators 的权限　　　　图 5.1.9　设置 NM 的权限

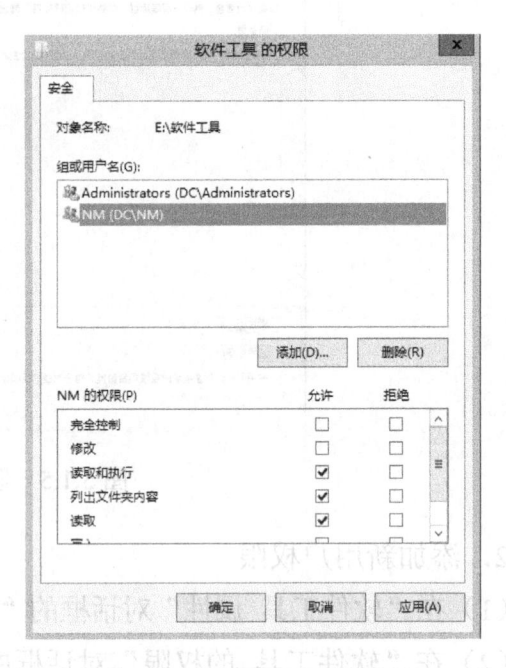

(6)使用同样方法添加 NS 组,并将"NS 的权限"设置为"读取和修改"(及附加选中的权限),然后单击"确定"按钮,如图 5.1.10 所示。

(7)返回"软件工具 属性"对话框,若此文件夹内没有子对象则单击"确定"按钮,若存在子对象则需要单击"高级"按钮进一步设置权限继承,如图 5.1.11 所示。

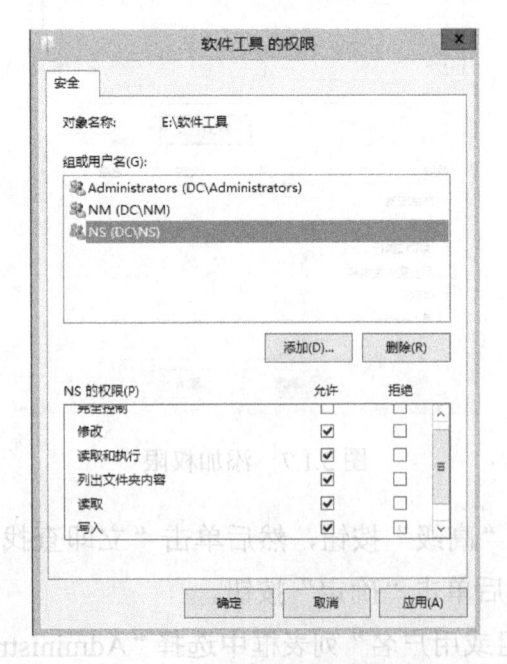

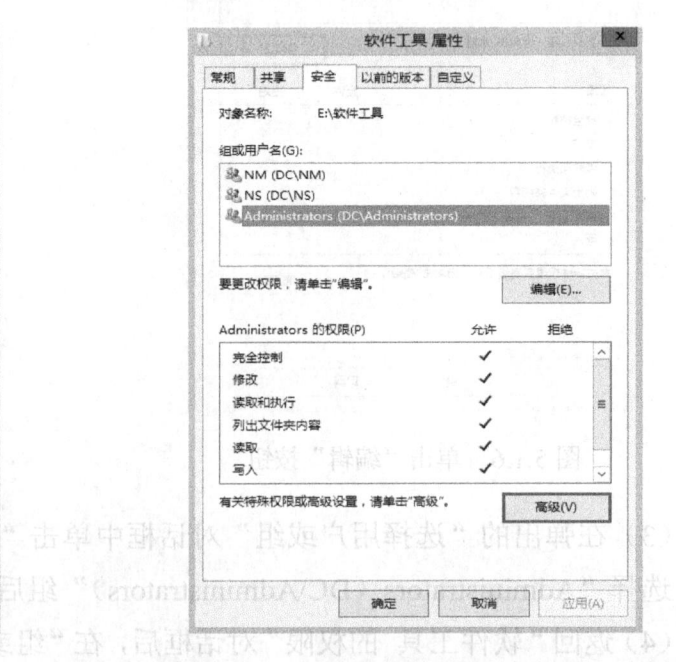

图 5.1.10　设置 NS 的权限　　　　图 5.1.11　返回"软件工具 属性"对话框

（8）如果需要子对象继承上述设置好的权限，则在"软件工具的高级安全设置"窗口的"权限"选项卡中勾选"使用可从此对象继承的权限项目替换所有子对象的权限项目"复选框，然后单击"确定"按钮，如图 5.1.12 所示。

（9）在弹出的"Windows 安全"对话框中单击"是"按钮，如图 5.1.13 所示。

（10）返回"软件工具 属性"对话框后单击"确定"按钮。至此，本任务所需的文件夹权限设置已完成。

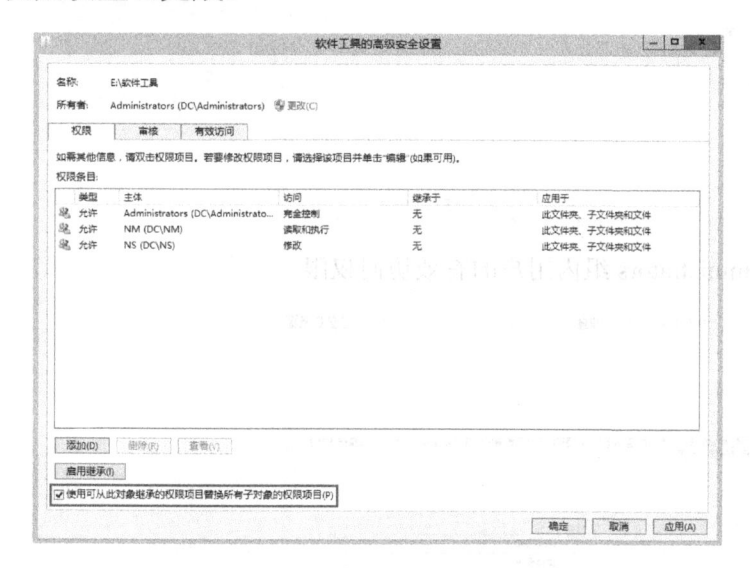

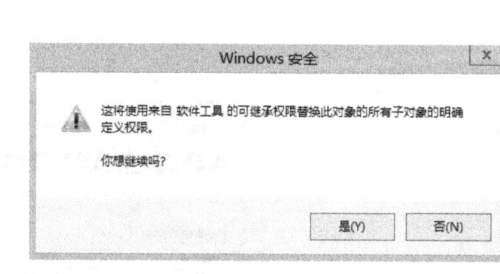

图 5.1.12　设置子对象继承权限

图 5.1.13　替换子对象权限确认提示

3．查看用户的有效访问权限

（1）右击"软件工具"文件夹，在弹出的快捷菜单中选择"属性"命令，在"软件工具 属性"对话框的"安全"选项卡中单击"高级"按钮，然后在打开的"软件工具的高级安全设置"窗口的"有效访问"选项卡中单击"选择用户"链接，如图 5.1.14 所示。

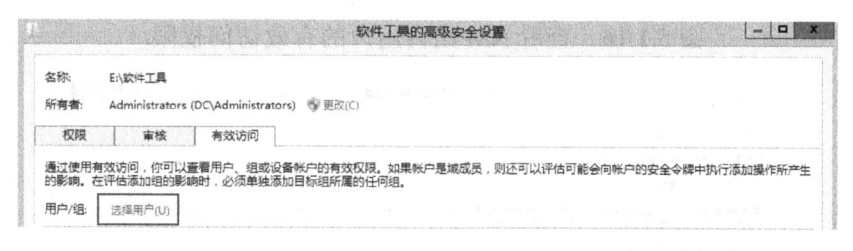

图 5.1.14　查看用户的有效访问权限

（2）选择用户 Admin，单击"查看有效访问"按钮，可以看到该用户对"软件工具"文件夹的有效访问权限，满足任务中管理员组对文件夹进行控制的需求，如图 5.1.15 所示。

（3）使用同样的方法查看用户 Wanger 对"软件工具"文件夹的有效访问权限，满足本任务中 NM 组中的用户对查看文件夹内数据的需求，如图 5.1.16 所示。

（4）使用同样的方法查看用户 Pengwu 对"软件工具"文件夹的有效访问权限，满足本任务中 NS 组中的用户对文件夹进行读写等操作的需求，如图 5.1.17 所示。

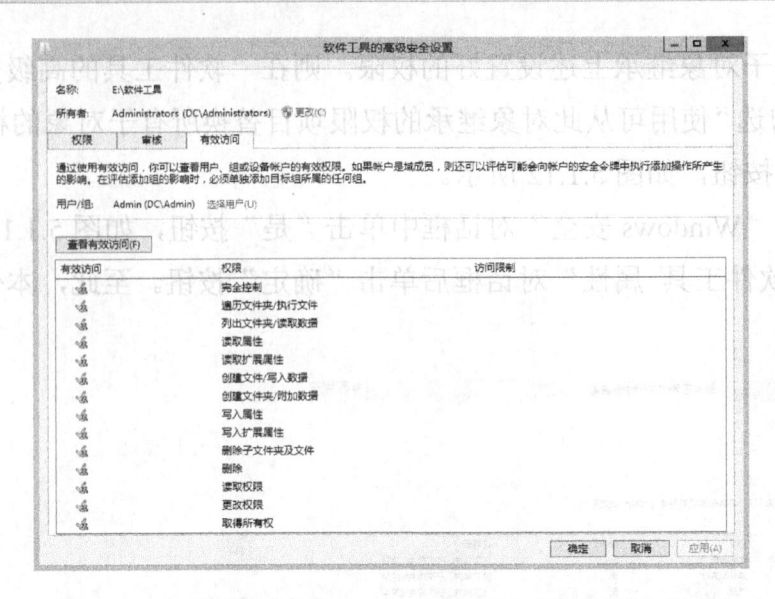

图 5.1.15 查看 Administrators 组内用户的有效访问权限

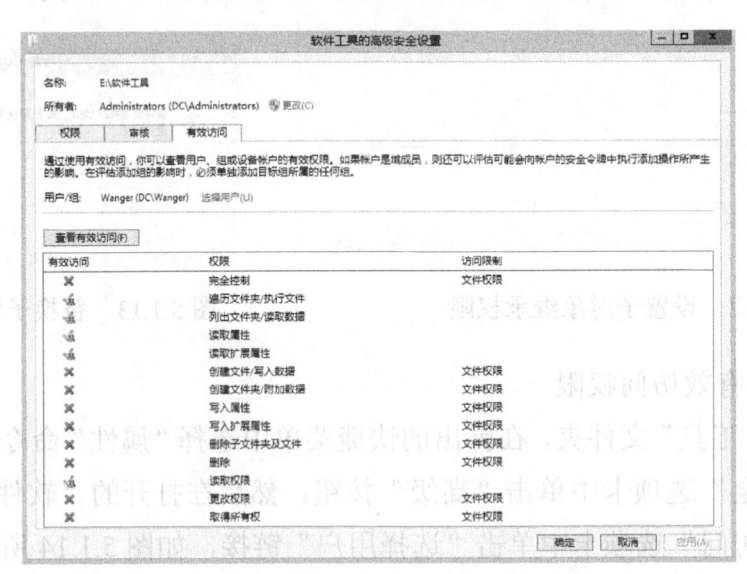

图 5.1.16 查看 NM 组内用户的有效访问权限

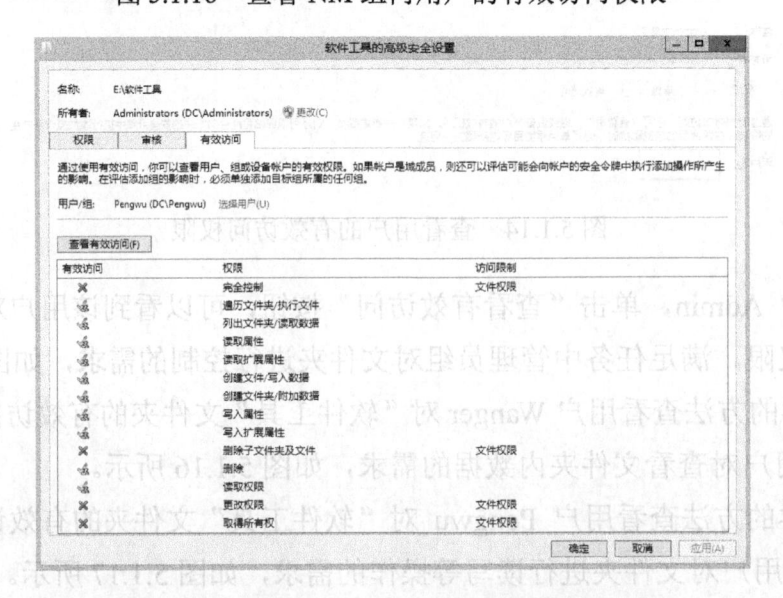

图 5.1.17 查看 NS 组内用户的有效访问权限

4. 测试 NTFS 权限

（1）使用 NS 组中的 Pengwu 账户登录系统，并尝试访问"软件工具"文件夹，由于该组用户对文件夹拥有读取和修改权限，组内用户能够进行创建、修改、删除文件和文件夹、编辑文档等操作，如图 5.1.18 所示。

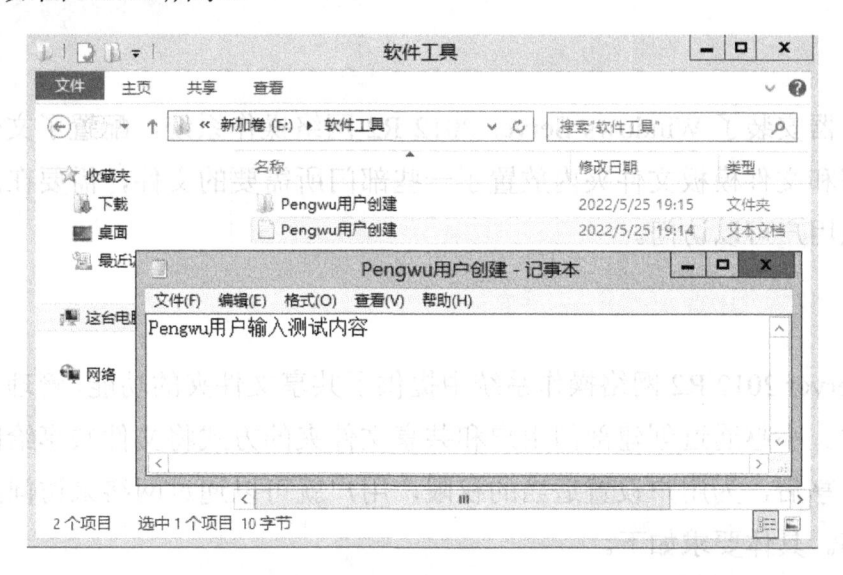

图 5.1.18　测试 NS 组中的用户对指定文件夹的权限

（2）使用 NM 组中的用户 Wanger 登录系统访问"软件工具"文件夹，由于该组用户只有读取相关的权限，因此修改文件夹的操作被拒绝，如图 5.1.19 所示。

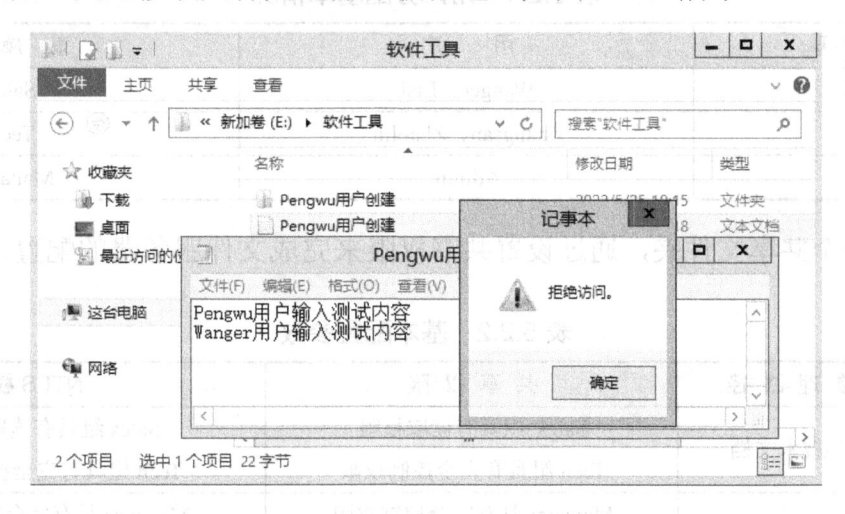

图 5.1.19　测试 NM 组中的用户对指定文件夹的权限

任务小结

（1）文件系统是指操作系统在其管理的存储设备上组织文件和分配空间的方法，负责创建、保存、读取文件及控制文件的访问权限。

（2）NTFS 文件系统中新增加的权限设置、磁盘配额、文件压缩、加密等功能增强了系统的安全性。

任务 5.2　配置共享文件夹

任务描述

某公司服务器安装了 Windows Server 2012 R2 网络操作系统，配置了文件服务器，服务器上的技术文档和文件模板文件夹内放置了一些部门所需要的文件，需要在局域网内共享，让网络内的其他用户可以访问。

任务要求

Windows Server 2012 R2 网络操作系统中提供了共享文件夹的功能，管理员可以使用该功能实现上述需求。小赵通过创建部门用户和共享文件夹的方式将文件共享给网络上的其他用户。将文件夹共享后，为用户设置适当的权限，用户就可以通过网络来访问此文件夹内的文件、子文件夹等。具体要求如下。

（1）服务器的 IP 地址为 192.168.1.222/24。

（2）销售部、技术部和总经理分别创建用户，用户分配基本情况见表 5.2.1。

表 5.2.1　用户分配基本情况

部门/总经理	用　　户	隶　属　组
销售部	Wanger、Lisi	Sales
技术部	Zhangsan、Zhaoliu	Tech
总经理	Admin	Manager

（3）创建两个共享文件夹，通过设置共享权限来完成文件服务器的配置，见表 5.2.2。

表 5.2.2　基本配置参数

共　享　名	物　理　路　径	共　享　权　限	NTFS 权限
技术文档	E:\技术文档	Sales 组具有读取权限 Tech 组具有完全控制权限	Sales 组具有读取相关权限 Tech 组具有完全控制相关权限
文件模板	E:\文件模板	Manager 具有完全控制权限 其他人具有只读权限	Manager 具有完全控制相关权限 其他人具有只读相关权限

任务实施

活动 1　认识共享文件夹

1. 共享文件夹概述

共享文件夹是指某个计算机上用来和其他计算机间相互分享的文件夹。在一台计算机上把某个文件夹设为共享文件夹，用户就可以通过网络远程访问这个文件夹，从而实现文件资源的共享。

要想把文件夹作为共享资源供网络上的其他计算机访问，就必须考虑访问权限，否则可能会给共享文件夹甚至整个操作系统带来安全隐患。共享文件夹支持非常灵活的访问权限控制功能，该功能可以允许和拒绝某个用户或用户组访问共享文件夹，或者对共享文件夹进行读/写等操作。

2．共享权限

与共享文件夹有关的两种权限是共享权限和 NTFS 权限。共享权限指的是只有当用户通过网络访问共享文件夹时才起作用的权限，而 NTFS 权限指的是本地用户登录计算机后访问文件或文件夹时使用的权限。当本地用户访问文件或文件夹时，共享权限不起作用，只会对用户应用 NTFS 权限。当用户通过网络远程访问共享文件夹时，先对其应用共享权限，然后对其应用 NTFS 权限。

共享权限分为读取、更改和完全控制三种，其可执行的操作见表 5.2.3。

表 5.2.3 共享权限类型及可执行的操作

权 限 类 型	可执行的操作
读取	查看文件夹名及子文件夹名，查看文件中的数据，运行程序文件
更改	除了读取，还能够新建与删除文件和子文件夹，更改文件内的数据
完全控制	除了以上两种权限，还具有更改共享权限的权限

如果网络用户同时隶属于多个组，他们分别对某个共享文件夹拥有不同的共享权限，则该网络用户对此共享文件夹的有效共享权限是所有权限的总和。但只要其中一个权限被设置为拒绝，用户就不会拥有访问权限。拒绝权限的优先级最高。

3．共享权限与 NTFS 权限

如果共享文件夹处于 NTFS 分区，则用户通过网络访问共享文件夹的最终有效权限取两者之中最严格的那个。例如，用户 A 对共享文件夹"E:\tools"的共享权限为"读取"，NTFS 权限为"完全控制"，则用户 A 对"E:\tools"的最终有效权限为"读取"。

4．特殊的共享资源

读者经常会看到一些比较"奇怪"的共享资源，名称一般是"PRINT$""SYSVOL$"等。其实这是操作系统为了自身管理的需要而创建的一些特殊的共享资源，不同的操作系统创建的特殊共享资源有所不同，不过这些共享资源有一个共同的符号"$"。为了不影响操作系统的正常使用，建议读者不要修改或删除这些特殊的共享资源。常用的特殊共享资源见表 5.2.4。

表 5.2.4 常用的特殊共享资源

共 享 名	说 明
ADMIN$	计算机远程过程中系统使用的共享资源，共享文件夹为根目录，如 C:\Windows
驱动器号$	驱动器根目录下的共享资源，如 C$、D$

续表

共享名	说明
IPC$	共享命名管道的资源，在远程管理计算机的过程中，查看和管理共享资源
SYSVOL$	域控制器上使用的共享资源
PRINT$	在远程管理打印机的过程中使用的共享资源
FAX$	传真服务器为传真用户提供共享服务的共享资源，用于临时缓存文件

如果想要共享某个文件夹，但出于安全方面的考虑，不希望网络中的其他人看到，则可以通过在共享名的结尾添加"$"隐藏这些共享文件夹。

活动2 创建共享文件夹

1. 创建共享文件夹"技术文档"

（1）使用管理员账户登录操作系统，创建任务需要的用户、组、文件夹和文件，此处略。

（2）右击"技术文档"文件夹，在弹出的快捷菜单中选择"属性"命令，如图5.2.1所示。

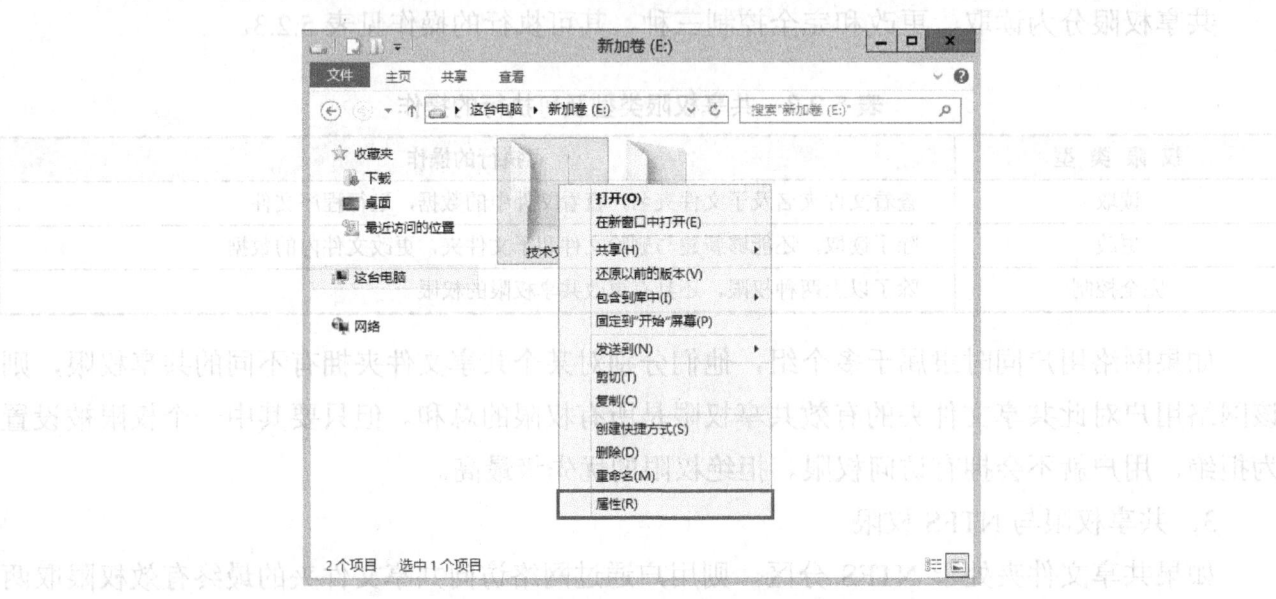

图5.2.1 设置文件夹属性

（3）在"技术文档 属性"对话框中打开"共享"选项卡，单击下方的"高级共享"按钮，如图5.2.2所示。

（4）在"高级共享"对话框中，勾选"共享此文件夹"复选框，设置共享名为"技术文档"，单击"权限"按钮，如图5.2.3所示。

（5）在"技术文档 的权限"对话框中，将"Everyone"权限删除，为"Sales"组添加读取权限，为"Tech"组添加完全控制权限，单击"确定"按钮，如图5.2.4和图5.2.5所示。

（6）返回"高级共享"对话框后单击"确定"按钮。

（7）返回"技术文档 属性"对话框后单击"关闭"按钮，完成配置。

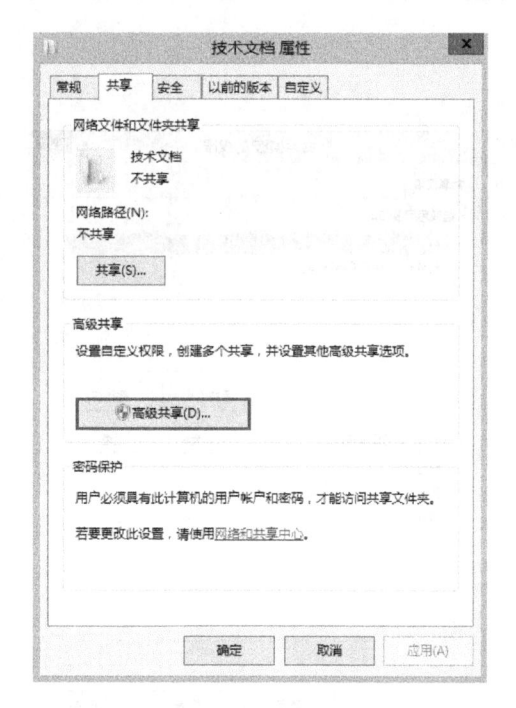

图 5.2.2　设置文件夹的高级共享

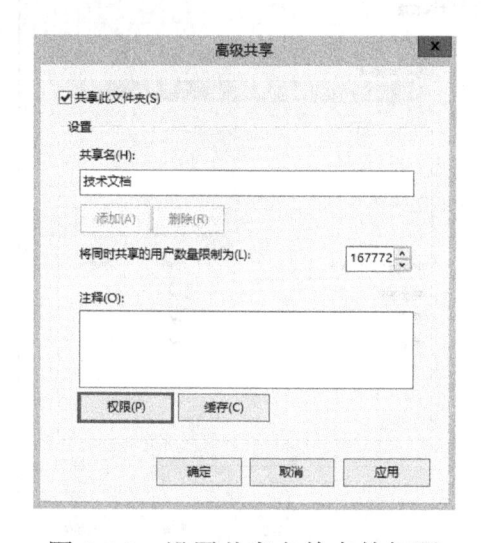

图 5.2.3　设置共享文件夹的权限

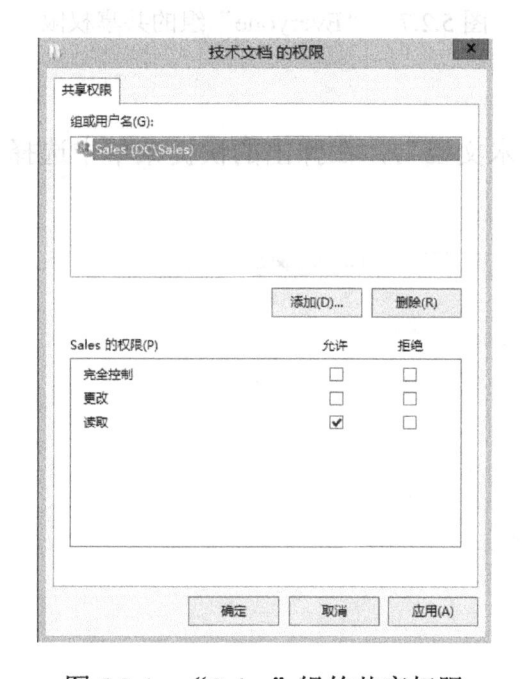

图 5.2.4　"Sales"组的共享权限

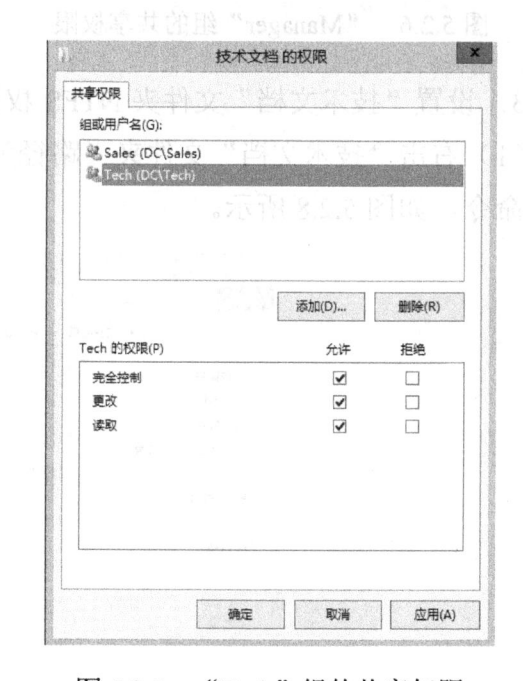

图 5.2.5　"Tech"组的共享权限

2. 创建共享文件夹"文件模板"

参考上述步骤，创建共享文件夹"文件模板"，设置该文件夹的共享权限："Manager"组的权限为"读取""更改""完全控制"，"Everyone"组的权限为"读取"。创建结果如图 5.2.6 和图 5.2.7 所示。

> **小贴士**
>
> 共享名是在网络上查看此共享文件夹时看到的名称，此名称可以和文件夹名称相同或不

Windows Server 2012 R2 系统管理与服务器配置

同,一个文件夹可以建立多个共享名。

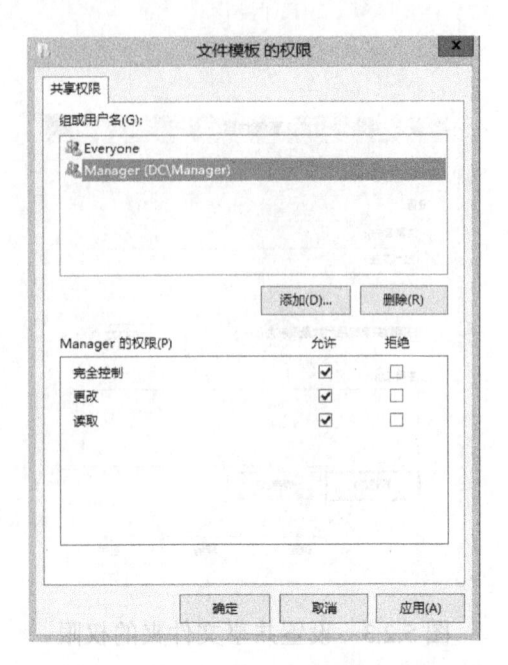

图 5.2.6 "Manager"组的共享权限

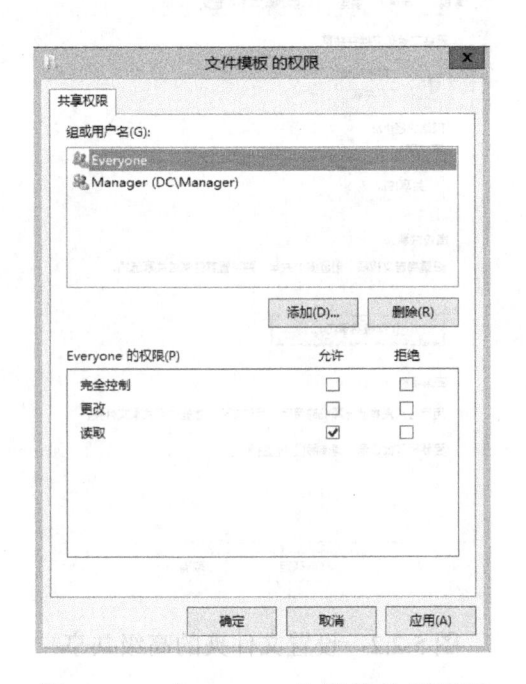

图 5.2.7 "Everyone"组的共享权限

3. 设置"技术文档"文件夹 NTFS 权限

(1)右击"技术文档"文件夹(路径为"E:\技术文档"),在弹出的快捷菜单中选择"属性"命令,如图 5.2.8 所示。

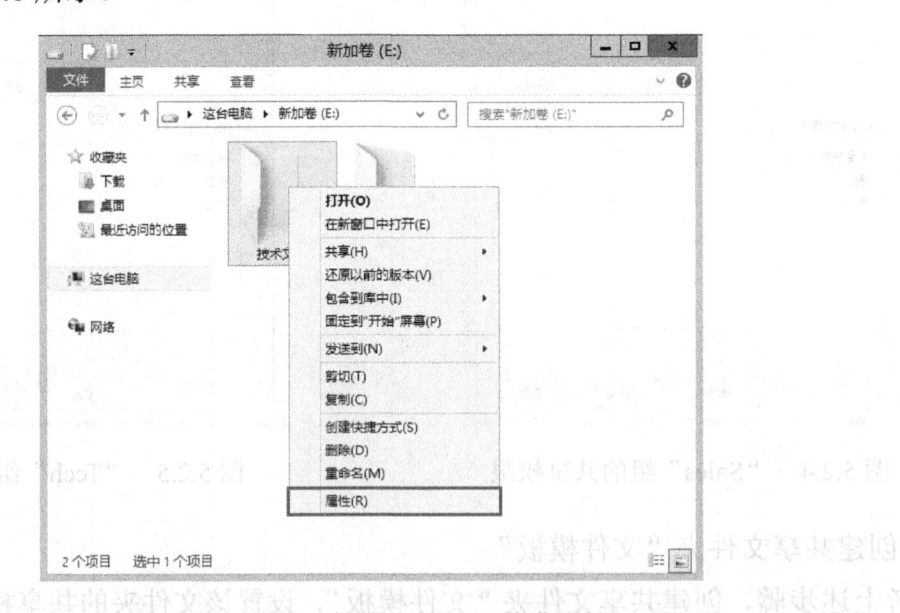

图 5.2.8 修改"技术文档"文件夹属性

(2)在"技术文档 的权限"对话框的"安全"选项卡中,允许"Sales"组具有与"读取"有关的 3 个权限(默认已勾选"读取和执行""列出文件夹内容""读取"复选框,此处无须修改);允许"Tech"组具有与写入有关的所有权限(勾选"完全控制"复选框,则其他权限复选框也被自动勾选上),过程略。设置结果如图 5.2.9 和图 5.2.10 所示。

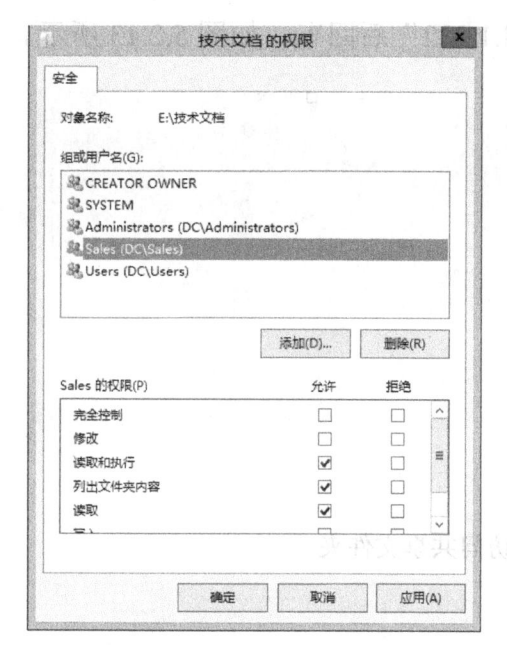

图 5.2.9 "Sales"组的文件夹权限 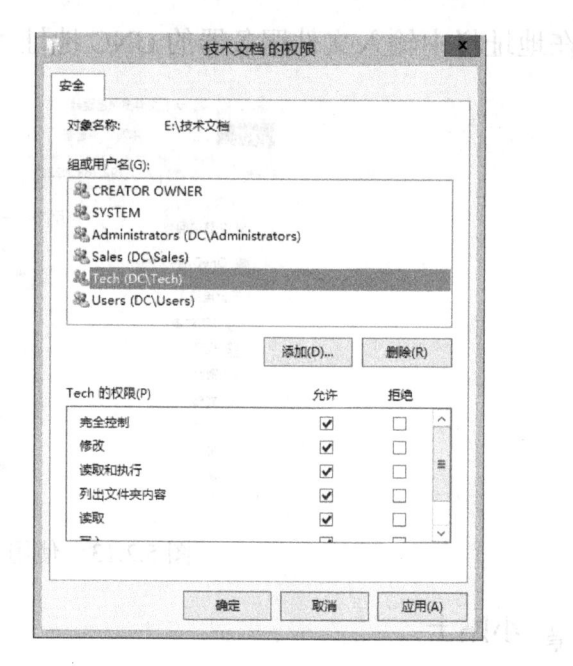　　　　图 5.2.10 "Tech"组的文件夹权限

4．设置"文件模板"文件夹 NTFS 权限

参考上述步骤，为"文件模板"文件夹设置 NTFS 权限："Manager"组具有完全控制权限，"Everyone"组（所有用户）具有读取相关权限。设置结果如图 5.2.11 和图 5.2.12 所示。

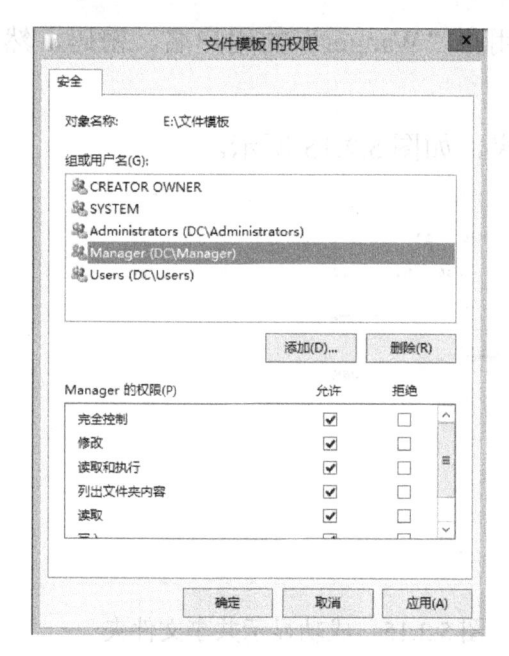

图 5.2.11 "Manager"组的文件夹权限 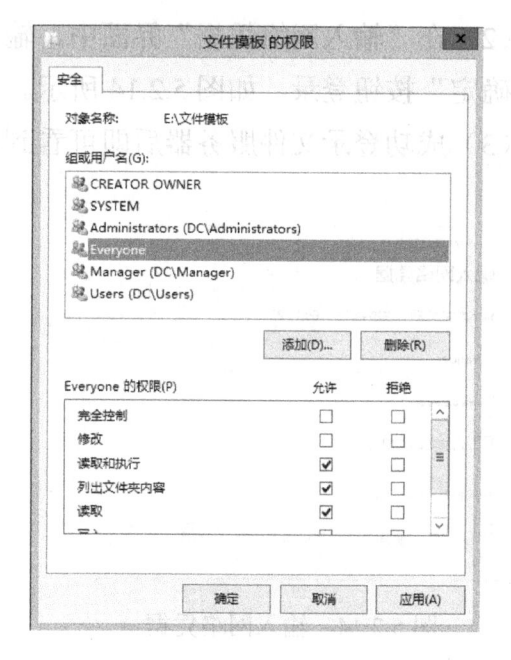　　　　图 5.2.12 "Everyone"组的文件夹权限

活动 3　访问共享文件夹

1．利用网络路径实现访问共享

（1）在客户端上打开文件资源管理器（本任务以 Windows10 的"此电脑"窗口为例），

在地址栏中输入文件服务器的 UNC 地址"\\192.168.1.222"后回车，如图 5.2.13 所示。

图 5.2.13　使用 UNC 地址访问共享文件夹

💡 **小贴士**

通用命名约定（Universal Naming Convention，UNC）是在网络（主要是局域网）中访问共享资源的路径表示形式，其格式为"\\服务器名或 IP 地址 | 共享文件夹名\资源名"。例如，"\\192.168.1.222\doc\设备手册.docx""\\BDC\D$\share\产品.xls"等。访问隐藏的共享文件夹时需要加入"$"符号。

（2）在"输入网络凭据"界面中，输入销售部用户"Wanger"的用户名、密码，然后单击"确定"按钮登录，如图 5.2.14 所示。

（3）成功登录文件服务器后即可看到共享文件夹，如图 5.2.15 所示。

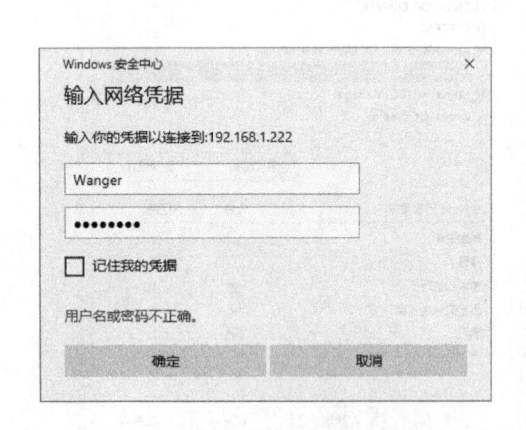

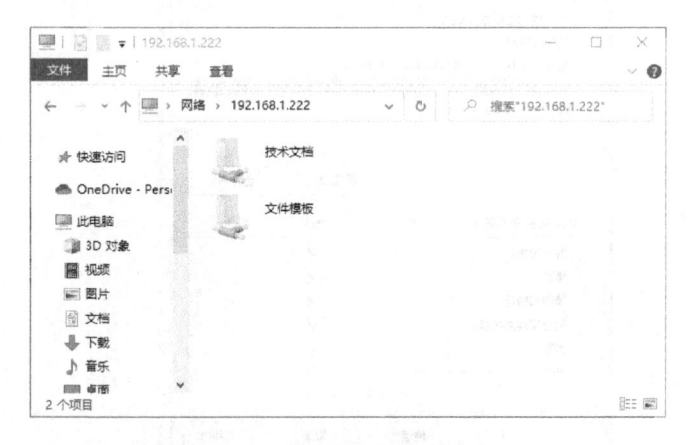

图 5.2.14　输入网络凭据　　　　　　图 5.2.15　成功显示共享文件夹

（4）双击进入"技术文档"文件夹后，可双击打开"网络设备手册文件.txt"文档，这表明"技术文档"文件夹具有读取权限，如图 5.2.16 所示。

（5）修改文档"网络设备手册文件.txt"的内容后进行保存，或者在当前共享文件夹下新建、删除目录，均会弹出"目标文件夹访问被拒绝"对话框，表明销售部组的用户"Wanger"没有写入权限，如图 5.2.17 所示。

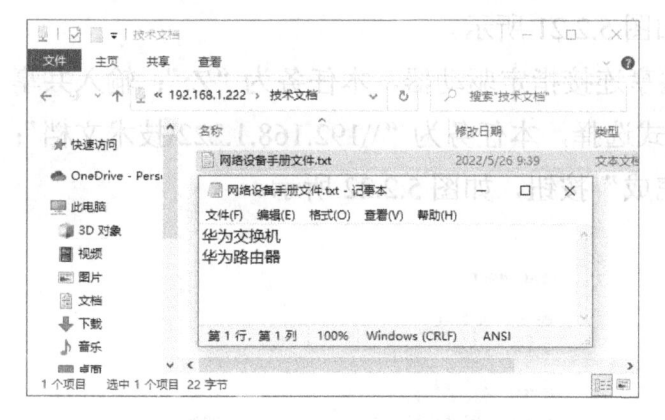

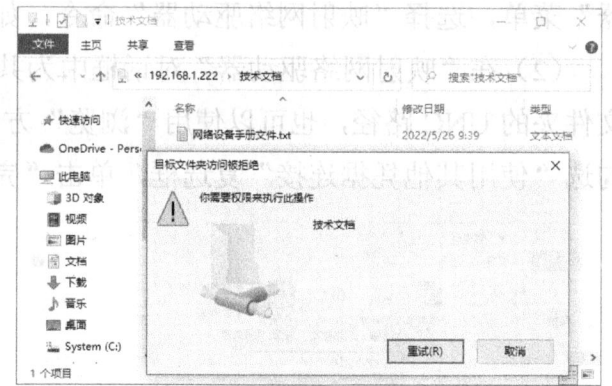

图 5.2.16　测试读取权限　　　　　　　　图 5.2.17　测试写入权限

（6）在客户机上打开命令提示符窗口，输入"net use"命令可看当前的共享会话，即客户端访问了哪些共享文件夹，输入"net use \\192.168.1.222\IPC$ /del"命令可以删除相应会话，如图 5.2.18 所示。

图 5.2.18　删除会话

（7）再次访问文件服务器，以"Tech"组用户"Zhaoliu"的身份登录，如图 5.2.19 所示。

（8）登录后访问共享文件夹"技术文档"进行测试，可以看到此用户具有读取、写入权限，如图 5.2.20 所示。

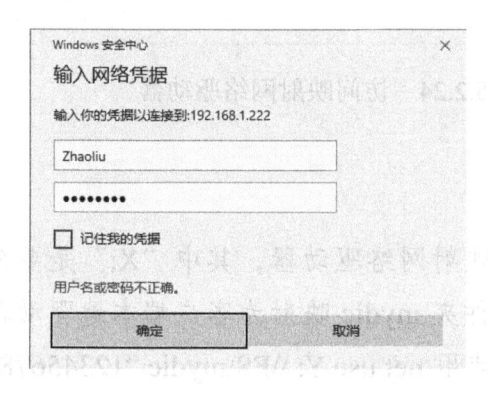

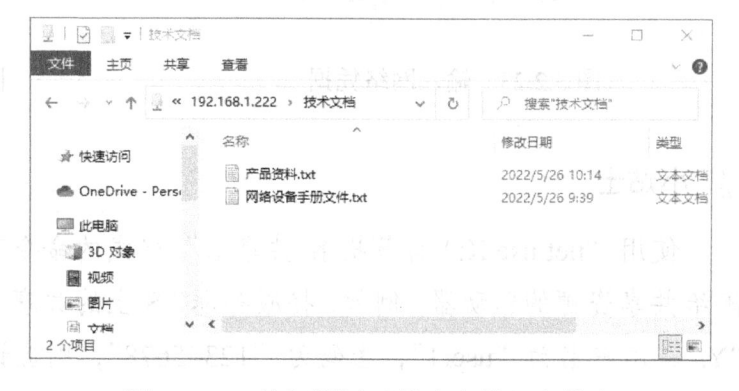

图 5.2.19　登录共享文件夹　　　　　　　图 5.2.20　访问测试"技术文档"文件夹

2．利用网络驱动器访问共享文件夹

（1）在客户端的"此电脑"窗口中，打开"计算机"选项卡，然后展开"映射网络驱动器"菜单,选择"映射网络驱动器"命令,如图 5.2.21 所示。

(2)在"映射网络驱动器"对话框中为共享连接指定驱动器,本任务为"Z:";输入共享文件夹的 UNC 路径,也可以使用"浏览"方式选择,本任务为"\\192.168.1.222\技术文档";勾选"使用其他凭据连接"复选框,单击"完成"按钮,如图 5.2.22 所示。

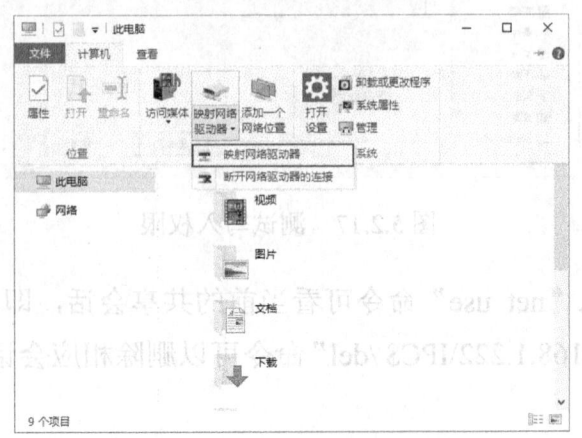

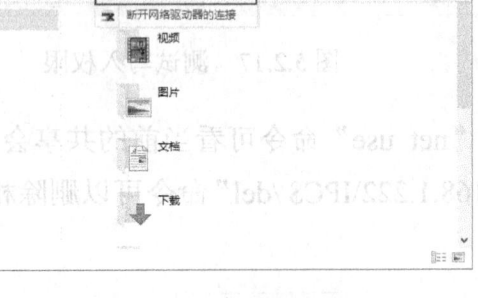

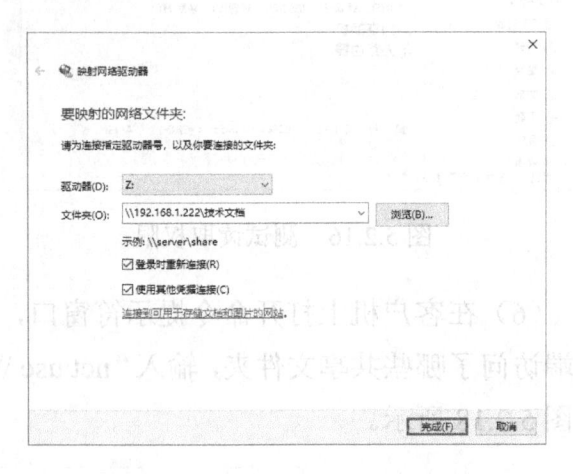

图 5.2.21 "此电脑"窗口　　　　　　图 5.2.22 设置要映射的网络文件夹

(3)在弹出的"Windows 安全中心"对话框中,输入能够访问共享文件夹的用户名和密码,并勾选"记住我的凭据"复选框,单击"确定"按钮,如图 5.2.23 所示。

(4)返回"此电脑"窗口后,服务器中的共享文件夹"技术文档"会以本地磁盘"Z:"的方式显示,如图 5.2.24 所示。

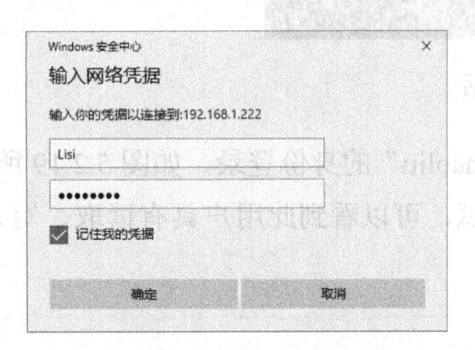

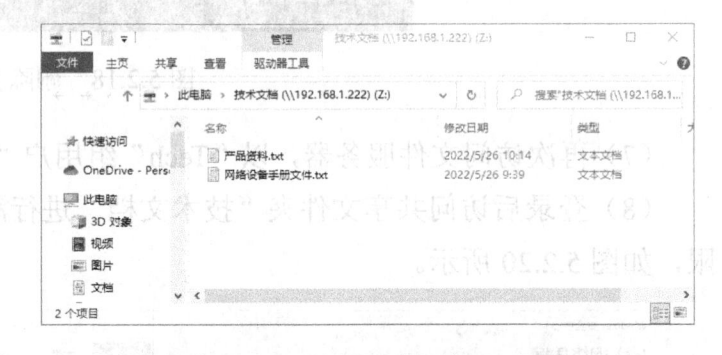

图 5.2.23 输入网络凭据　　　　　　图 5.2.24 访问映射网络驱动器

小贴士

使用"net use X: \\计算机名\共享名"格式的命令可映射网络驱动器,其中"X:"是要分配给共享资源的驱动器。例如,将服务器 FS 上的共享文件夹 mydic 映射为客户端本地驱动器"Y:",用户名为"user1",密码为"12345678",则应该使用 net use Y: \\FS\mydic "12345678" /user:"user1"命令。

任务小结

(1)NTFS 文件系统中的所有者默认是创建该文件或文件夹的用户,所有者可以随时更改其所拥有的文件或文件夹的权限。

（2）共享资源是用户使用计算机系统的重要目的，满足用户对信息资源最大化的要求。

（3）共享权限和 NTFS 权限同时起作用，并且按照最严格的权限执行。

任务 5.3　使用 EFS 加密文件

任务描述

某公司的网络管理员小赵，根据需求在安装了 Windows Server 2012 R2 网络操作系统的计算机上存储相关部门的数据。为了保证文件安全、防止被未授权的用户打开，小赵尝试使用压缩软件将文件打包并设置压缩包的密码，也尝试使用其他一些文件加密软件，但使用时都需要花费时间解密文件，而且安装的应用软件也不能直接读取这些加密的文件。因此，小赵需要一种便捷、可靠的文件加密方法解决这个问题。

任务要求

Windows Server 2012 R2 网络操作系统中提供了加密文件系统（Encrypting File System，EFS）功能，管理员可以使用该功能解决上述问题。借助 EFS 能以透明的方式加解密文件，并且能在登录系统的同时进行 EFS 用户验证，使用者几乎感受不到后续的加密、解密过程，非授权用户无法访问数据。具体要求如下。

（1）对服务器 DC 上 D 盘中的销售报表文件夹及其内的文件进行加密。

（2）备份销售报表文件夹及其内的文件的加密证书和密钥。

（3）通过其他用户查看加密文件。

（4）导入备份的 EFS 证书和再次查看加密文件。

任务实施

活动 1　认识 EFS 加密文件

1. EFS 简介

NTFS 文件系统的加密属性是通过加密文件系统技术实现的，EFS 提供的是一种核心文件加密技术。EFS 仅能用于 NTFS 卷上的文件和文件夹加密。EFS 加密对用户是完全透明的。当用户访问加密文件时，系统会自动解密文件；当用户保存加密文件时，系统会自动加密该文件，不需要用户任何手动操作。EFS 是 Windows 2000、Windows XP Professional（Windows XP Home 不支持 EFS）、Windows Server 2003/2008/2012/2016/2019 NTFS 文件系统的一个组件。EFS 采用高级的标准加密算法实现透明的文件加密和解密，任何没有合适密钥的个人或程序都不能读取加密数据。即便是物理上拥有驻留加密文件的计算机，加密文件仍然受到保护,甚至有权访问计算机及其文件系统的用户也无法读取这些数据。

2. 操作 EFS 加密文件的情形与目标文件的状态

EFS 将文件加密作为文件属性保存,正如设置其他属性(只读、压缩或隐藏)一样,通过修改文件属性对文件夹和文件进行加密和解密。如果加密一个文件夹,则在加密文件夹中创建的所有文件和子文件夹都自动加密,因此推荐在文件夹级别上进行加密。

EFS 必须存储在 NTFS 磁盘内才能处于加密状态,在允许进行远程加密的计算机上可以加密或解密文件及文件夹。然而,如果通过网络打开已加密文件,并且采用此方式在网络上传输的数据并未加密,则必须使用诸如 SSL/TLS(安全套接字层/传输层安全)等在内的技术加密数据。操作 EFS 加密文件的情形与目标文件的状态见表 5.3.1。

表 5.3.1 操作 EFS 加密文件的情形与目标文件的状态

操作 EFS 加密文件的情形	目标文件的状态
将加密文件移动或复制到非 NTFS 磁盘内	新文件处于解密状态
用户或应用程序读取加密文件	系统将文件从磁盘中读取出来,并将解密后的内容反馈给用户或应用程序,磁盘中存储的文件仍处于加密状态
用户或应用程序向加密的文件或文件夹写入数据	系统会将数据自动加密,然后写入磁盘
将未加密的文件或文件夹移动或复制到加密文件夹	新文件或文件夹自动变为加密状态
将加密的文件或文件夹移动或复制到未加密文件夹	新文件或文件夹仍处于加密状态
通过网络发送加密的文件或文件夹	文件或文件夹会被自动解密
将加密文件或文件夹打包压缩	压缩和加密不能并存,文件或文件夹会被自动解密
加密已压缩的文件	压缩和加密不能并存,文件被自动解压缩,然后进行加密

活动 2 配置 EFS 加密文件

1. 使用 EFS 对文件或文件夹进行加密

步骤 1:登录系统,本任务使用 Administrator 用户登录。

步骤 2:右击"销售报表"文件夹,在弹出的快捷菜单中选择"属性"命令,如图 5.3.1 所示。

步骤 3:在弹出的"销售报表 属性"对话框的"常规"选项卡中,单击"高级"按钮,如图 5.3.2 所示。

步骤 4:在"高级属性"对话框中,在"压缩或加密属性"选区中勾选"加密内容以便保护数据"复选框,然后单击"确定"按钮,如图 5.3.3 所示。

步骤 5:返回"销售报表 属性"对话框后,单击"确定"按钮。

步骤 6:在弹出的"确认属性更改"对话框中,显示了选择对属性进行"加密"更改,选中"将更改应用于此文件夹、子文件夹和文件"单选按钮,然后单击"确定"按钮对属性更改进行确认,如图 5.3.4 所示。

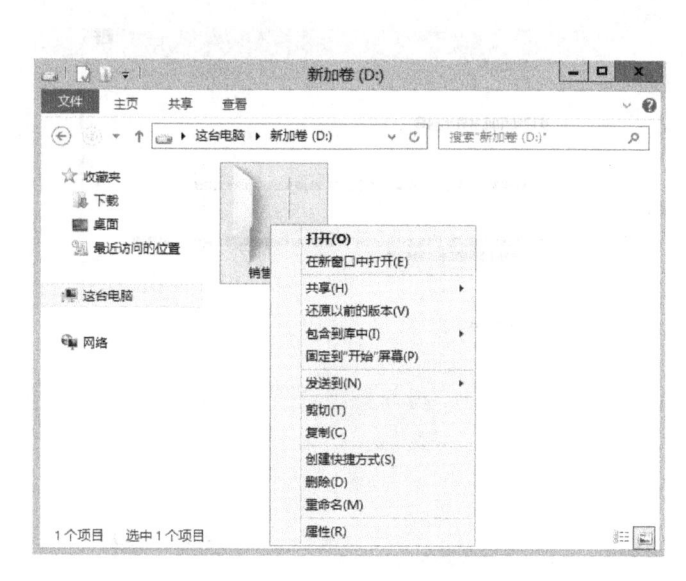

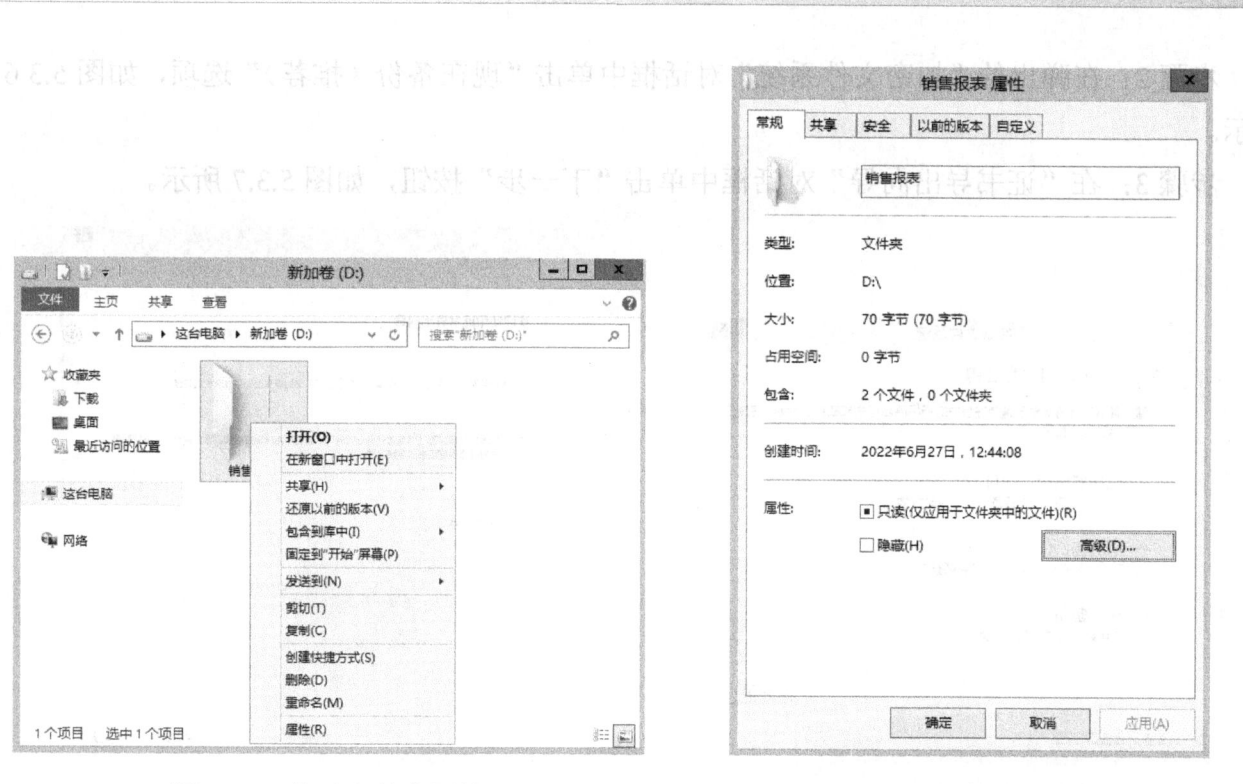

图 5.3.1　修改文件夹属性　　　　　　　　图 5.3.2　设置文件夹的常规属性

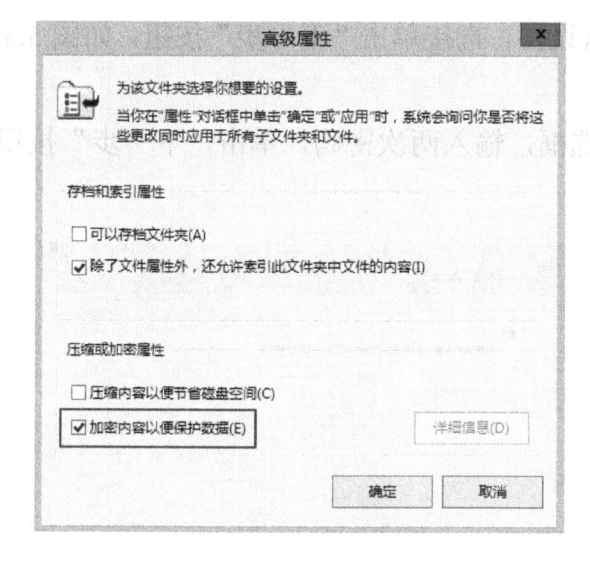

图 5.3.3　启用文件夹的 EFS 功能　　　　　图 5.3.4　确认属性更改

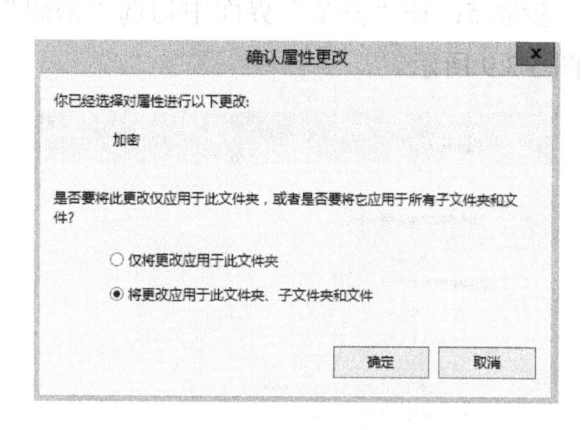

2．备份文件加密证书和密钥

步骤 1：单击桌面右下角弹出的"备份文件加密密钥"提示框中的链接，如图 5.3.5 所示。

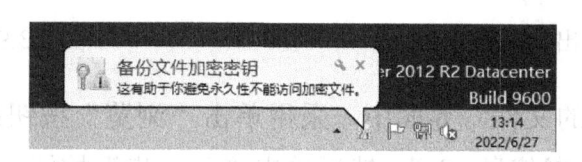

图 5.3.5　"备份文件加密密钥"提示框

步骤 2：在弹出的"加密文件系统"对话框中单击"现在备份（推荐）"选项，如图 5.3.6 所示。

步骤 3：在"证书导出向导"对话框中单击"下一步"按钮，如图 5.3.7 所示。

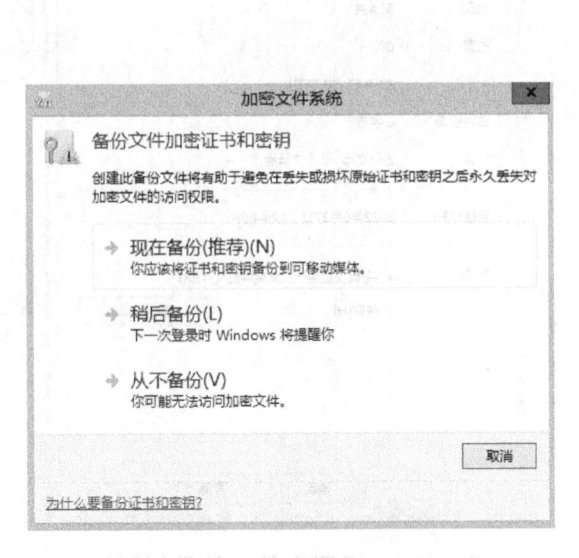

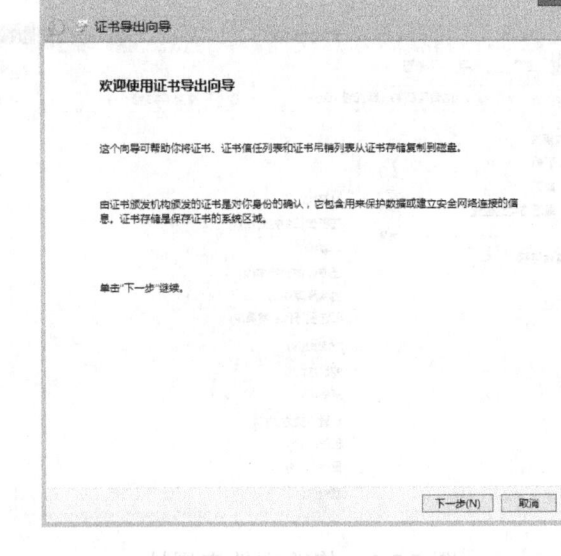

图 5.3.6　选择备份时间　　　　　　图 5.3.7　"证书导出向导"对话框

步骤 4：在"导出文件格式"界面中采用默认设置，直接单击"下一步"按钮，如图 5.3.8 所示。

步骤 5：在"安全"界面中勾选"密码"复选框，输入两次密码，单击"下一步"按钮，如图 5.3.9 所示。

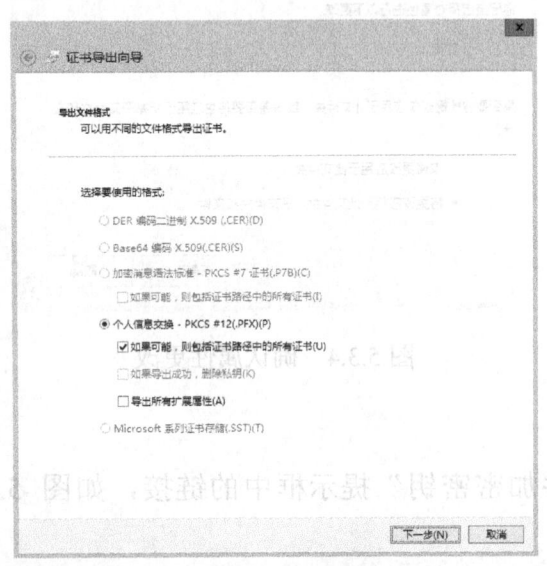

图 5.3.8　选择导出文件格式　　　　　图 5.3.9　设置密码

步骤 6：在"要导出的文件"界面中，采用单击"浏览"按钮或直接输入的方式指定要导出的文件名，如"D:\证书信息.pfx"，然后单击"下一步"按钮，如图 5.3.10 所示。

步骤 7：在"正在完成证书导出向导"界面中单击"完成"按钮，如图 5.3.11 所示。

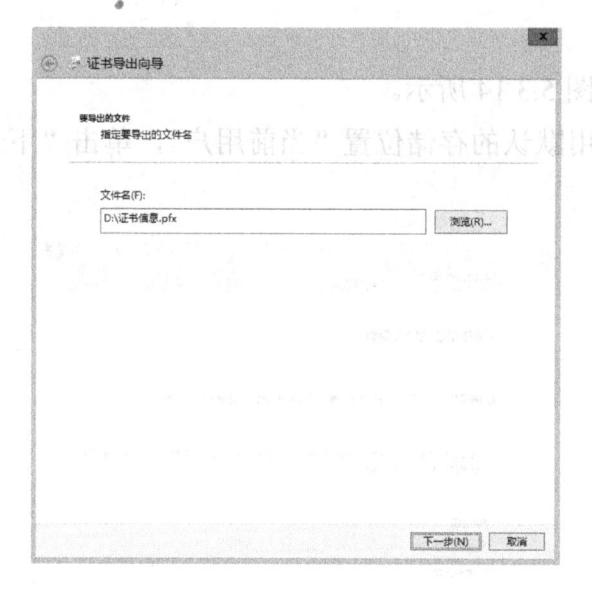

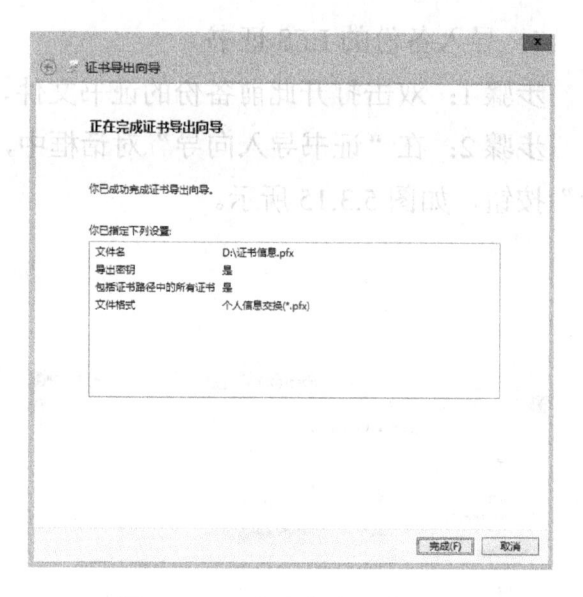

图 5.3.10　指定要导出的文件名　　　　图 5.3.11　确认完成证书导出

步骤 8：在弹出的显示"导出成功"的对话框中单击"确定"按钮。至此，Administrator 用户的 EFS 证书备份完成，如图 5.3.12 所示。

图 5.3.12　导出成功提示

3. 切换用户查看加密文件

切换用户后，再次访问"销售报表"文件夹，可以看到文件夹内含有加密文件"一季度.txt"，但无法打开，如图 5.3.13 所示。

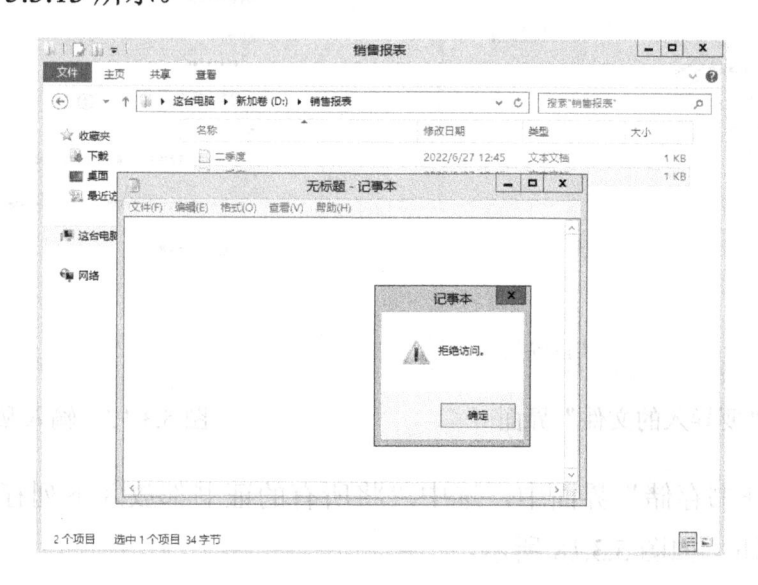

图 5.3.13　未授权用户无法打开加密文件

4. 导入备份的 EFS 证书

步骤 1：双击打开此前备份的证书文件，如图 5.3.14 所示。

步骤 2：在"证书导入向导"对话框中，使用默认的存储位置"当前用户"，单击"下一步"按钮，如图 5.3.15 所示。

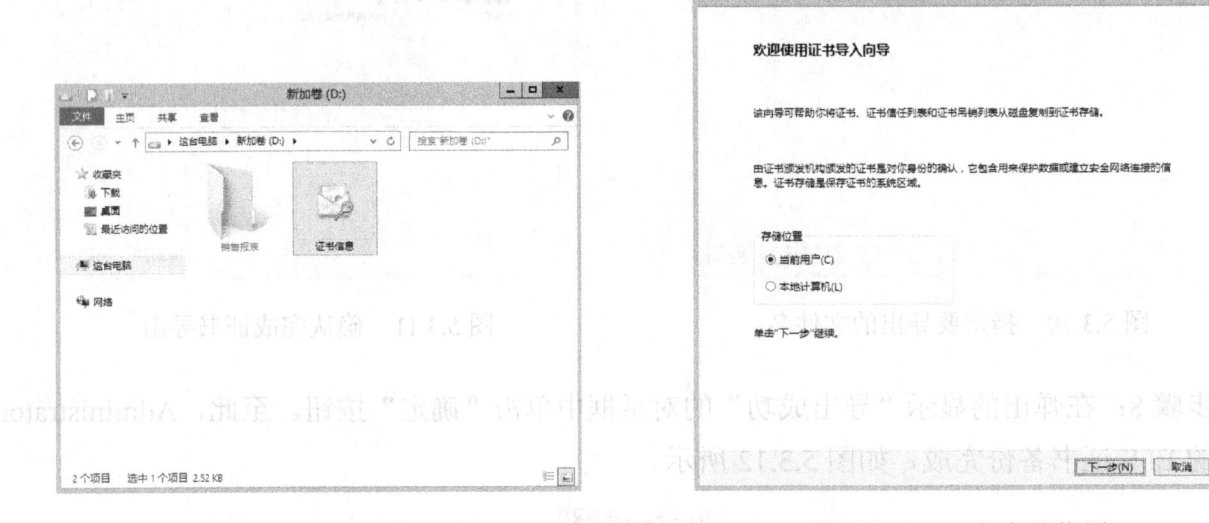

图 5.3.14　EFS 证书文件　　　　　　　　图 5.3.15　证书存储位置

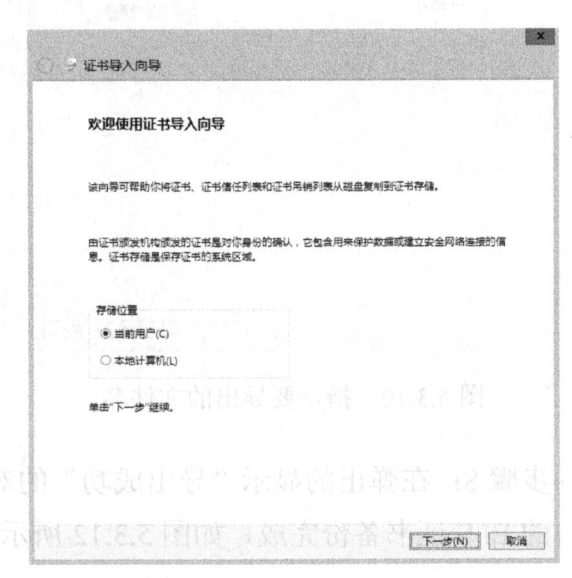

步骤 3：在"要导入的文件"界面中单击"下一步"按钮，如图 5.3.16 所示。

步骤 4：在"私钥保护"界面中输入此前导出时所设置的密码，然后单击"下一步"按钮，如图 5.3.17 所示。

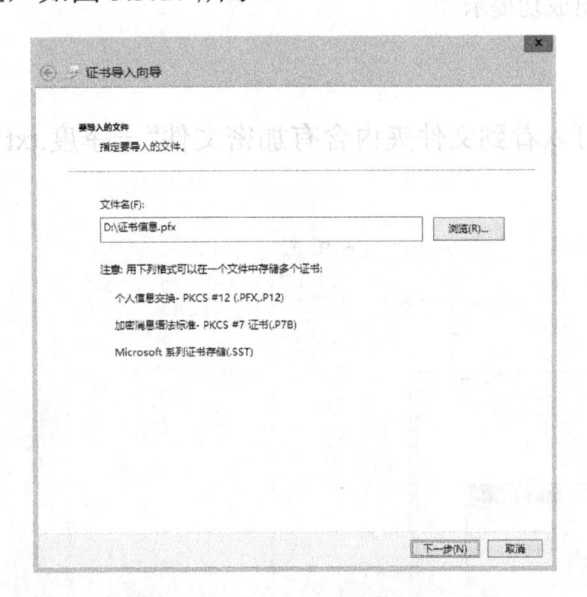

图 5.3.16　"要导入的文件"界面　　　　　图 5.3.17　输入私钥密码

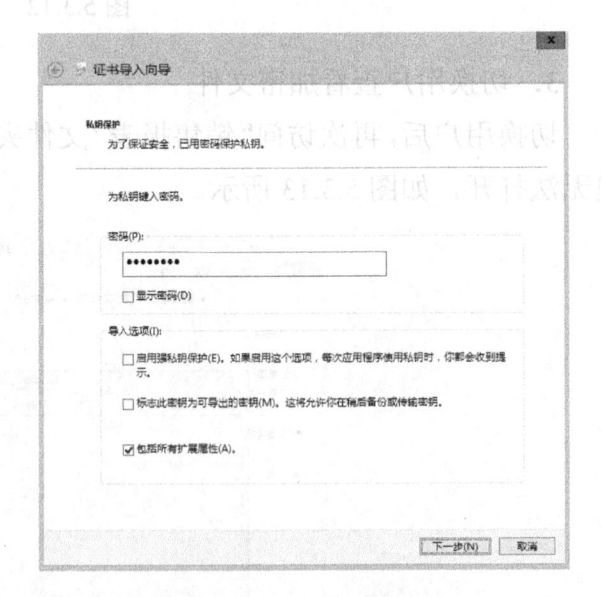

步骤 5：在"证书存储"界面中，选中"将所有的证书都放入下列存储"单选按钮，然后单击"浏览"按钮，如图 5.3.18 所示。

步骤 6：在弹出的"选择证书存储"对话框中，选择"个人"文件夹选项，然后单击"确定"按钮,如图 5.3.19 所示。

图 5.3.18　指定证书存储位置 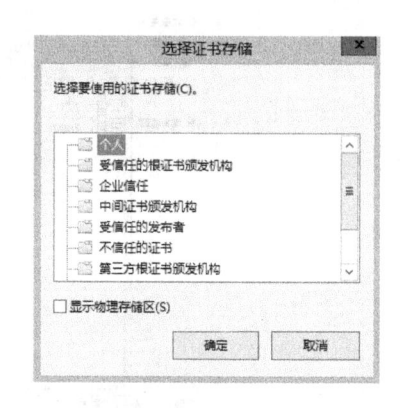　　　　　图 5.3.19　选择证书存储位置

步骤 7:返回"证书存储"界面后,可以看到证书存储位置已设置为"个人",然后单击"下一步"按钮,如图 5.3.20 所示。

步骤 8:在"正在完成证书导入向导"界面中单击"完成"按钮,如图 5.3.21 所示。

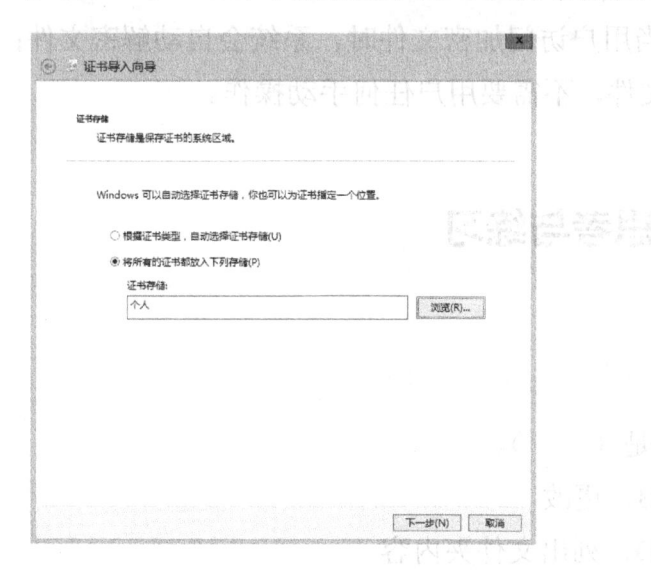

图 5.3.20　显示证书存储位置 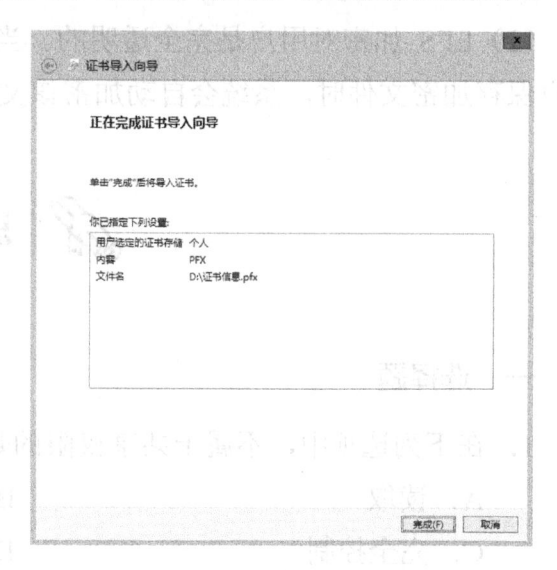　　　　　图 5.3.21　确认导入证书

步骤 9:在弹出的显示"导入成功。"的对话框中单击"确定"按钮。至此,EFS 证书导入操作完成,如图 5.3.22 所示。

图 5.3.22　导入成功提示

5. 再次查看加密文件

导入 EFS 证书后，再次打开文件"一季度.txt"，即可正常访问，如图 5.3.23 所示。

图 5.3.23　查看加密文件

任务小结

（1）EFS 加密文件必须存储在 NTFS 磁盘内才能处于加密状态。

（2）EFS 加密对用户是完全透明的。当用户访问加密文件时，系统会自动解密文件；当用户保存加密文件时，系统会自动加密该文件，不需要用户任何手动操作。

思考与练习

一、选择题

1. 在下列选项中，不属于共享权限的是（　　）。

    A. 读取　　　　　　　　　　　B. 更改

    C. 完全控制　　　　　　　　　D. 列出文件夹内容

2. 网络访问和本地访问都要使用的权限是（　　）。

    A. NTFS 权限　　　　　　　　B. 共享权限更改

    C. NTFS 和共享权限　　　　　D. 无

3. 要发布隐藏的共享文件夹，需要在共享名的最后添加（　　）。

    A. @　　　　　　　　　　　　B. &

    C. $　　　　　　　　　　　　D. %

4. 在下列选项中，（　　）不是 NTFS 文件系统的普通权限。

    A. 读取　　　　　　　　　　　B. 删除

C．写入 D．完全控制

5．在 Windows Server 2012 R2 中，下面的（　　）功能不是 NTFS 文件系统特有的。
　　A．文件加密 B．磁盘配额
　　C．文件压缩 D．设置共享

6．在 NTFS 文件系统的分区中，对一个文件夹的 NTFS 权限进行如下的设置：先设置为读取，再设置为写入，最后设置为完全控制，那么该文件夹的权限类型是（　　）。
　　A．读取 B．读取和写入
　　C．写入 D．完全控制

7．使用（　　）可以把 FAT32 分区转换为 NTFS 分区，并且用户的文件不受损害。
　　A．change.exe B．cmd.exe
　　C．convert.exe D．config.exe

8．某 NTFS 分区上有一个文件夹 B1，其中有一个文件"file1.txt"和一个应用程序"notepad.exe"。B1 的 NTFS 安全选项中仅设置了用户组 G1 具有读取权限，用户组 G2 具有写入权限。某用户 user1 同时属于 G1 和 G2，则下面说法中不正确的是（　　）。
　　A．user1 可以运行程序 notepad.exe
　　B．user1 可以打开文件 file1
　　C．user1 可以修改文件 file1 的内容
　　D．user1 可以在 B1 中创建子文件夹

二、简答题

1．文件夹和文件的 NTFS 权限分别有哪些？
2．共享文件夹的权限有几种类型？
3．共享权限和 NTFS 权限的区别和联系有哪些？
4．如果某用户拥有某文件夹的写入权限和读取权限，但被拒绝对该文件夹内某文件有写入权限，则该用户对该文件的最终权限是什么？
5．如果某用户拥有某文件夹的写入权限，而且还是该文件夹读取权限的成员，那么该用户对该文件夹的最终权限是什么？

项目 6 配置与管理磁盘

知识目标

（1）了解 MBR、GPT 分区表的基本概念。

（2）理解分区、卷、简单卷、跨区卷等的基本概念和特点。

（3）理解基本磁盘、动态磁盘的基本概念。

（4）掌握软 RAID 和硬 RAID 的区别。

（5）掌握磁盘配额的作用。

能力目标

（1）为服务器添加磁盘，并完成联机、初始化操作。

（2）进行基本磁盘管理，并完成分区格式化等操作。

（3）使用 diskpart 命令创建扩展分区。

（4）根据业务需求创建简单卷、跨区卷、带区卷、镜像卷和 RAID-5 卷。

（5）完成磁盘配额的配置。

思政目标

（1）增强学法、懂法意识，学习和关注我国有关数据安全的法律法规。

（2）增强数据安全意识，能够使用磁盘配额技术更好地限制数据的保存。

（3）尊重社会公德和伦理，诚实守信，不随意查看服务器上的用户数据。

项目需求

某公司承揽网络中心机房建设与管理工程,按照合同要求进行施工。公司的小赵已经成功安装了服务器的网络操作系统,并对服务器的网络操作系统进行了基本环境配置。公司的文件服务器存储的内容越来越多,按照目前的文件存储速度,剩余的存储空间将在两个月后耗尽。该服务器原有一块 SCSI 硬盘,并且安装了 Windows Server 2012 R2 网络操作系统,需要增加空间来扩充容量,要求具有较快的读写速度、一定的容错能力、较高的空间利用率。Windows Server 2012 R2 网络操作系统提供了灵活的磁盘管理功能,主要用于磁盘计算机的磁盘设备及其各种分区或卷系统,以提高磁盘的利用率,确保系统访问的便捷与高效,同时提高系统文件的安全性、可靠性、可用性和可伸缩性。

通过磁盘管理,如新建分区/卷、删除磁盘分区/卷、更改磁盘驱动器号和路径、清理磁盘和设置磁盘配额等,可以更好地发挥服务器的性能。Windows Server 2012 R2 网络操作系统支持对基本磁盘、动态磁盘的配置与管理,借助磁盘管理功能能够完成常见的简单卷管理、RAID-5 卷管理和磁盘配额管理。

本项目主要介绍 Windows Server 2012 R2 网络操作系统的基本磁盘和动态磁盘的配置,以及磁盘配额的管理,以达到增加存储空间、扩充容量的目的。

任务 6.1　配置基本磁盘

任务描述

某公司的网络管理员小赵,在公司的文件服务器上安装新的磁盘,并根据公司数据存储需求创建主分区、扩展分区、逻辑分区,以及完成简单卷的创建。

任务要求

新安装的磁盘默认是基本磁盘,需要通过分区来管理和应用磁盘空间,分区后才可以向磁盘中存储数据,具体要求如下。

(1) 在虚拟机 Win2012-1 上添加一块 60GB 的磁盘。
(2) 对新添加的磁盘进行联机和初始化。
(3) 新建 2 个主分区,大小分别是 20GB 和 30GB。
(4) 新建扩展分区和逻辑分区,大小为 10GB。

任务实施

活动 1　认识磁盘管理

在将数据存储到磁盘之前，必须要将磁盘分割成一个或多个磁盘分区，在磁盘内有一个被称为磁盘分区表（Partition Table）的区域，用来存储磁盘分区的数据，如每一个磁盘分区的起始地址、结束地址、是否为活动的磁盘分区等信息。

1. 磁盘分区格式

典型的磁盘分区格式有两种，对应着两种不同格式的磁盘分区表：一种是传统的主引导记录（Master Boot Record，MBR）格式，另一种是 GUID 磁盘分区表（GUID Partition Table，GPT）格式。

（1）MBR 分区。

在 MBR 格式下，磁盘的第一个扇区最为重要。这个扇区保存了操作系统的引导信息（被称为"主引导记录"）及磁盘分区表。磁盘分区表只有 64 字节，而每条分区记录需要 16 字节，因此 MBR 格式最多支持 4 个主分区。MBR 分区的磁盘所支持的磁盘最大容量为 2.2TB。

（2）GPT 分区。

GPT 格式相较于 MBR 格式具有更高的性能，可提供容错功能，突破了 64 字节的固定大小限制，每块磁盘最多可以建立 128 个分区，所支持的磁盘最大容量超过 2.2TB。另外，GPT 分区在磁盘首尾部分保存了一份相同的分区表，其中一份分区表被破坏后，可以通过另一份分区表恢复，因此分区信息不易丢失。

2. 磁盘分区作用

没有经过分区的磁盘，是不能直接使用的。在计算机中出现的 C 盘、D 盘代表的就是磁盘分区的盘符。磁盘分区实质上是对磁盘的一种格式化，格式化后才能使用磁盘保存各种信息。磁盘分区能够优化磁盘管理，提高系统运行效率和安全性。具体来说，磁盘分区有以下优点。

（1）易于管理和使用。一个磁盘如果不分割空间而直接存储各种文件，则会让我们难以管理和使用。如果我们把磁盘分割开来形成不同的分区，把相同的文件放到同一个分区，则会方便管理和使用。

（2）有利于数据安全。将文件分区存放，即使中毒也会有充分的时间来采取措施防止病毒发挥作用并清除病毒，重做系统也只会丢失系统所在分区的数据而其他数据得以保存，这大大提高了数据的安全性。

（3）提高系统的运行效率。把不同类型的文件分开存放，在需要某个文件时可以直接到特定的分区去寻找，以节约寻找文件的时间。

3. 磁盘类型

Windows Server 2012 R2 网络操作系统依据磁盘的配置方式，将磁盘分为两种类型：基本磁盘和动态磁盘。

（1）基本磁盘。

基本磁盘是 Windows 中最常使用的默认磁盘类型。基本磁盘是一种包含主磁盘分区、扩展磁盘分区或逻辑分区的物理磁盘，新安装的磁盘默认为基本磁盘。基本磁盘上的分区被称为基本卷，只能在基本磁盘上创建基本卷，可以向现有分区添加更多空间，但仅限于同一物理磁盘上的连续未分配空间。如果要跨磁盘扩展空间，则需要使用动态磁盘。

（2）动态磁盘。

动态磁盘打破了分区只能使用连续的磁盘空间的限制。动态分区，可以灵活地使用多块磁盘上的空间。使用动态磁盘可获得更高的可扩展性、读写性能和可靠性。

计算机中新安装的磁盘会被自动标识为基本磁盘。动态磁盘可以由基本磁盘转换而成，转换完成之后可以创建更大范围的动态卷，也可以将卷扩展到多块磁盘。计算机可以在任何时候把基本磁盘转换为动态磁盘，而不丢失任何数据，基本磁盘现有的分区将被转换为卷。反之，如果将动态磁盘转换为基本磁盘，那么磁盘的数据将会丢失。

4. 磁盘分区

在使用基本磁盘类型管理磁盘时，首先要将磁盘划分为一个或多个磁盘分区。在 MBR 分区中每块磁盘最多可被划分为 4 个分区。为了划分更多分区，可以对某一分区进行扩展，在扩展分区上再次划分逻辑分区。

如果想支持更多分区，则可以把其中一个主分区划分为扩展分区，再在扩展分区上划分出更多的逻辑分区，逻辑分区的主要用途是突破主分区数量限制，更合理地规划磁盘空间来存放数据。因此，主分区和扩展分区的总数最多为 4 个，扩展分区最多只能有 1 个，而且扩展分区本身无法用来存放用户数据。主分区、扩展分区和逻辑分区的关系如图 6.1.1 所示。

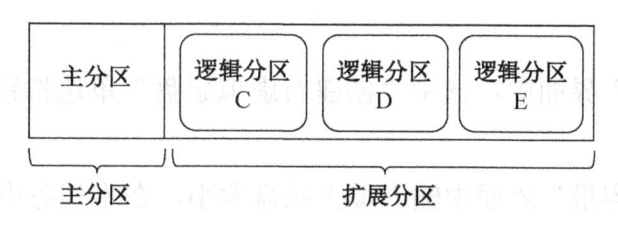

图 6.1.1 主分区、扩展分区和逻辑分区的关系

5. 磁盘格式化

磁盘格式化是指对磁盘或磁盘中的分区进行初始化的一种操作，这种操作通常会导致现有磁盘或分区中所有的文件被清除。

活动 2　配置基本磁盘的具体方法

1．添加磁盘

（1）选择虚拟机 Win2012-1，单击"编辑虚拟机设置"按钮，打开"虚拟机设置"对话框后单击"添加"按钮，如图 6.1.2 所示。

（2）在"硬件添加向导"对话框中，在"硬件类型"列表框中选择"硬盘"选项，然后单击"下一步"按钮，如图 6.1.3 所示。

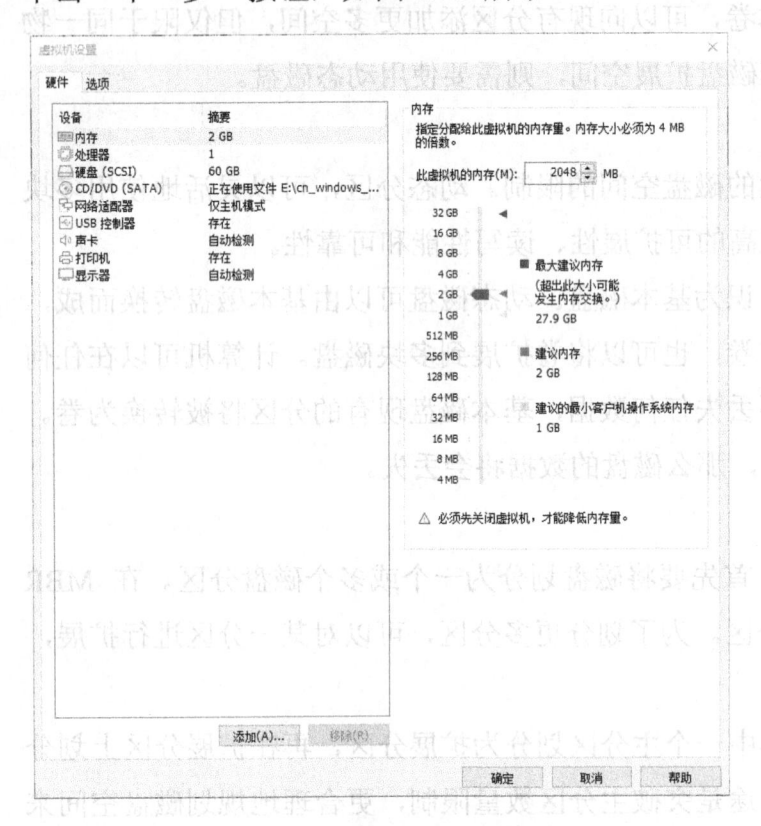

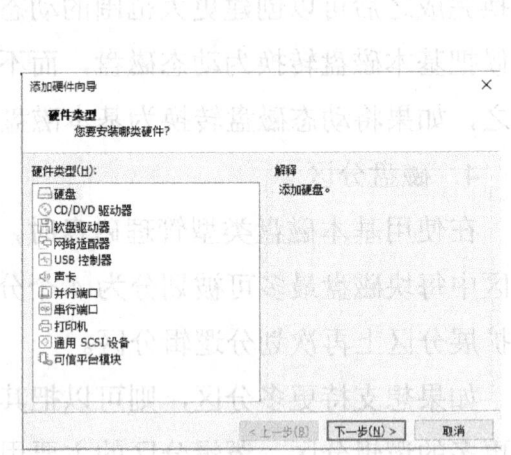

图 6.1.2　"虚拟机设置"对话框　　　　图 6.1.3　"添加硬件向导"对话框

（3）在"选择磁盘类型"界面中使用默认的"SCSI"类型，然后单击"下一步"按钮，如图 6.1.4 所示。

（4）在"选择磁盘"界面中，选中"创建新虚拟磁盘"单选按钮，然后单击"下一步"按钮，如图 6.1.5 所示。

（5）在"指定磁盘容量"界面中输入最大磁盘大小。在本任务中，添加一块 60GB 的磁盘，然后选中"将虚拟磁盘存储为单个文件"单选按钮，再单击"下一步"按钮，如图 6.1.6 所示。

（6）在"指定磁盘文件"界面中，输入磁盘文件名称，此处使用默认名称，然后单击"完成"按钮，如图 6.1.7 所示。

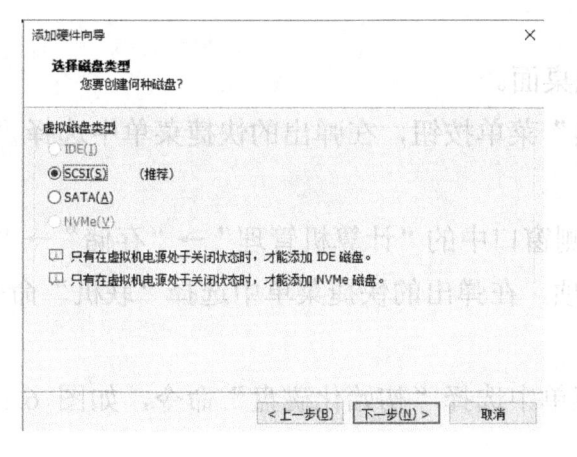

图 6.1.4 "选择磁盘类型"界面

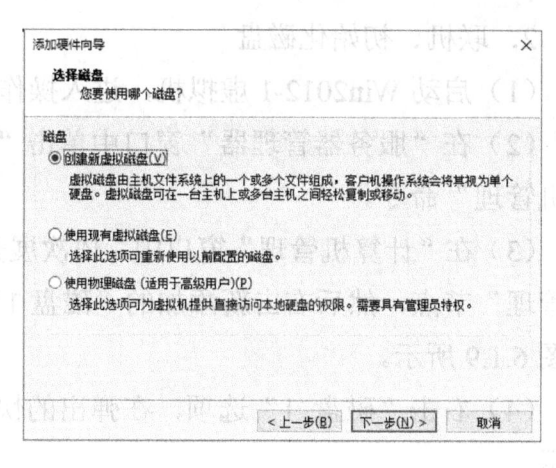

图 6.1.5 "选择磁盘"界面

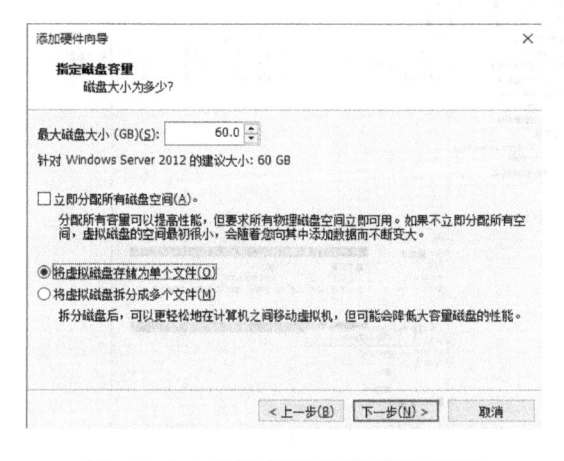

图 6.1.6 "指定磁盘容量"界面

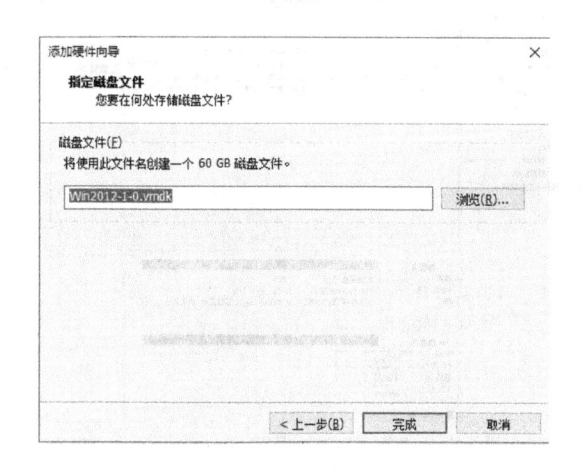

图 6.1.7 "指定磁盘文件"界面

（7）返回"虚拟机设置"对话框，单击"确定"按钮，如图 6.1.8 所示，至此，为虚拟机添加具有 SCSI 接口的磁盘成功。本项目的后续任务也可以参考上述步骤添加磁盘。

图 6.1.8 添加磁盘成功

2. 联机、初始化磁盘

（1）启动 Win2012-1 虚拟机，进入操作系统桌面。

（2）在"服务器管理器"窗口中单击"工具"菜单按钮，在弹出的快捷菜单中选择"计算机管理"命令。

（3）在"计算机管理"窗口中，依次展开左侧窗口中的"计算机管理"→"存储"→"磁盘管理"节点，然后右击新添加的"磁盘1"选项，在弹出的快捷菜单中选择"联机"命令，如图 6.1.9 所示。

（4）右击"磁盘 1"选项，在弹出的快捷菜单中选择"初始化磁盘"命令，如图 6.1.10 所示。

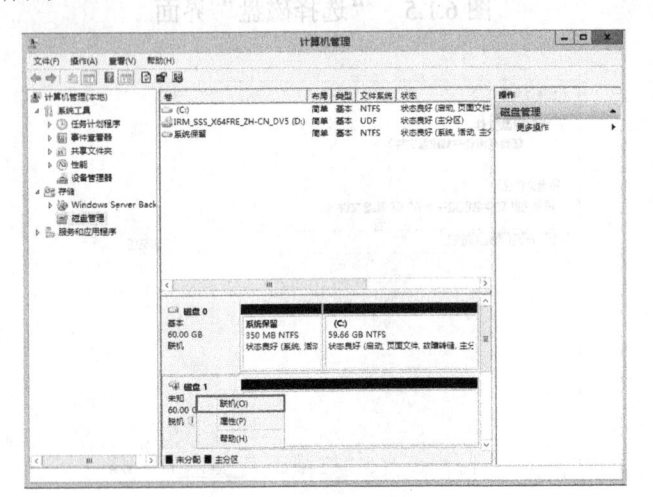

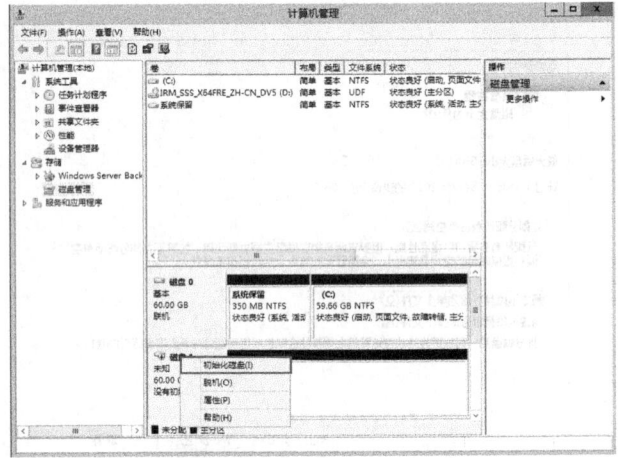

图 6.1.9　将磁盘联机

图 6.1.10　初始化磁盘

（5）在"初始化磁盘"对话框中勾选"磁盘1"复选框，分区形式采用默认的 MBR 格式，然后单击"确定"按钮，如图 6.1.11 所示。

（6）返回"计算机管理"窗口后，可以看到"磁盘1"已处于"联机"状态，如图 6.1.12 所示。

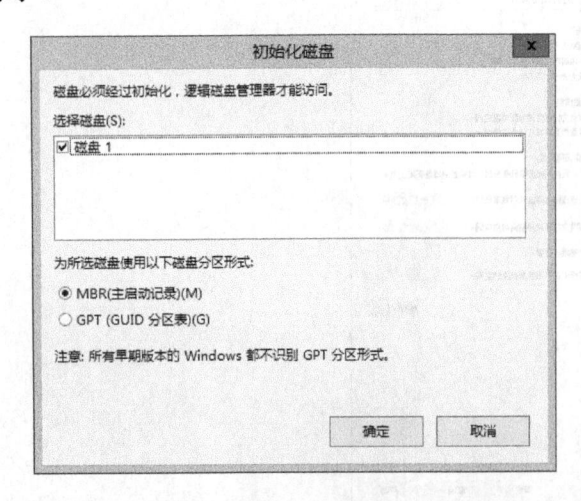

图 6.1.11　选择要初始化的磁盘和分区形式

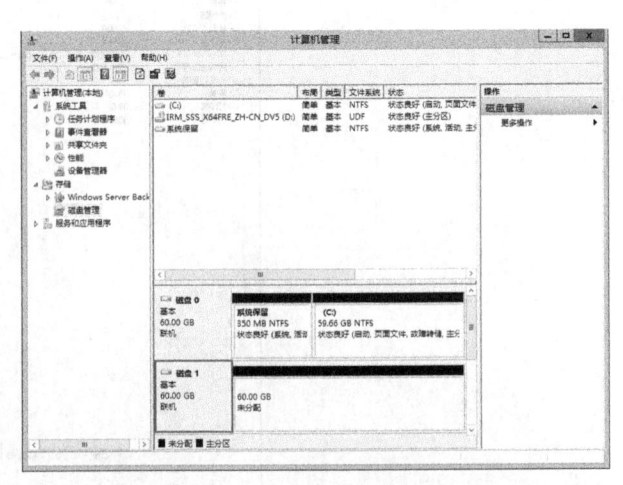

图 6.1.12　已处于"联机"状态

> **小贴士**
>
> 在计算机上创建新磁盘后，在创建分区之前必须先进行磁盘的初始化。

3．创建主分区

（1）右击"磁盘1"容量显示区域，在弹出的快捷菜单中选择"新建简单卷"命令，如图 6.1.13 所示。

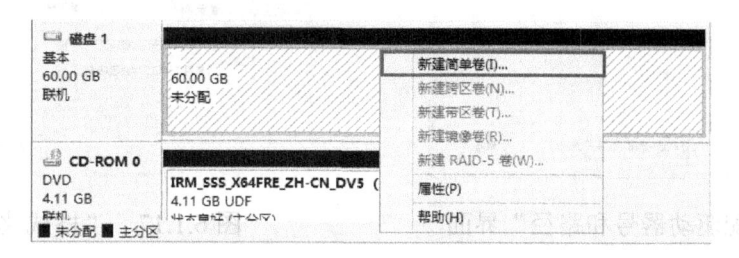

图 6.1.13　新建简单卷

（2）打开"新建简单卷向导"对话框，在"欢迎使用新建简单卷向导"界面中，单击"下一步"按钮，如图 6.1.14 所示。

（3）在"指定卷大小"界面中输入卷大小。在本任务中，将卷大小设置为 20480MB（20GB），然后单击"下一步"按钮，如图 6.1.15 所示。

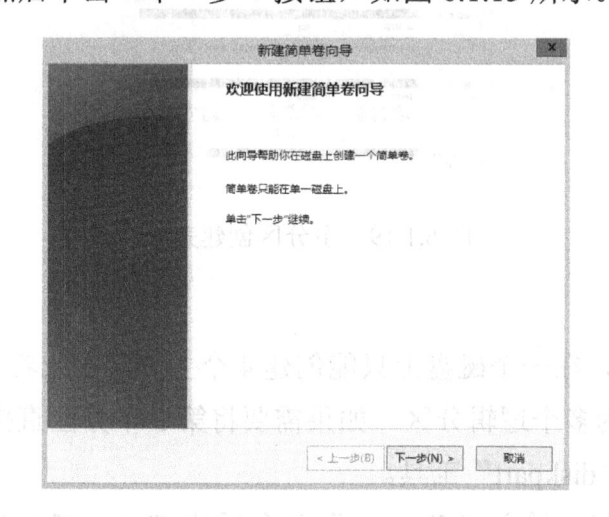

图 6.1.14　"欢迎使用新建简单卷向导"界面　　　　图 6.1.15　"指定卷大小"界面

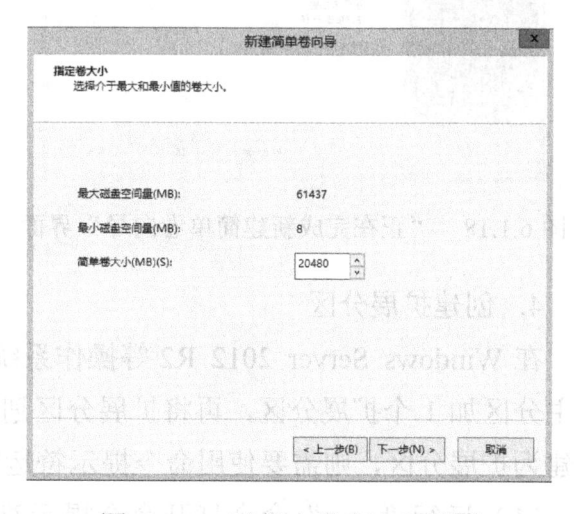

（4）在"分配驱动器号和路径"界面中选择驱动器号，本任务使用"E"作为驱动器号，然后单击"下一步"按钮，如图 6.1.16 所示。

（5）在"格式化分区"界面中，采用默认的文件系统"NTFS"，然后单击"下一步"按钮，如图 6.1.17 所示。

（6）在"正在完成新建简单卷向导"界面中查看汇总信息，确认无误后单击"完成"按钮，如图 6.1.18 所示。

（7）返回"计算机管理"窗口，可看到新建的简单卷"E:"。使用相同步骤在剩余磁盘空间中创建另一个简单卷"F:"，容量大小为 30GB。至此，主分区创建完成，如图 6.1.19 所示。

Windows Server 2012 R2 系统管理与服务器配置

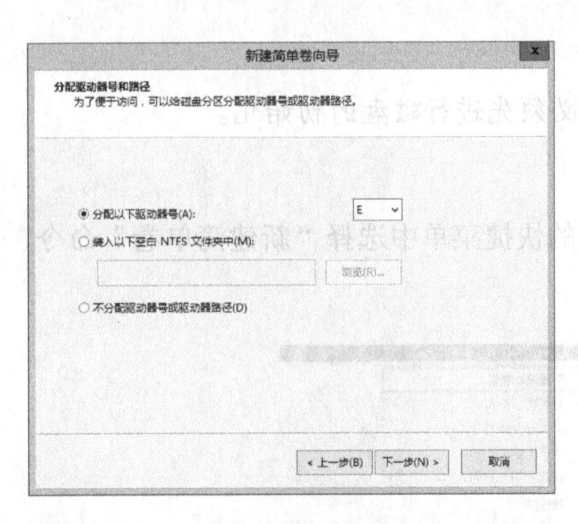

图 6.1.16　"分配驱动器号和路径"界面　　　图 6.1.17　"格式化分区"界面

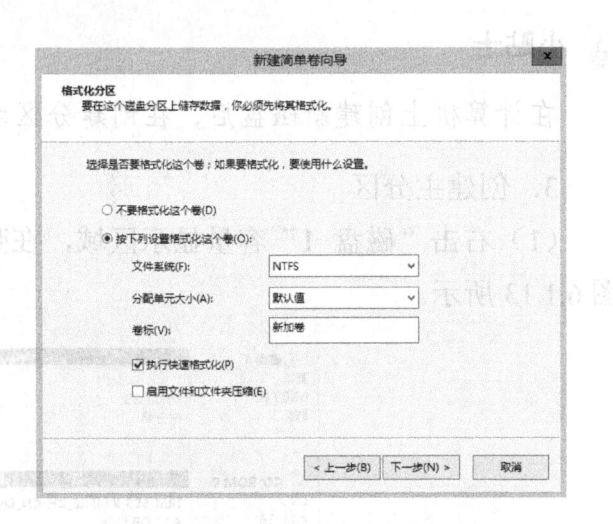

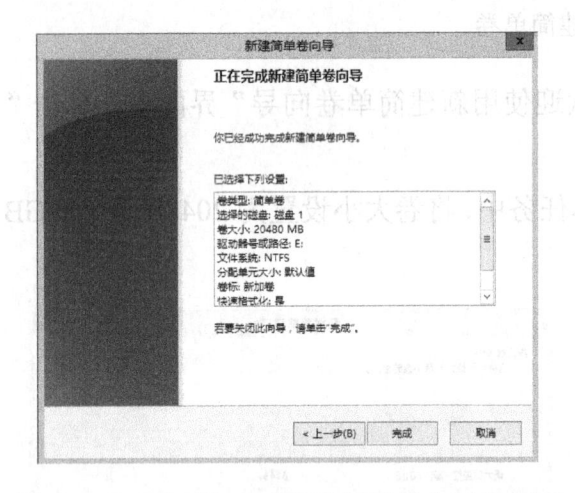

图 6.1.18　"正在完成新建简单卷向导"界面　　　图 6.1.19　主分区创建完成

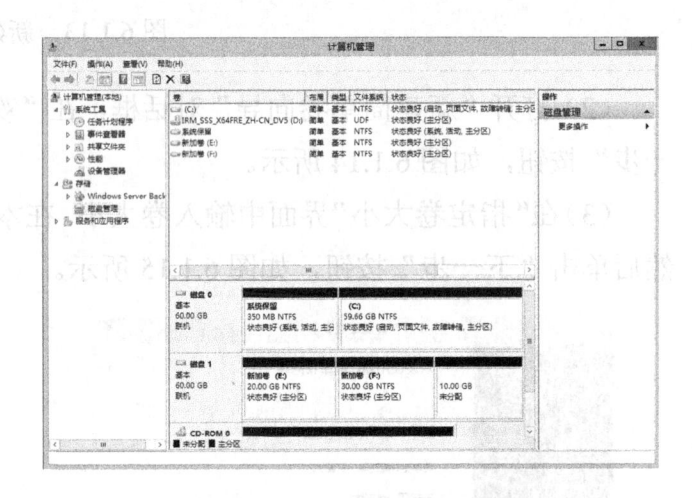

4. 创建扩展分区

在 Windows Server 2012 R2 等操作系统中，在一个磁盘上只能创建 4 个主分区，或者 3 个主分区加 1 个扩展分区，再将扩展分区划分为多个逻辑分区。如果需要将第 2 个分区直接创建为扩展分区，则需要使用命令提示符运行"diskpart"工具。

（1）运行"cmd"命令打开命令提示符窗口，输入"diskpart"命令后按 Enter 键，在"DISKPART>"提示符后依次输入表 6.1.1 中的命令，如图 6.1.20 和图 6.1.21 所示。

表 6.1.1　创建扩展分区 diskpart 命令表

diskpart 子命令	作　用	本任务检查点
list disk	显示磁盘列表	显示具有未分配空间的磁盘
select disk 1	选择磁盘 1	磁盘 1 成为所选磁盘
list partition	显示分区列表	显示现有的两个主要分区
create partition extended	将所有未分配空间创建为扩展分区	显示成功创建指定分区
list partition	显示分区列表	显示创建完成的扩展分区

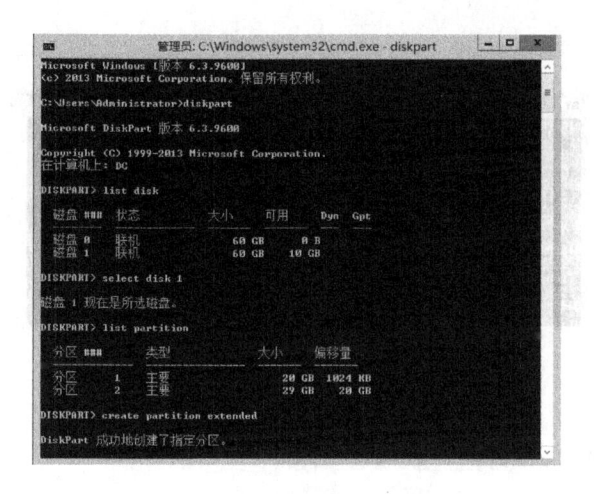

图 6.1.20　创建扩展分区　　　　　　　　图 6.1.21　查看扩展分区

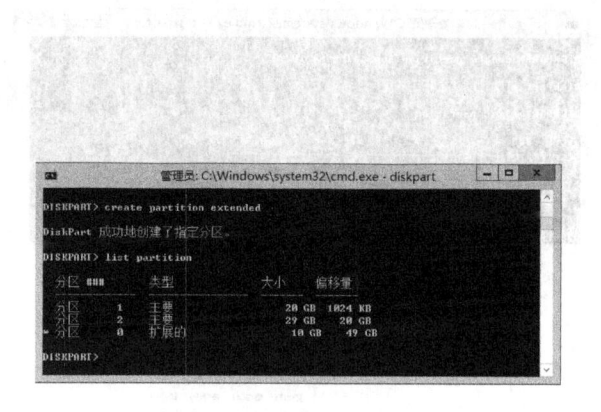

（2）再次打开"计算机管理"窗口，单击"磁盘管理"选项，即可以看到扩展分区，如图 6.1.22 所示。

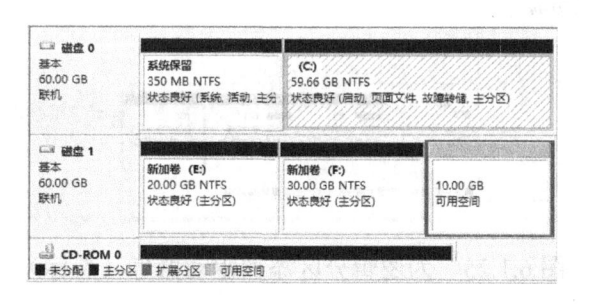

图 6.1.22　查看扩展分区

5．创建逻辑分区

方法一：

（1）在创建好的扩展分区的基础上，运行"cmd"命令打开命令提示符窗口，输入"diskpart"命令后按 Enter 键，然后在"DISKPART>"提示符后依次输入表 6.1.2 中的命令，如图 6.1.23 和图 6.1.24 所示。

表 6.1.2　创建逻辑分区 diskpart 命令表

diskpart 子命令	作　用	本任务检查点
list disk	显示磁盘列表	显示具有未分配空间的磁盘
select disk 1	选择磁盘 1	磁盘 1 成为所选磁盘
list partition	显示分区列表	显示现有的两个主要分区
create partition logical size=10240	在扩展分区内创建逻辑分区（单位为 MB）	显示成功创建指定分区
list partition	显示分区列表	显示创建完成的逻辑分区
format quick	快速格式化	显示格式化完成

（2）再次打开"计算机管理"窗口，单击"磁盘管理"选项，即可看到逻辑分区。右击该逻辑分区，在弹出的快捷菜单中选择"更改驱动器号和路径"命令，然后指定一个驱动器

号，如图 6.1.25 所示。

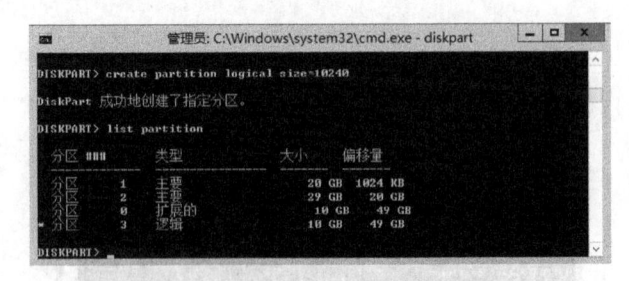

图 6.1.23　在扩展分区中创建逻辑分区

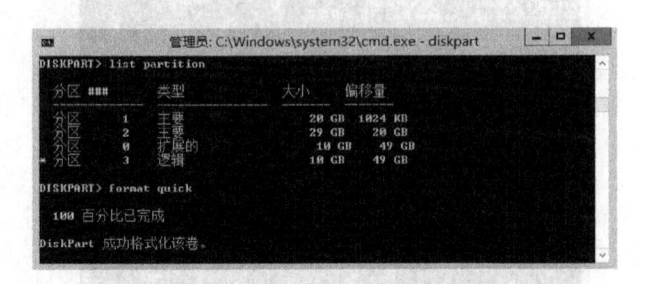

图 6.1.24　快速格式化

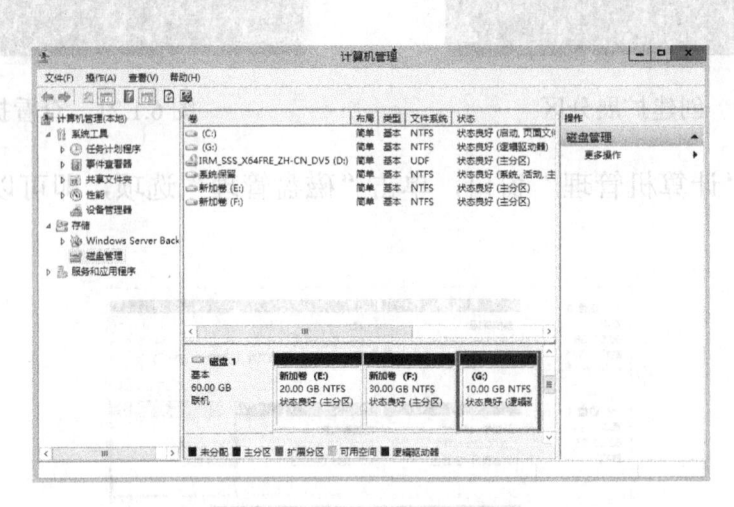

图 6.1.25　为逻辑分区添加驱动器号（卷标）

方法二：

右击"扩展分区"容量显示区域，在弹出的快捷菜单中选择"新建简单卷"命令，如图 6.1.26 所示，后续步骤与创建主分区的操作基本相同。

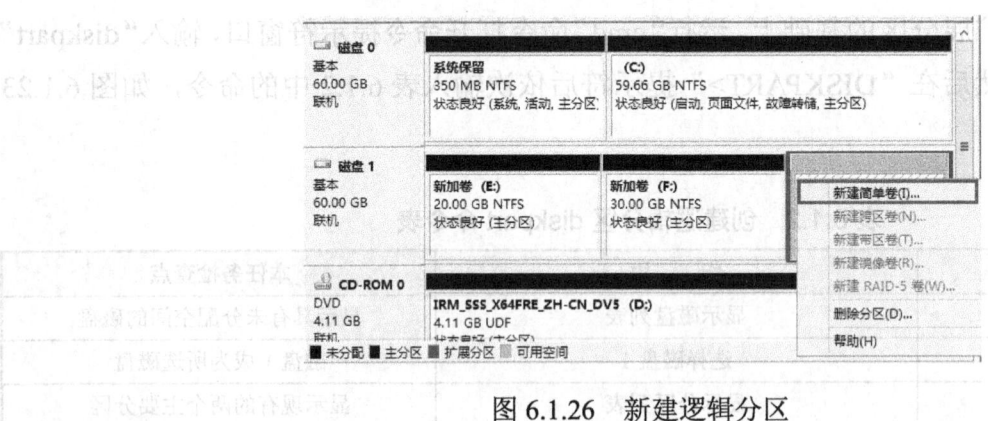

图 6.1.26　新建逻辑分区

6. 删除分区

当删除主分区时，只需要右击要删除的分区，在弹出的快捷菜单中选择"删除卷"命令，按提示完成即可。当删除扩展分区时，必须先删除其中的逻辑分区（与删除主分区的方法相同），再右击扩展分区，在弹出的快捷菜单中选择"删除分区"命令，按提示完成相应操作。

任务小结

（1）典型的磁盘分区格式有两种，对应着两种磁盘分区表——MBR 和 GPT。

（2）在 MBR 分区中每个磁盘最多可被划分为 4 个分区，为了划分更多的分区，可以对某一分区进行扩展，在扩展分区上再次划分逻辑分区。

任务 6.2　配置动态磁盘

任务描述

某公司的员工经常抱怨服务器的访问速度慢，而且网络管理员小赵也发现服务器的磁盘空间即将用满，他决定添置大容量的磁盘用于网络存储、文件共享等。

任务要求

公司的磁盘管理需求，可以通过动态磁盘管理技术来实现：建立一个新的简单卷，并分配一个驱动器号来增加一个盘符；使用跨区卷将多个磁盘的空间组成一个卷；等等。针对提高网络访问可靠性和速度等问题，可以使用带区卷、镜像卷、RAID-5 卷等技术来解决。小赵准备动手配置动态磁盘，具体要求如下。

（1）在虚拟机 Win2012-2 上添加两块磁盘，大小分别为 40GB 和 20GB，对新添加的磁盘进行联机和初始化及转化为动态磁盘，并完成跨区卷的创建。

（2）在虚拟机 Win2012-3 上添加两块磁盘，大小均为 20GB，对新添加的磁盘进行联机和初始化及转化为动态磁盘，并完成带区卷的创建。

（3）在虚拟机 Win2012-4 上添加两块磁盘，大小均为 30GB，对新添加的磁盘进行联机和初始化及转化为动态磁盘，并完成镜像卷的创建。

（4）在虚拟机 Win2012-5 上添加三块磁盘，大小均为 60GB，对新添加的磁盘进行联机和初始化及转化为动态磁盘，并完成 RAID-5 卷的创建。

任务实施

活动 1　认识动态磁盘

动态磁盘强调磁盘的扩展性，一般用于创建跨越多个磁盘的卷。例如，跨区卷、带区卷、镜像卷、RAID-5 卷，动态磁盘也支持简单卷。

1. RAID

独立磁盘冗余阵列（Redundant Arrays of Independent Disks，RAID）的概念来自美国加利福尼亚大学伯克利分校的一个研究 CPU 性能的小组，为提升磁盘的性能，该小组将很多价格较便宜的（Inexpensive）磁盘组合成一个容量更大、速度更快、能够实现冗余备份的磁盘阵列（Array）。这样，即使某一个磁盘发生故障，也能够重新同步数据。现在，RAID 更侧重于由独立的（Independent）磁盘组成。

2. 硬 RAID 和软 RAID

RAID 可分为硬 RAID 和软 RAID。其中，软 RAID 是通过软件实现多块磁盘冗余的，而硬 RAID 一般通过 RAID 卡来实现多块磁盘冗余。软 RAID 的配置相对简单，管理也比较灵活，对于中小企业来说不失为一种最佳选择；而硬 RAID 往往花费较高，不过，硬 RAID 在性能方面具有一定的优势。

3. RAID 级别

RAID 作为高性能的存储系统，已经得到了越来越广泛的应用。从概念的提出到现在，RAID 已经发展出了多个级别，如 0、1、2、3、4、5 等。常用的 RAID 技术及其特点见表 6.2.1。

表 6.2.1　常用的 RAID 技术及其特点

RAID 技术	特　点
RAID 0	存取速度最快，没有容错功能（带区卷）
RAID 1	完全容错，成本高，磁盘使用率低（镜像卷）
RAID 3	写入性能最好，没有多任务功能
RAID 4	具备多任务及容错功能，但奇偶检验磁盘驱动器会造成性能瓶颈
RAID 5	具备多任务及容错功能，写入时有额外开销
RAID 01	速度快，完全容错，成本高

下面将简单介绍 RAID 0、RAID 1、RAID 5、RAID 01 和 RAID 10。

（1）RAID 0。

RAID 0 是一种简单的、无数据校验功能的数据条带化技术。它实际上并非真正意义上的 RAID 技术，因为它并不提供任何形式的冗余策略。RAID 0 将所在磁盘条带化后组成大容量的存储空间，如图 6.2.1 所示。RAID 0 将数据分散存储在所有磁盘中，以独立访问方式实现多块磁盘的并行访问。由于可以并发执行 I/O 操作，总线带宽得到充分利用，再加上不需要进行数据校验，RAID 0 的性能在所有 RAID 技术中是最高的。从理论上讲，一个由 n 块磁盘组成的 RAID 0，读写性能是单个磁盘性能的 n 倍，但由于总线带宽等多种因素的限制，实际性能的提升往往低于理论值。

RAID 0 具有低成本、高读写性能、100%高存储空间利用率等优点，但是它不提供数据冗余保护，数据一旦损坏就无法恢复。因此，RAID 0 一般适用于对性能要求高但对数据安全性和可靠性要求不高的场合，如视频、音频存储、临时数据缓存空间等。

（2）RAID 1。

RAID 1 称为镜像，它将数据完全一致地分别写入工作磁盘和镜像磁盘，它的磁盘空间利用率为 50%。利用 RAID 1 写入数据时，响应时间会受到影响，但是在读取数据时没有影响。

RAID 1 提供了最佳的数据保护，一旦工作磁盘发生故障，系统就会自动从镜像磁盘读取数据，不会影响用户工作。RAID 1 无校验的相互镜像如图 6.2.2 所示。

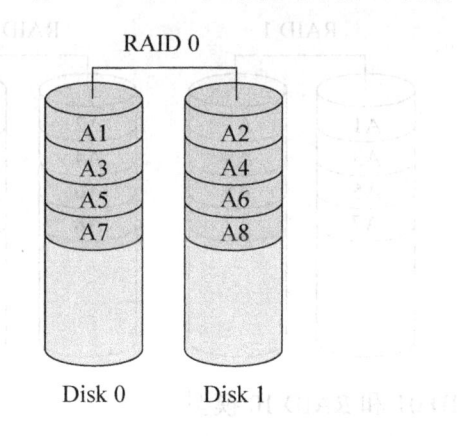

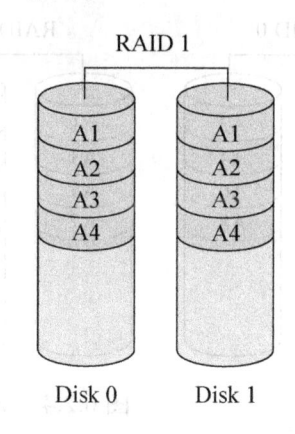

图 6.2.1　RAID 0 无冗余的数据条带

图 6.2.2　RAID 1 无校验的相互镜像

（3）RAID 5。

RAID 5 是目前最常见的 RAID 技术，可以同时存储数据和校验数据。数据块和对应的校验信息保存在不同的磁盘上，当一个数据盘损坏时，系统可以根据同一数据条带的其他数据块和对应的校验数据来重建损坏的数据。与其他 RAID 技术一样，重建数据时，RAID 5 的性能会受到很大影响。RAID 5 带分散校验的数据条带如图 6.2.3 所示。

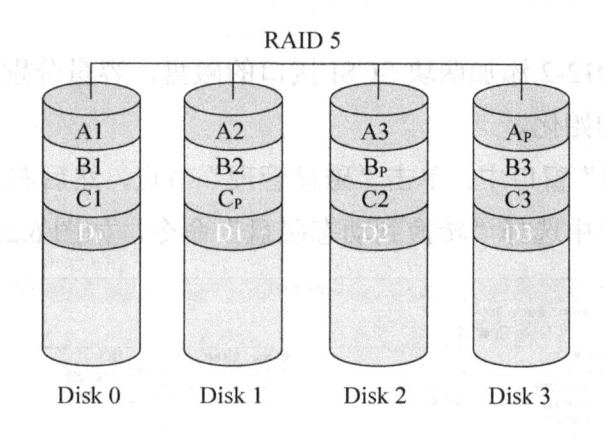

图 6.2.3　RAID 5 带分散校验的数据条带

RAID 5 平衡了存储性能、数据安全和存储成本等方面的因素，可以将其视为 RAID 0 和 RAID 1 的折中方案，是目前综合性能最佳的数据保护方案。RAID 5 基本上可以满足大部分的存储应用需求，数据中心大多将它作为应用数据的保护方案。

（4）RAID 01 和 RAID 10。

RAID 01 是先进行条带化再进行镜像的技术，其本质是对物理磁盘的镜像；而 RAID 10 是先进行镜像再进行条带化的技术，其本质是对虚拟磁盘的镜像。在相同的配置下，通常 RAID 01 比 RAID 10 具有更好的容错能力。典型的 RAID 01 和 RAID 10 模型如图 6.2.4 所示。

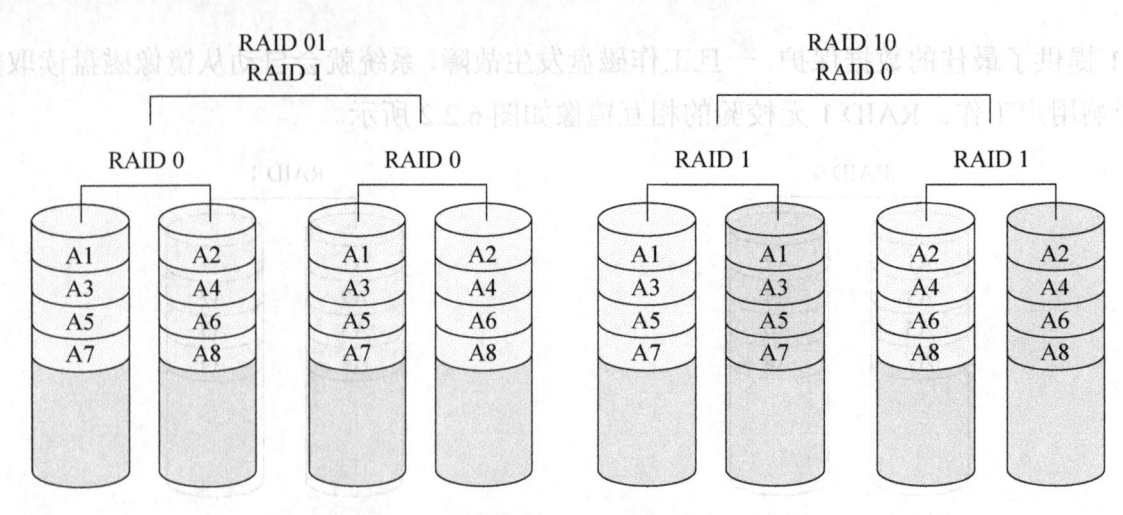

图 6.2.4 典型的 RAID 01 和 RAID 10 模型

RAID 10 兼具 RAID 0 和 RAID 1 的优点,它先用两块磁盘建立镜像,然后在镜像内部进行条带化。RAID 10 的数据将同时写入两个磁盘阵列,当其中一个磁盘阵列损坏时,仍可以继续工作,在保证数据安全性的同时又提高了性能。RAID 01 和 RAID 10 内部都含有 RAID 1,因此磁盘的利用率仅为 50%。

活动 2　配置动态磁盘

1．新建跨区卷

(1) 为虚拟机 Win2012-2 添加两块 SCSI 接口的磁盘,容量分别为 40GB 和 20GB。

(2) 将磁盘联机、初始化。

(3) 在"计算机管理"窗口中,单击"磁盘管理"节点,然后右击"磁盘 1"或"磁盘 2"选项,在弹出的快捷菜单中选择"转换到动态磁盘"命令,如图 6.2.5 所示。

图 6.2.5　转换到动态磁盘

(4) 在"转换为动态磁盘"对话框中勾选"磁盘 1"和"磁盘 2"复选框,然后单击"确定"按钮完成转换,如图 6.2.6 所示。

(5)在"计算机管理"窗口中,单击"磁盘管理"节点,然后右击"磁盘 1"选项,在弹出的快捷菜单中选择"新建跨区卷"命令打开"新建跨区卷"对话框,如图 6.2.7 所示。

图 6.2.6 "转换为动态磁盘"对话框　　　　图 6.2.7 新建跨区卷

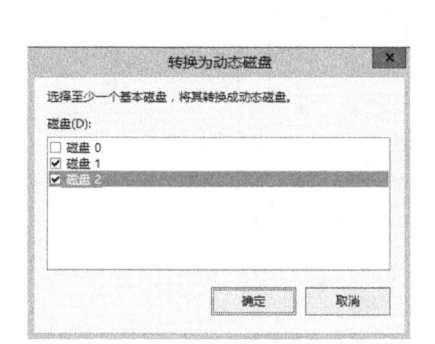

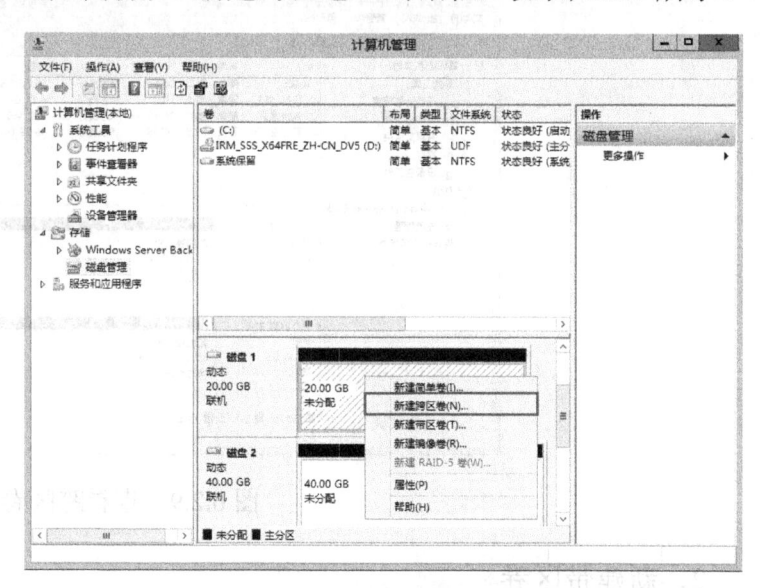

(6)在"欢迎使用新建跨区卷向导"界面中单击"下一步"按钮。

(7)在"选择磁盘"界面中选择"可用"列表框中的"磁盘 2"选项,然后单击"添加"按钮将"磁盘 2"选项移动到"已选的"列表框中,如图 6.2.8 所示。

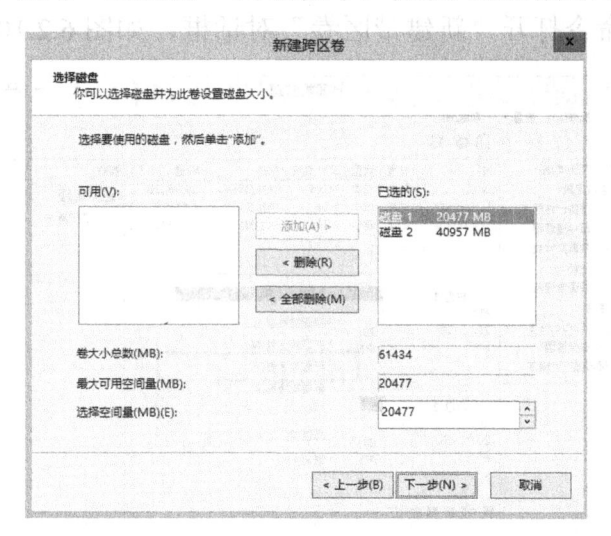

图 6.2.8 设置需要新建跨区卷的磁盘

(8)在"分配驱动器号和路径"界面中,为跨区卷分配磁盘驱动器号,本任务使用默认的磁盘驱动器号"E",然后单击"下一步"按钮。

(9)在"卷区格式化"对话框中,设置文件系统类型为"NTFS",勾选"执行快速格式化"复选框,然后单击"下一步"按钮。

(10)在"正在完成新建跨区卷向导"界面中单击"完成"按钮。

（11）返回"计算机管理"窗口，单击"磁盘管理"节点，可以看到"磁盘1"和"磁盘2"共同组成了跨区卷"E:"，卷容量为60GB，如图6.2.9所示。

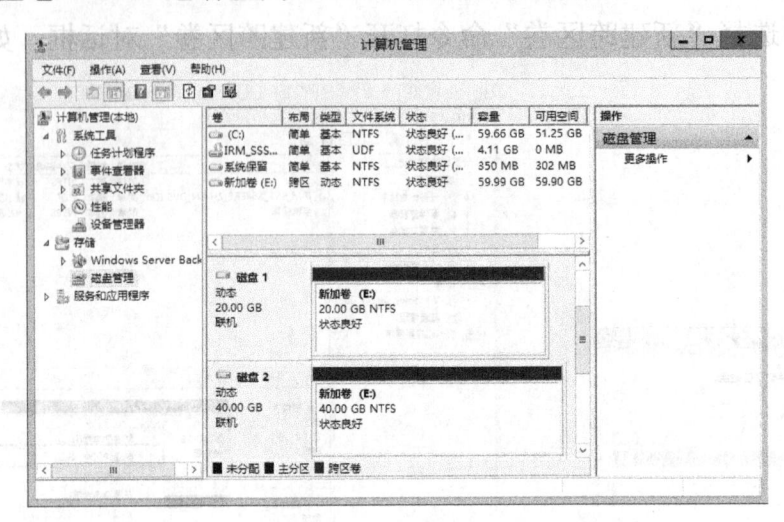

图 6.2.9　查看跨区卷

2．新建带区卷

（1）为虚拟机 Win2012-3 添加两块 SCSI 接口的磁盘，容量均为 20GB。

（2）将磁盘联机、初始化。

（3）将两块磁盘转换为动态磁盘。

（4）右击要组成带区卷的磁盘选项，本任务中右击"磁盘 1"选项，在弹出的快捷菜单中选择"新建带区卷"命令打开"新建带区卷"对话框，如图 6.2.10 所示。

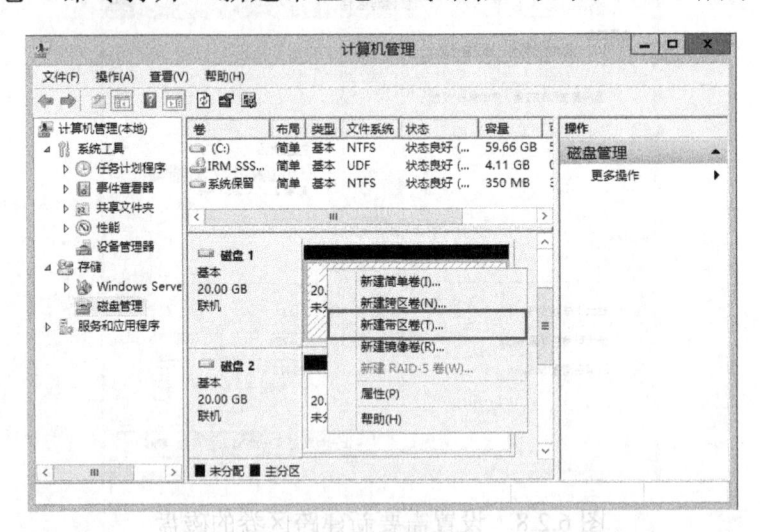

图 6.2.10　新建带区卷

（5）在"欢迎使用新建带区卷向导"界面中，单击"下一步"按钮。

（6）在"选择磁盘"界面中选择"可用"列表框中的"磁盘 2"选项，然后单击"添加"按钮将"磁盘 2"选项移动到"已选的"列表框中。

（7）在"分配驱动器号和路径"界面中，为带区卷分配磁盘驱动器号，本任务使用默认的磁盘驱动器号"F",然后单击"下一步"按钮。

(8)在"卷区格式化"对话框中,设置文件系统类型为"NTFS",勾选"执行快速格式化"复选框,然后单击"下一步"按钮。

(9)在"正在完成新建带区卷向导"界面中单击"完成"按钮。

(10)返回"计算机管理"窗口,单击"磁盘管理"节点,可以看到"磁盘1"和"磁盘2"共同组成了带区卷"F:",卷容量为40GB,如图6.2.11所示。

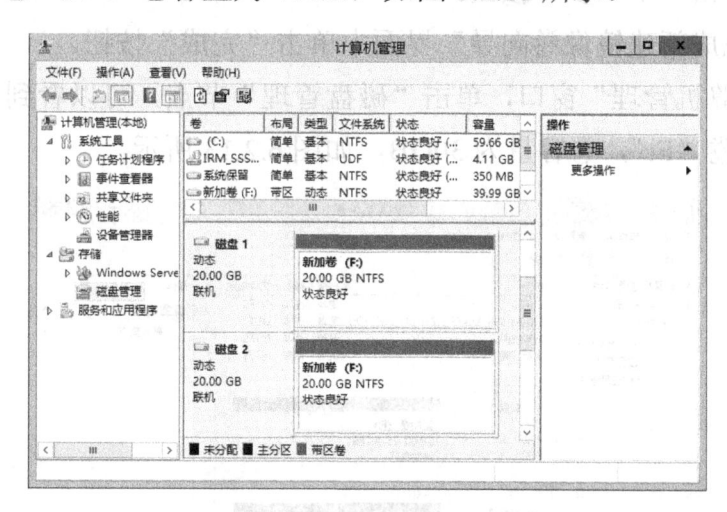

图 6.2.11　查看带区卷

3. 新建镜像卷

(1)为虚拟机Win2012-4添加两块SCSI接口的磁盘,容量均为30GB。

(2)将磁盘联机、初始化。

(3)将两块磁盘转换为动态磁盘。

(4)右击要组成镜像卷的磁盘选项,本任务中右击"磁盘1"选项,在弹出的快捷菜单中选择"新建镜像卷"命令打开"新建镜像卷"对话框,如图6.2.12所示。

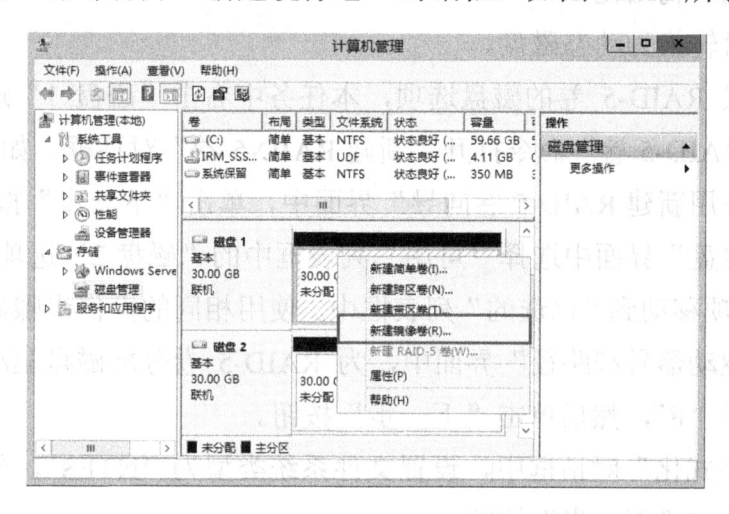

图 6.2.12　新建镜像卷

(5)在"欢迎使用新建镜像卷向导"界面中,单击"下一步"按钮。

(6)在"选择磁盘"界面中选择"可用"列表框中的"磁盘 2"选项,然后单击"添加"按钮将"磁盘 2"选项移动到"已选的"列表框中。

(7)在"分配驱动器号和路径"界面中,为镜像卷分配磁盘驱动器号,本任务使用默认的磁盘驱动器号"F",然后单击"下一步"按钮。

(8)在"卷区格式化"对话框中,设置文件系统类型为"NTFS",勾选"执行快速格式化"复选框,然后单击"下一步"按钮。

(9)在"正在完成新建镜像卷向导"界面中单击"完成"按钮。

(10)返回"计算机管理"窗口,单击"磁盘管理"节点,可以看到"磁盘 1"和"磁盘 2"共同组成了镜像卷"F:",卷容量为 30GB,如图 6.2.13 所示。

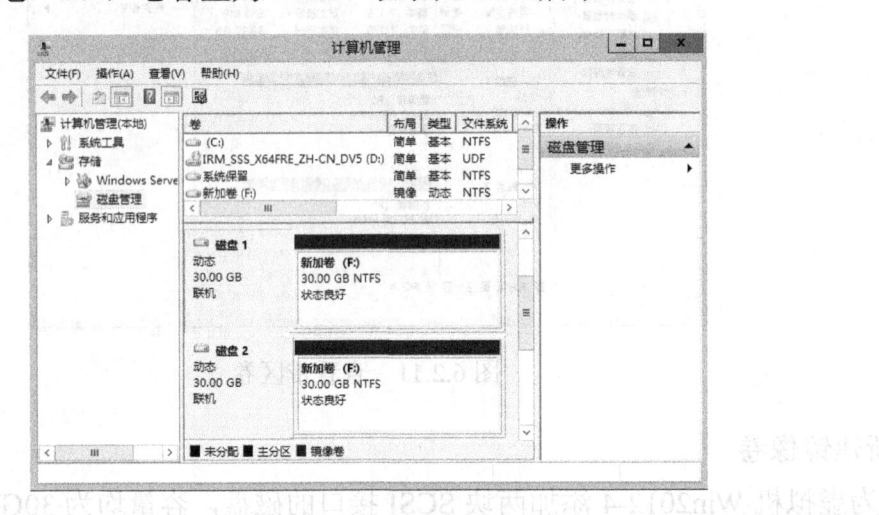

图 6.2.13 查看镜像卷

4. 新建 RAID-5 卷

(1)为虚拟机 Win2012-5 添加 3 块 SCSI 接口的磁盘,容量均为 60GB。

(2)将磁盘联机、初始化。

(3)将 3 块磁盘转换为动态磁盘。

(4)右击要组成 RAID-5 卷的磁盘选项,本任务中右击"磁盘 1"选项,在弹出的快捷菜单中选择"新建 RAID-5 卷"命令打开"新建 RAID-5 卷"对话框,如图 6.2.14 所示。

(5)在"欢迎使用新建 RAID-5 卷向导"界面中,单击"下一步"按钮。

(6)在"选择磁盘"界面中选择"可用"列表框中的"磁盘 2"选项,然后单击"添加"按钮将"磁盘 2"选项移动到"已选的"列表框中。使用相同的操作步骤添加"磁盘 3"选项。

(7)在"分配驱动器号和路径"界面中,为 RAID-5 卷分配磁盘驱动器号,本任务使用默认的磁盘驱动器号"F",然后单击"下一步"按钮。

(8)在"卷区格式化"对话框中,设置文件系统类型为"NTFS",勾选"执行快速格式化"复选框,然后单击"下一步"按钮。

图 6.2.14　新建 RAID-5 卷

（9）在"正在完成新建 RAID-5 卷向导"界面中，单击"完成"按钮。

（10）返回"计算机管理"窗口，可以看到"磁盘 1""磁盘 2""磁盘 3"共同组成了 RAID-5 卷"F:"，卷容量为 120GB，如图 6.2.15 所示。

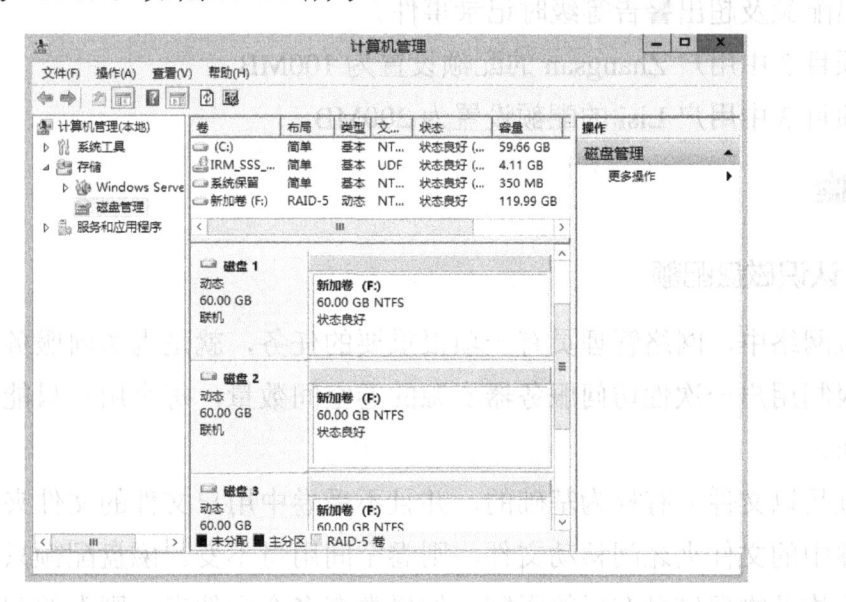

图 6.2.15　查看 RAID-5 卷

任务小结

（1）基本磁盘可以转换为动态磁盘，基本磁盘只支持简单卷，而动态磁盘则支持多种卷。

（2）动态磁盘强调了磁盘的扩展性，一般用于创建跨越多个磁盘的卷。在实际工作中，要根据存储的实际需求对动态磁盘进行合理的卷管理。

任务 6.3　管理磁盘配额

任务描述

某公司的网络管理员小赵，在公司的文件服务器上安装了新的磁盘，但是公司员工经常将一些和工作无关的数据存放在服务器上，这导致了磁盘空间的不足。于是，小赵准备利用磁盘配额技术来解决此问题。

任务要求

Windows Server 2012 R2 提供了磁盘配额功能以限制用户对磁盘空间的无限使用，即通过设置磁盘配额来规定用户可以使用的磁盘空间大小。如果系统发现用户对磁盘空间的使用接近或超过配额，就会发出警告或阻止用户对磁盘的写入，具体要求如下。

（1）启用配额管理，拒绝将磁盘空间分给超配额使用的用户。
（2）超出配额及超出警告等级时记录事件。
（3）将项目 3 中用户 Zhangsan 的配额设置为 100MB。
（4）将项目 3 中用户 Lisi 的配额设置为 200MB。

任务实施

活动 1　认识磁盘配额

在计算机网络中，网络管理员有一项很重要的任务，就是为访问服务资源的用户设置磁盘配额，即限制用户一次性访问服务器资源的卷空间数量，每个用户只能使用最大配额范围内的磁盘空间。

磁盘配额是以文件所有权为基础的，并且不受卷中用户文件的文件夹位置限制。如果用户在同一个卷中的文件夹之间移动文件，则卷空间用量不变。磁盘配额只适用于卷，且不受卷的文件夹结构及物理磁盘布局的限制。如果卷有多个文件夹，则卷的配额将应用于该卷中的所有文件夹。如果单块磁盘有多个卷，并且配额是针对每个卷的，则卷的配额只适用于特定的卷。

管理磁盘配额，可以根据用户所拥有的文件和文件夹来分配磁盘空间；可以设置磁盘配额、配额上限，以及对所有用户或单个用户的配额进行限制；还可以监视用户已经占用的磁盘空间和它们的配额剩余量。当用户安装应用程序，并且将文件存放到指定的启用配额管理的磁盘中时，应用程序检测到的可用容量不是磁盘的最大容量，而是用户还可以访问的最大磁盘空间。Windows Server 2012 R2 的磁盘配额管理功能在每个磁盘驱动器上是独立的，也就是说，用户在一个磁盘驱动器上使用了多少磁盘空间，对另外一个磁盘驱动器上的配额并无影响。

在启用配额管理时，可以设置以下两个值。

（1）磁盘配额，指定允许用户使用的磁盘空间容量。

（2）磁盘配额警告级别，指定用户接近其配额限制的值。

可以设置当用户使用磁盘空间达到磁盘配额的警告值后，记录事件，警告用户磁盘空间不足；当用户使用磁盘空间达到磁盘配额的最大值时，限制用户继续写入数据并记录事件。系统管理员还可以指定用户所能超过的配额限制。如果不想拒绝用户对卷的访问但想跟踪每个用户的磁盘空间的使用情况，则启用配额管理且不限制磁盘空间的使用。

只有 Administrators 组的用户有权启用配额管理，而且 Administrators 组的用户不受磁盘配额的限制。磁盘配额的大小与卷本身的大小无关。例如，卷的大小是 200MB，有 100 个用户要使用该卷，则可以为每个用户设置磁盘配额 100MB。

要在卷上启用配额管理，则该卷的文件系统必须是 NTFS 格式。

活动2　配置磁盘配额

1. 启用配额管理

右击需要启用配额管理的卷（本任务使用"F"盘），在弹出的快捷菜单中选择"属性"命令，在卷的属性对话框中打开"配额"选项卡，勾选"启用配额管理"和"拒绝将磁盘空间给超过配额限制的用户"复选框，如图 6.3.1 所示。

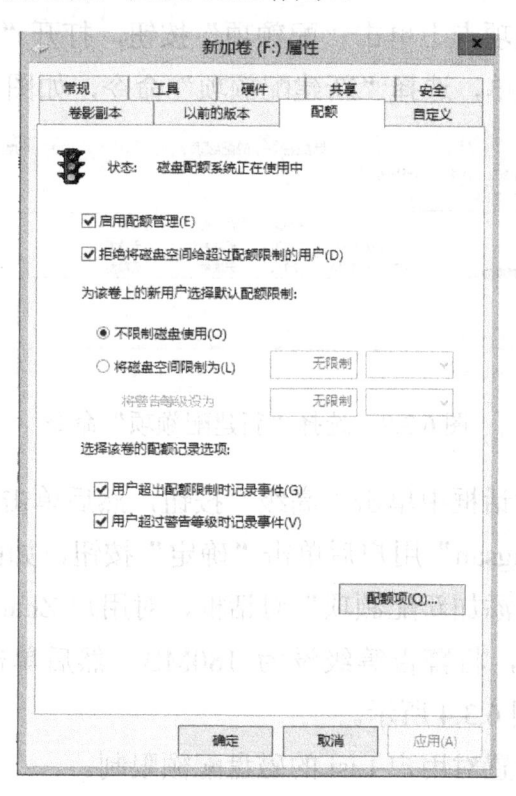

图 6.3.1　"配额"选项卡

Windows Server 2012 R2 系统管理与服务器配置

💡 **小贴士**

配额选项卡各选项功能如下。

- 拒绝将磁盘空间给超过配额限制的用户：当某个用户占用的磁盘空间达到了配额的限制时，就不能再使用新的磁盘空间，系统会提示"磁盘空间不足"。
- 不限制磁盘使用：管理员不限制用户对卷空间的使用，只对用户的使用情况进行跟踪。
- 将磁盘空间限制为：限制用户使用磁盘空间的数量和单位，该设置是针对所有用户的默认值。
- 将警告等级设为：当用户使用的磁盘空间超过警告等级时，系统会及时地给用户发出警告。警告等级的设置应该不大于磁盘配额的限制。
- 用户超出配额限制时记录事件：当用户使用的磁盘空间超过配额限制时，系统会在本地计算机的日志文件中记录该事件。
- 用户超过警告等级时记录事件：当用户使用的磁盘空间超过警告等级时，系统会在本地计算机的日志文件中记录该事件。

2. 设置单个用户磁盘配额

系统管理员可以为用户分别设置磁盘配额，让经常更新应用程序的用户有一定的磁盘空间，而限制其他非经常登录用户的磁盘空间；也可以对经常超出限制使用磁盘空间的用户设置较低的警告等级，这样更有利于管理用户及提高磁盘空间的利用率。

（1）在卷的"配额"选项卡上单击"配额项"按钮，打开"新加卷（F:）的配额项"对话框，然后展开"配额"菜单，选择"新建配额项"命令，如图 6.3.2 所示。

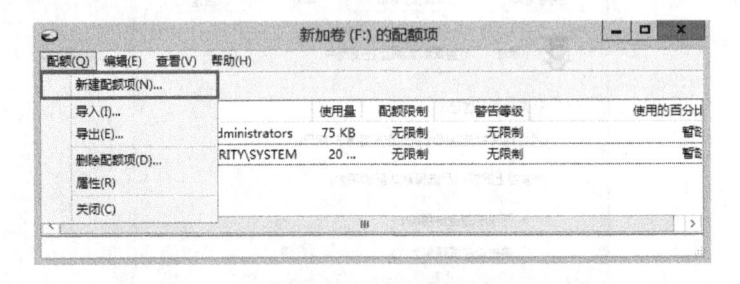

图 6.3.2　选择"新建配额项"命令

（2）在"选择用户"对话框中单击"高级"按钮，然后单击"立即查找"按钮，在"搜索结果"列表中选择"Zhangsan"用户后单击"确定"按钮，如图 6.3.3 所示。

（3）打开所选用户的"添加新配额项"对话框，对用户 Zhangsan 的配额限制进行设置，将磁盘空间限制为 200MB，将警告等级设为 180MB，然后单击"确定"按钮完成对用户 Zhangsan 的配额设置，如图 6.3.4 所示。

（4）按照上面的步骤设置对用户 Lisi 的磁盘配额限制。

（5）用户 Zhangsan 和 Lisi 的磁盘配额限制设置完毕后，可以监控每个用户的磁盘空间使用情况，如图 6.3.5 所示。

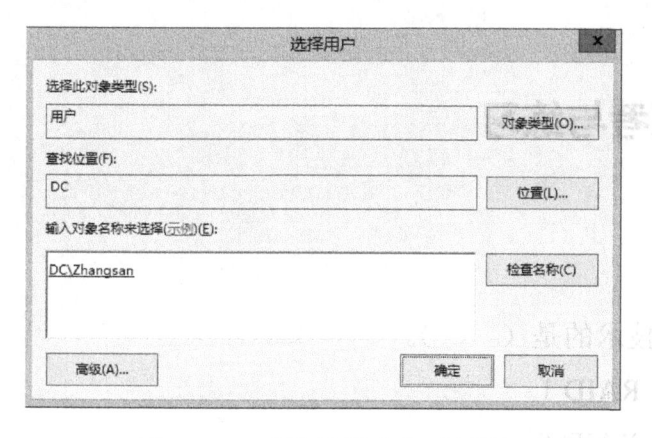

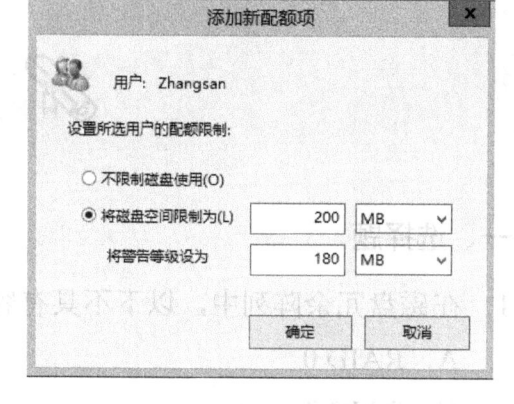

图 6.3.3　"选择用户"对话框

图 6.3.4　用户的配额设置

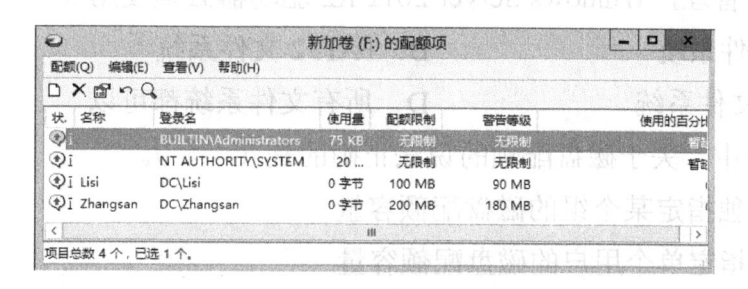

图 6.3.5　监控用户的磁盘空间使用情况

3．测试用户磁盘配额

使用账户 Zhangsan 登录系统，查看 F 盘空间大小，如图 6.3.6 所示。

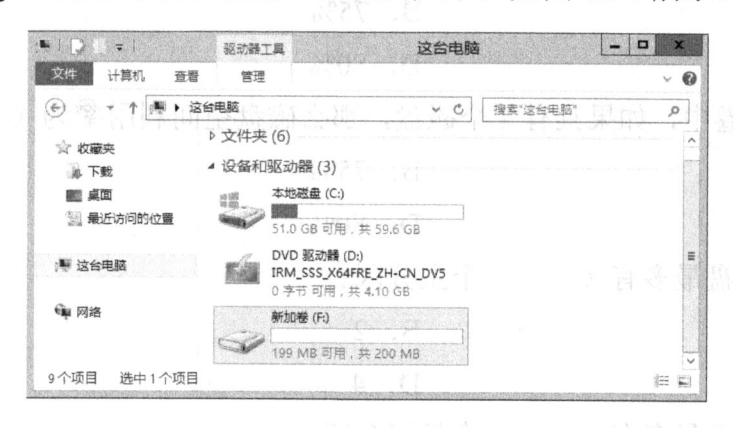

图 6.3.6　查看 F 盘空间大小

任务小结

（1）仅 NTFS 类型的磁盘支持磁盘配额。
（2）系统管理员不受磁盘配额的限制。
（3）启用配额管理后，普通用户进入系统时，可看到被限制使用的空间大小。

思考与练习

一、选择题

1. 在磁盘冗余阵列中，以下不具有容错技术的是（　　）。
   A．RAID 0　　　　　　　　B．RAID 1
   C．RAID 3　　　　　　　　D．RAID 5

2. 要启用配额管理，Windows Server 2012 R2 驱动器必须使用（　　）。
   A．FAT 文件系统　　　　　B．FAT32 文件系统
   C．NTFS 文件系统　　　　 D．所有文件系统都可以

3. 在下列选项中，关于磁盘配额的说法正确的是（　　）。
   A．可以单独指定某个组的磁盘配额容量
   B．不可以指定单个用户的磁盘配额容量
   C．所有用户都会受到磁盘配额的限制
   D．Administrators 组的用户不受磁盘配额的限制

4. 镜像卷的磁盘空间利用率为（　　）。
   A．100%　　　　　　　　　B．75%
   C．50%　　　　　　　　　 D．80%

5. 在 RAID-5 卷中，如果具有 4 个磁盘，那么磁盘空间利用率为（　　）。
   A．100%　　　　　　　　　B．75%
   C．50%　　　　　　　　　 D．80%

6. 一个基本磁盘最多有（　　）个主分区。
   A．1　　　　　　　　　　　B．2
   C．3　　　　　　　　　　　D．4

7. 一个基本磁盘最多有（　　）个扩展分区。
   A．1　　　　　　　　　　　B．2
   C．3　　　　　　　　　　　D．4

8. 以下所有动态磁盘类型中，运行速度最快的是（　　）。
   A．简单卷　　　　　　　　B．带区卷
   C．镜像卷　　　　　　　　D．RAID-5 卷

9. 在基本磁盘管理中，扩展分区不能用一个具体的驱动器盘符表示，必须在其中划分（　　）之后才能使用。
   A．主分区　　　　　　　　B．卷

C. 格式化 D. 逻辑驱动器

二、简答题

1. MBR 分区与 GPT 分区相比有哪些不同？
2. 使用动态磁盘相较于使用基本磁盘有哪些优势？
3. Windows Server 2012 R2 网络操作系统支持的动态磁盘类型有哪些？

项目 7 配置与管理 DNS 服务器

知识目标

（1）理解 DNS 的基本功能和应用场景。
（2）理解 DNS 服务的基本原理。
（3）理解 DNS 正向解析和反向解析的作用。

能力目标

（1）安装 DNS 服务器。
（2）正确实现主 DNS 服务器和辅助 DNS 服务器。
（3）正确在客户端上完成 DNS 服务器的测试。

思政目标

（1）增强服务意识，能为用户便捷地使用网络提供支持。
（2）弘扬爱国精神，能主动了解我国 DNS 根服务器的现状。
（3）增强信息系统安全意识，能够部署备份服务器，提高 DNS 系统的可靠性。

项目需求

某公司承揽网络中心机房建设与管理工程，按照合同要求进行施工。公司的小赵已经为服务器成功安装了网络操作系统，并进行了基本环境配置。公司内部的服务器包括 Web 服务器、数据库服务器、邮件服务器、公司财务服务器等，公司员工可以用 IP 地址访问这些服务器，但服务器的 IP 地址并不容易记住，使用起来很不方便。另外，随着业务的扩充和变动，各服务器的 IP 地址还可能会发生变动，因此管理部门决定在公司内部架设一台 DNS 服务器，负责公司内部域名的解析，使公司员工都能像访问百度、新浪网站一样，通过网址访问这些服务器。

通过对 DNS 服务器的配置，可以实现域名解析服务。Windows Server 2012 R2 提供的 DNS 服务，可以很好地解决员工简单、快速访问本地网络及 Internet 上资源的问题。

本项目主要介绍 Windows Server 2012 R2 网络操作系统 DNS 服务器的创建、配置与管理，以及辅助 DNS 服务器的配置等。项目拓扑图如图 7.0.1 所示。

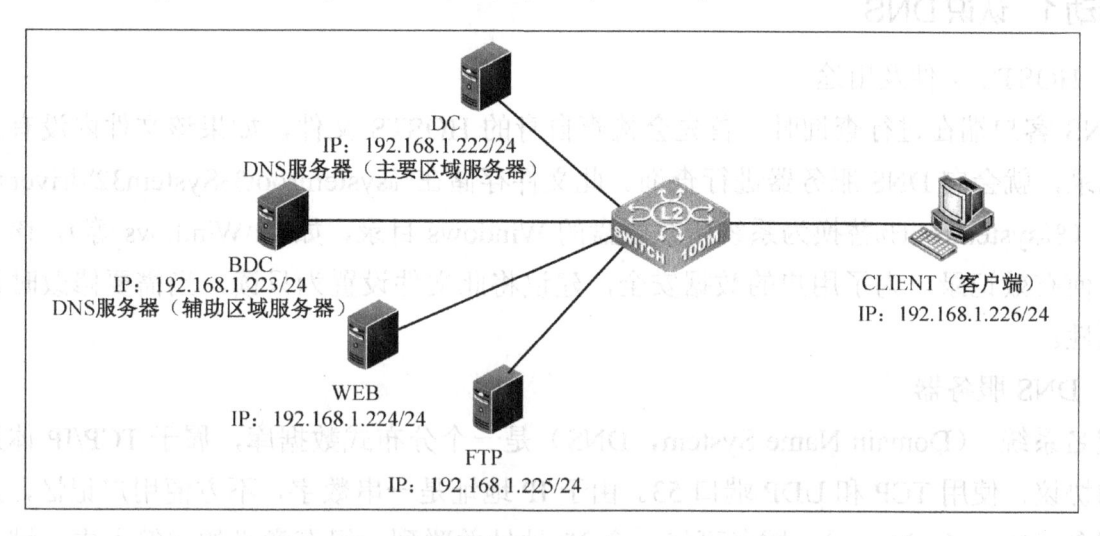

图 7.0.1　项目拓扑图

任务 7.1　安装与配置 DNS 服务器

任务描述

公司员工需要能简单、方便地访问本地网络及 Internet 上的资源、公司需要向外发布网站，这就需要在公司局域网内部部署 DNS 服务器，公司将此任务交给网络管理员小赵。接下来，小赵的工作便是在公司的服务器上安装与配置 DNS 服务器。

任务要求

Windows Server 2012 R2 通过安装 DNS 服务，并利用 DNS 管理工具创建主要区域、正向解析区域和反向解析区域，服务器主机名、IP 地址、别名对应关系见表 7.1.1。

表 7.1.1　服务器主机名、IP 地址、别名对应关系

主 机 名	IP 地址	别　　名	备　　注
DC	192.168.1.222	无	
BDC	192.168.1.223	无	用于邮件服务器

续表

主 机 名	IP 地址	别 名	备 注
WEB	192.168.1.224	www	别名主要用于网络服务
FTP	192.168.1.225	无	用于 FTP 服务器
CLIENT	192.168.1.226	无	客户端，用于测试

任务实施

活动1 认识DNS

1. HOSTS 文件及用途

DNS 客户端在进行查询时，首先会检查自身的 HOSTS 文件，如果该文件内没有主机解析的记录，就会向 DNS 服务器进行查询。此文件存储在%systemroot%System32\drivers\etc 文件夹下（%systemroot%替换为系统所在磁盘的 Windows 目录，如 C:\Windows 等），该文件默认无任何有效记录。为了用户的数据安全，建议将此文件设置为只读，当需要修改时再去除只读属性。

2. DNS 服务器

域名系统（Domain Name System，DNS）是一个分布式数据库，属于 TCP/IP 体系中应用层的协议，使用 TCP 和 UDP 端口 53。由于 IP 地址是一串数字，不方便用户记忆，人们发明了域名（Domain Name），域名可将一个 IP 地址关联到一组有意义的字符上去，域名系统的作用是将域名映射为 IP 地址，此过程为域名解析。当前，对于每一级域名长度的限制是 63 个字符，域名总长度则不能超过 255 个字符。

3. 层次化域名空间

在 Internet 域名的层次化结构中，最高层为根。任何一台 Internet 上的主机或路由器，都有一个唯一的域名。域名由标号序列组成，各标号之间用"."隔开。例如，"….三级域名.二级域名.顶级域名"，各标号分别代表不同级别的域名，层次化域名空间如图 7.1.1 所示。

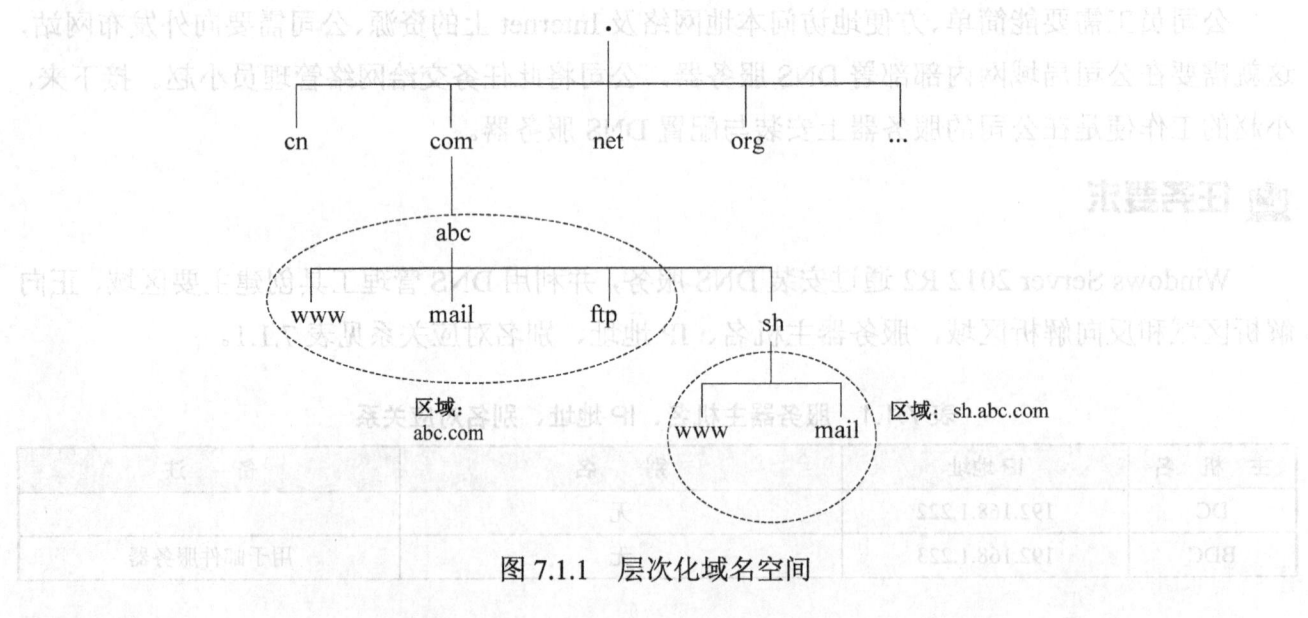

图 7.1.1 层次化域名空间

顶级域名分为三类：一是国家和地区顶级域名（country code Top-Level Domains，ccTLDs），200多个国家都按照ISO 3166标准中的国家代码分配了顶级域名，如中国的.cn等；二是通用顶级域名（generic Top-Level Domains，gTLDs），如表示公司企业的.com、表示教育机构的.edu、表示网络提供商的.net等；三是新顶级域名（New gTLD），如通用的.xyz及代表"高端"的.top等。常见的顶级域名见表7.1.2。

表7.1.2 常见的顶级域名

分 配 情 况	顶 级 域 名	分 配 情 况	顶 级 域 名
阿帕网	arpa	中国	cn
商业机构（大多数公司、企业）	com	美国	us
教育机构（大学和学院）	edu	日本	jp
Internet网络服务机构	net	英国	uk
政府机关	gov	个人	name
军事系统	mil	博物馆	museum
非营利性组织	org	合作团体	coop

4．DNS名称解析的查询模式

域名解析分为递归解析（递归查询）和迭代解析（迭代查询）。提供递归查询服务的域名服务器，可以代替查询主机或其他域名服务器，进行进一步的域名查询，并将最终解析结果发送给查询主机或服务器，如图7.1.2所示；提供迭代查询的服务器，不会代替查询主机或其他域名服务器进行进一步的查询，只是将下一步要查询的服务器告知查询主机或服务器（当然，如果该服务器拥有最终解析结果，则直接响应解析结果），如图7.1.3所示。

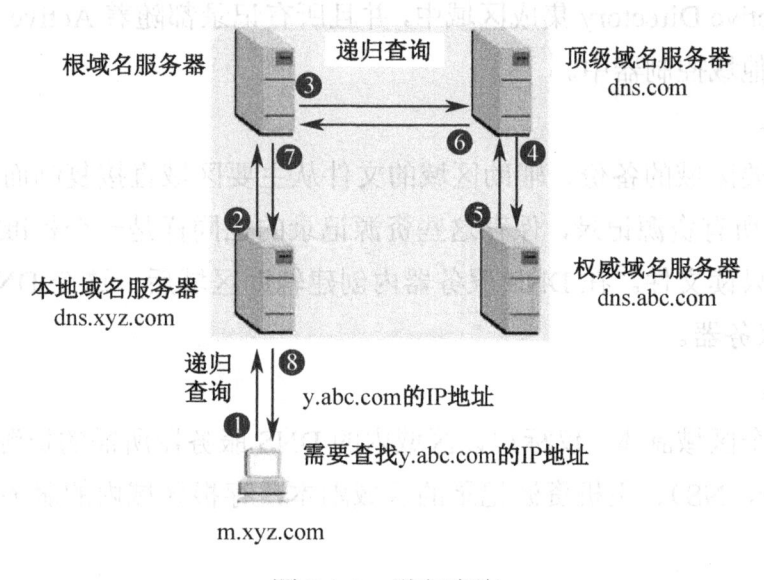

图7.1.2 递归查询

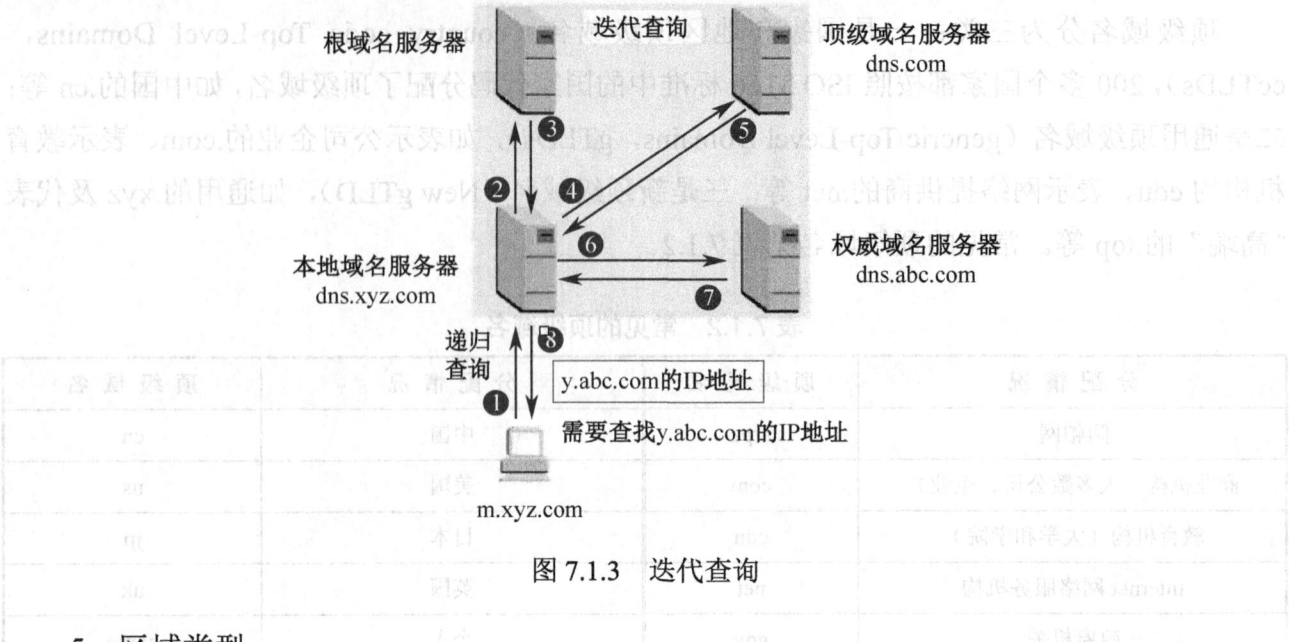

```
                    根域名服务器        迭代查询    顶级域名服务器
                                                    dns.com
                              ③              ⑤
                            ②  ④
                  本地域名服务器      ⑥       权威域名服务器
                  dns.xyz.com                  dns.abc.com
                            ⑧    ⑦
                  递归
                  查询    y.abc.com的IP地址
                       ❶
                       需要查找y.abc.com的IP地址
                       m.xyz.com
```

图 7.1.3　迭代查询

5．区域类型

Windows Server2012 R2 的 DNS 服务器有三种区域类型，分别为主要区域（Primary Zone）、辅助区域（Secondary Zone）和存根区域（Stub Zone）。

（1）主要区域。

主要区域包含了相应 DNS 命名空间内的所有资源记录，可以对区域中所有资源记录进行读写，即 DNS 服务器可以修改此区域中的数据，保存这些资源记录的是一个标准的 DNS 区域文件。通常，对 DNS 服务器的设置，就是设置主要区域数据库的记录，管理员可以在此区域内新建、修改和删除记录。若 DNS 服务器是独立服务器，则 DNS 区域内的记录存储在区域文件中，文件名默认为"区域名称.dns"。若 DNS 是域控制器，则区域内数据库的记录会存储在区域文件或 Active Directory 集成区域中，并且所有记录都随着 Active Directory 数据库的复制而被复制到其他域控制器中。

（2）辅助区域。

辅助区域是主要区域的备份，辅助区域的文件从主要区域直接复制而来，同样包含相应 DNS 命名空间内的所有资源记录，保存这些资源记录的也同样是一个标准的 DNS 区域文件，只是该区域文件为只读文件。在 DNS 服务器内创建辅助区域后，这个 DNS 服务器就是这个区域的辅助 DNS 服务器。

（3）存根区域。

存根区域是一个区域副本，仅标识该区域内的 DNS 服务器所需的资源记录，包括名称服务器（Name Server，NS）、主机资源记录的区域副本，存根区域内的服务器无权管理区域内的资源记录。

6．正向解析和反向解析

DNS 服务器有两个区域，即"正向查找区域"和"反向查找区域"。

（1）正向查找区域对域名提供正向解析，即将域名转换为 IP 地址。例如，DNS 客户端发起解析域名 www.yiteng.com 的 IP 地址的请求。

（2）反向查找区域对域名提供反向解析，即将 IP 地址转换为域名。反向解析由两部分组成：IP 地址反向书写与固定的域名 in-addr.arpa。例如，解析 192.168.1.222 的域名，需要写成 1.168.192.in-addr.arpa。由此可见，in-addr.arpa 是反向解析的顶级域名。

7．nslookup 命令

nslookup 是命令提示符窗口中的一个网络工具，用于查询 DNS 的记录，以查看域名解析是否正常。根据使用系统的不同（Windows 或 Linux 等），返回的值可能有所不同。

（1）命令格式。

nslookup 命令的格式为：nslookup [主机名/IP 地址] [server]。

可以直接在 nslookup 后面加待查询的主机名或 IP 地址，[server]是可选参数。如果没有在 nslookup 后面加任何主机名或 IP 地址，则直接进入 nslookup 命令的查询界面。在该界面中，可以加入其他参数进行特殊查询，如查询所有正向解析的配置文件、所有主机的信息或当前设置的所有值等。

（2）直接查询实例。

若没有指定域名，则查询默认 DNS 服务器，如图 7.1.4 所示。

图 7.1.4　直接查询实例

活动 2　安装 DNS 服务器

1．必要条件

DNS 服务器要为客户机提供域名解析服务，必须具备以下条件。

（1）有固定的 IP 地址。

（2）安装并启动 DNS 服务。

（3）有区域文件，或者配置转发器，或者配置根提示。

2．具体步骤

如果本机已经是域控制器，则 DNS 服务器已经默认安装，可以跳过本步。如果在"开始-管理工具"中找不到"DNS"选项，则需要安装 DNS 服务器。

（1）打开"服务器管理器"窗口，选择"仪表板"→"快速启动"→"添加角色和功能"命令。

（2）打开"添加角色和功能向导"窗口后，在"开始之前"界面中单击"下一步"按钮。

（3）在"选择安装类型"界面中，选中"基于角色或基于功能的安装"单选按钮，然后单击"下一步"按钮。

（4）在"选择目标服务器"界面中，选中"从服务器池中选择服务器"单选按钮，然后在选择本任务所使用的服务器"DC"后，单击"下一步"按钮。

（5）在"选择服务器角色"界面中，勾选"DNS 服务器"复选框，在弹出的"添加 DNS 服务器所需的功能？"对话框中单击"添加功能"按钮，返回确认"DNS 服务器"角色处于已选择状态后单击"下一步"按钮，如图 7.1.5 所示。

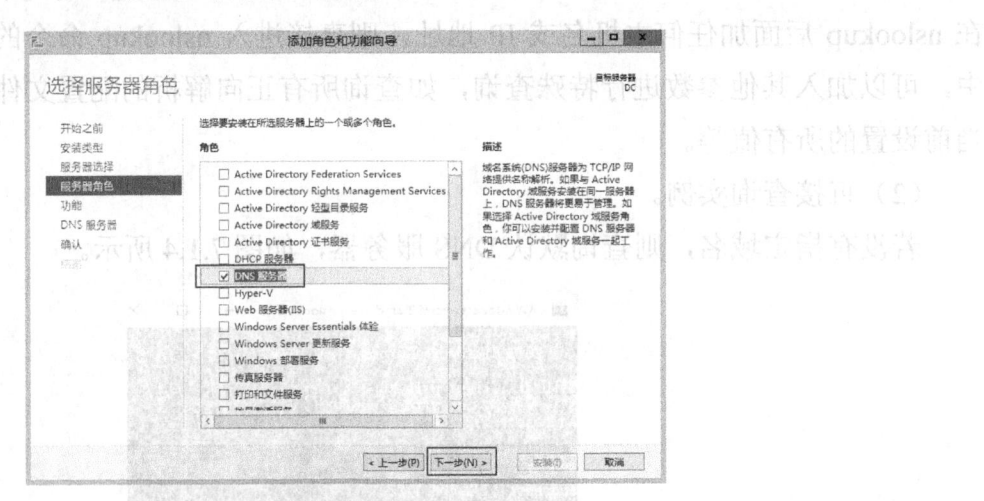

图 7.1.5　选择服务器角色

（6）在"选择功能"界面中，保持默认设置，单击"下一步"按钮。

（7）在"DNS 服务器"界面中，保持默认设置，单击"下一步"按钮。

（8）在"确认安装所选内容"界面中，单击"安装"按钮进行安装，如图 7.1.6 所示。

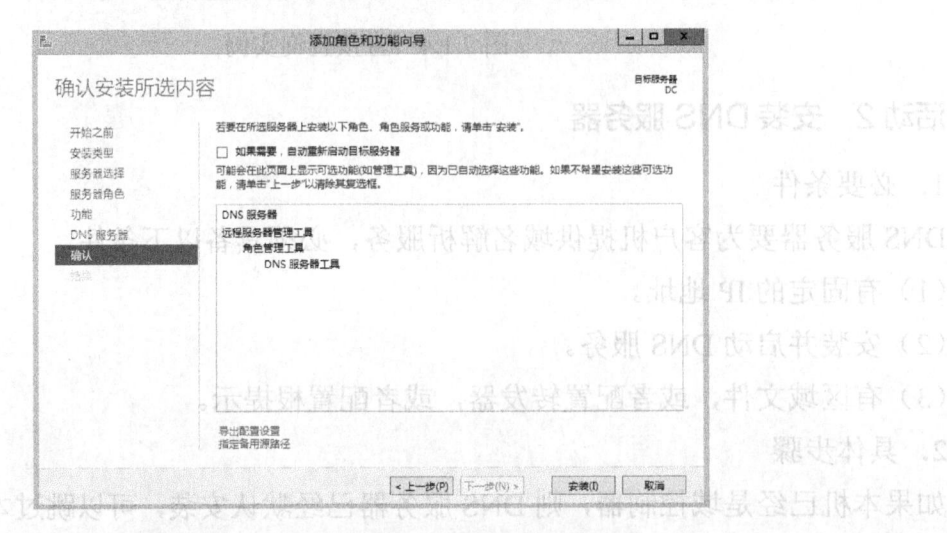

图 7.1.6　单击"安装"按钮进行安装

（9）安装完成后在"安装进度"界面中单击"关闭"按钮，如图7.1.7所示。

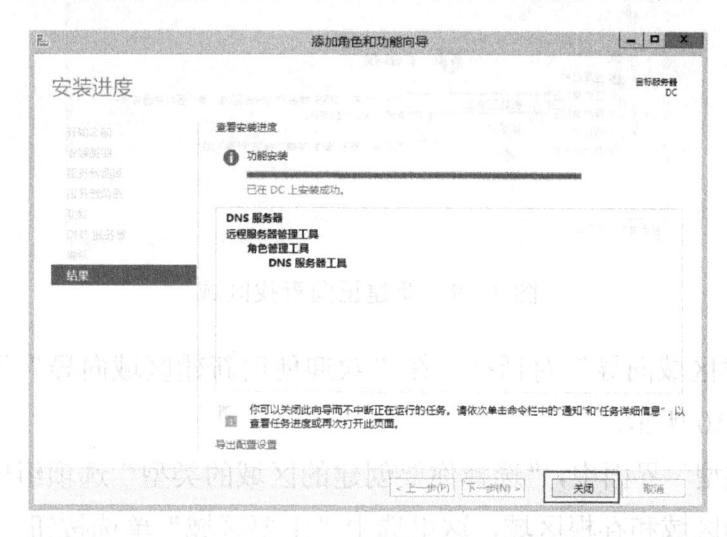

图 7.1.7 DNS 服务器安装完成

（10）在"服务器管理器"界面的"工具"下拉菜单中选择"DNS"命令，打开"DNS管理器"窗口，通过"DNS管理器"窗口进行本地或远程的DNS服务器管理，如图7.1.8所示。需要注意的是，DNS服务器没有安装域控制器，若已经安装了域控制器和DNS服务，则正向查找区域中会有域控制器"yiteng.com"选项。

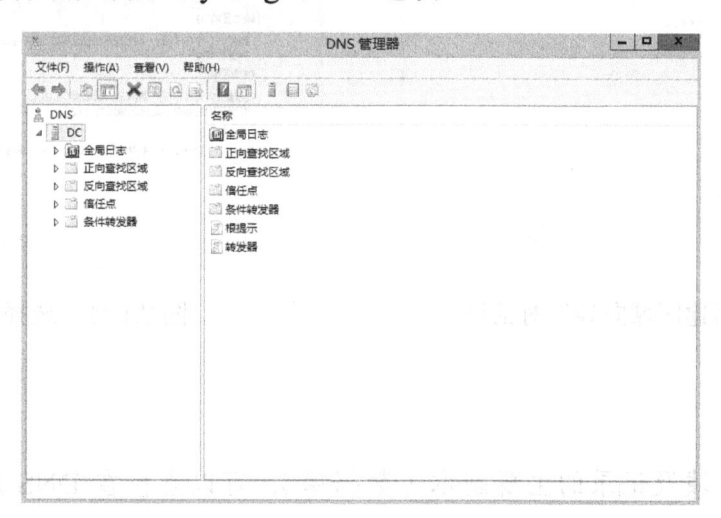

图 7.1.8 "DNS 管理器"窗口

活动3 配置 DNS 服务器

1. 创建正向查找区域

大部分DNS客户端的请求都是正向解析，即把域名解析成IP地址。正向解析是由正向查找区域完成的，创建正向查找区域的步骤如下。

（1）在"DNS管理器"窗口中，打开"工具"菜单，选择"DNS"命令。

（2）在"DNS管理器"窗口中，依次展开左侧窗格中的"DNS"→"DC"节点，右击"正向查找区域"选项，在弹出的快捷菜单中选择"新建区域"命令，如图7.1.9所示。

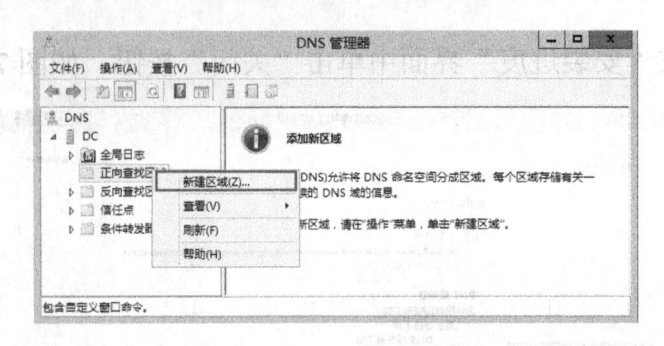

图 7.1.9　新建正向查找区域

（3）打开"新建区域向导"对话框，在"欢迎使用新建区域向导"界面中，单击"下一步"按钮，如图 7.1.10 所示。

（4）在"区域类型"界面中，"选择你要创建的区域的类型"选项组中显示三种类型的区域：主要区域、辅助区域和存根区域，这里选中"主要区域"单选按钮，然后单击"下一步"按钮，如图 7.1.11 所示。

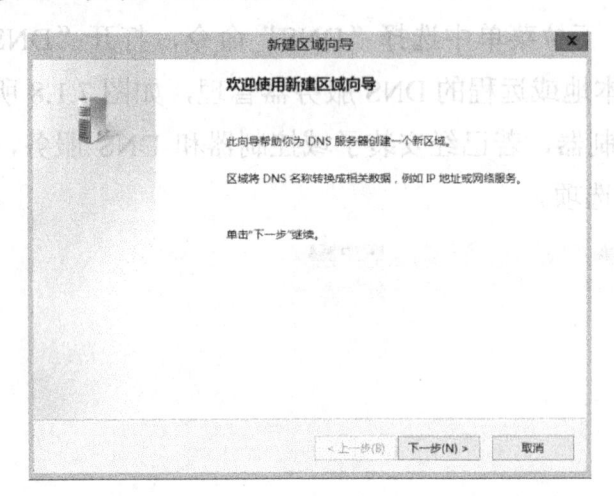

图 7.1.10　"新建区域向导"对话框　　　　图 7.1.11　选择区域类型

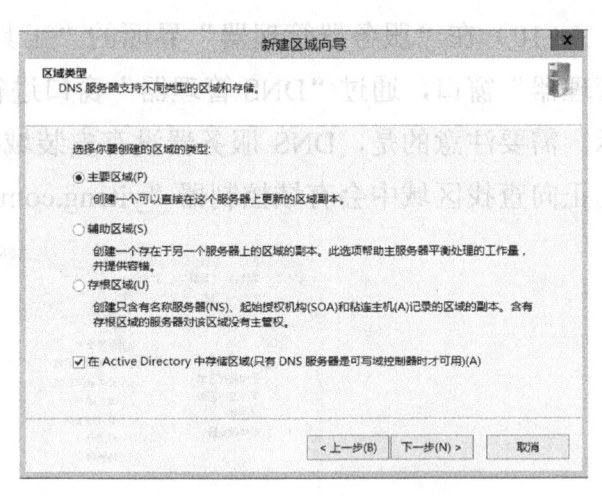

小贴士

主要区域，是区域及记录的主要副本（数据库），可以直接在 DNS 服务器中对区域及资源记录进行添加、删除、修改等更新操作。

（5）在"区域名称"界面中输入区域名称，此处使用"yiteng.com"，然后单击"下一步"按钮，如图 7.1.12 所示。

（6）在"区域文件"界面中，使用默认的文件名，然后单击"下一步"按钮，如图 7.1.13 所示。

（7）在"动态更新"界面中，指定该 DNS 区域的安全使用范围，选中"不允许动态更新"单选按钮，然后单击"下一步"按钮，如图 7.1.14 所示。

（8）在"正在完成新建区域向导"界面中，单击"完成"按钮结束正向查找区域的创建过程，如图 7.1.15 所示。

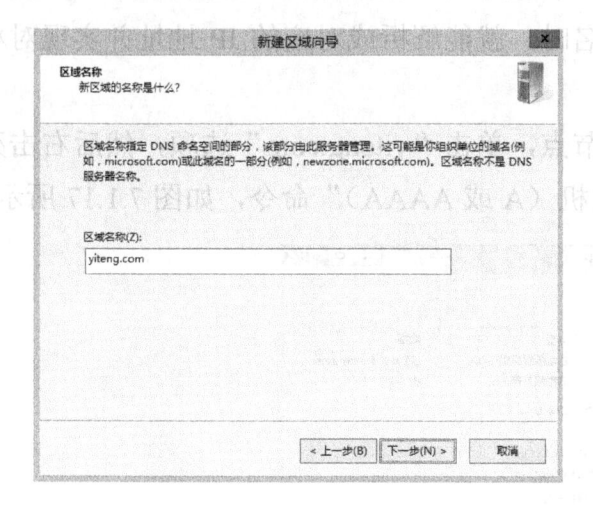

图 7.1.12　输入区域名称

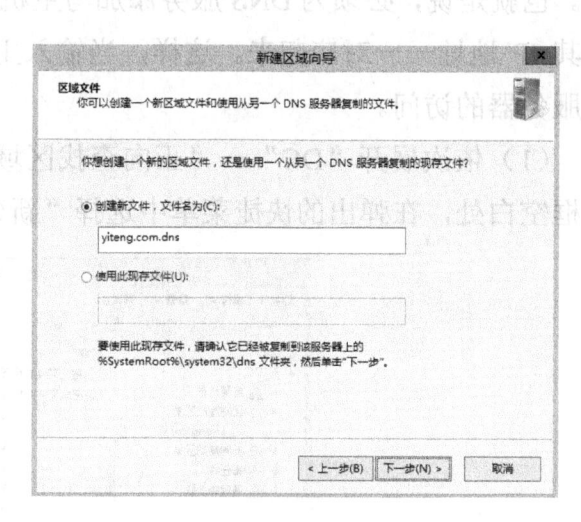

图 7.1.13　设置输入区域名称

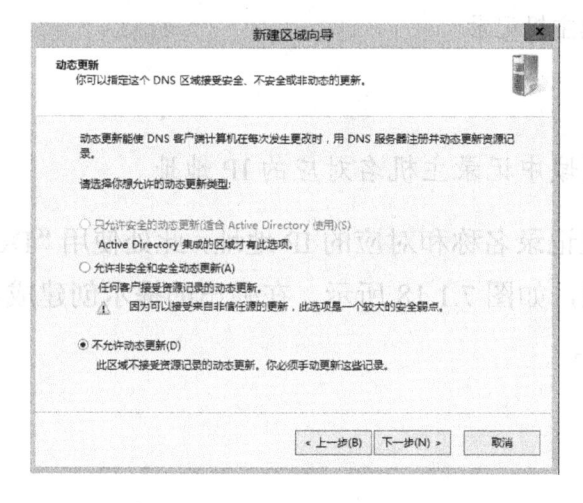

图 7.1.14　设置动态更新类型

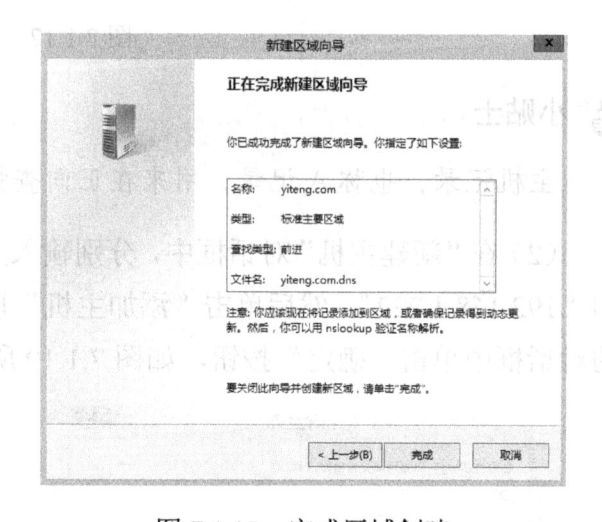

图 7.1.15　完成区域创建

（9）返回"DNS 管理器"窗口后，在右侧列表框中可以看到创建完成的正向查找区域，如图 7.1.16 所示。

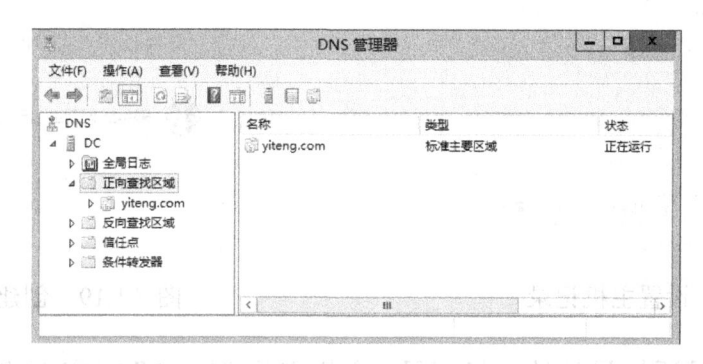

图 7.1.16　查看正向查找区域

2．创建主机（A）记录

DNS 服务器正向查找区域创建完成后，还需要添加主机记录才能真正实现 DNS 解析服务。也就是说，必须为 DNS 服务添加与主机名和 IP 地址对应的数据库，从而将 DNS 主机名与其 IP 地址一一对应起来。这样，当输入主机名时，就能解析成对应的 IP 地址并实现对相应服务器的访问。

（1）依次展开"DC"→"正向查找区域"节点，单击"yiteng.com"选项，然后右击列表框空白处，在弹出的快捷菜单中选择"新建主机（A 或 AAAA）"命令，如图 7.1.17 所示。

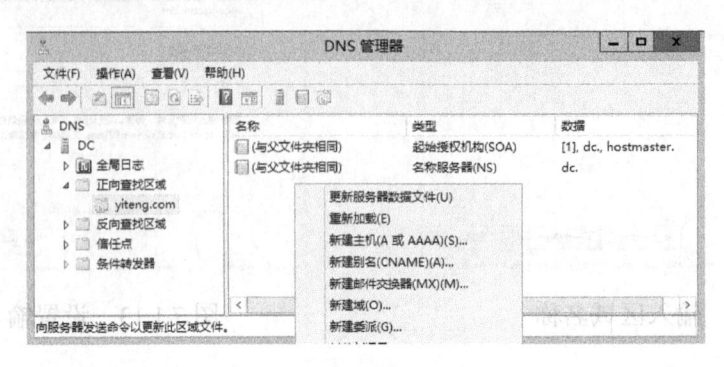

图 7.1.17　新建主机记录

小贴士

主机记录，也称 A 记录，用来在正向查找区域中记录主机名对应的 IP 地址

（2）在"新建主机"对话框中，分别输入主机记录名称和对应的 IP 地址，此处使用"DC"和"192.168.1.222"，然后单击"添加主机"按钮，如图 7.1.18 所示。在弹出的提示创建成功的对话框中单击"确定"按钮，如图 7.1.19 所示。

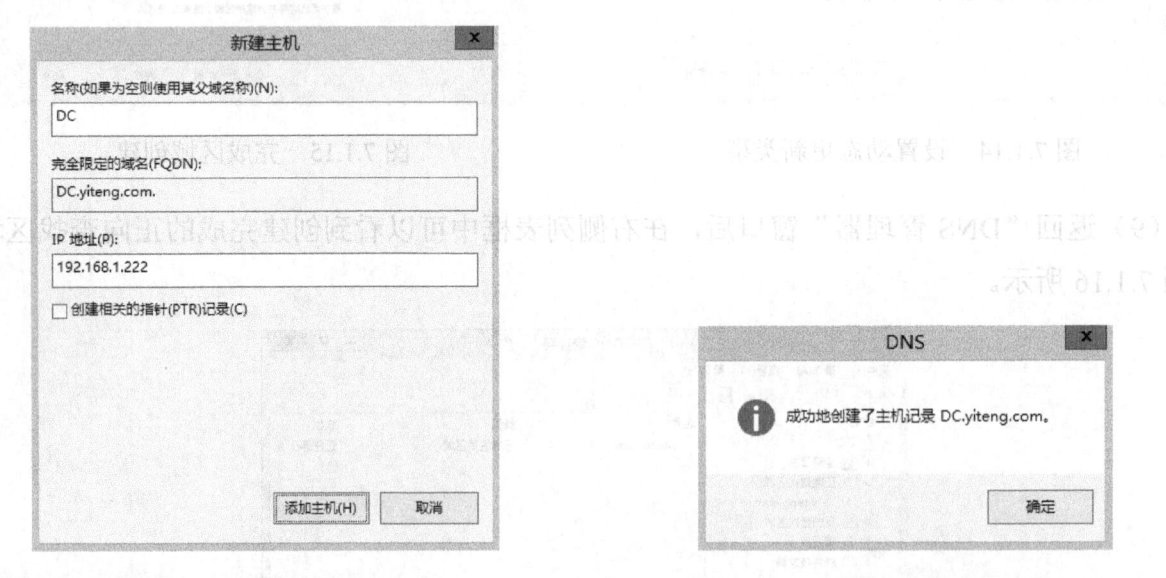

图 7.1.18　设置主机记录　　　　　　　　图 7.1.19　创建成功提示

（3）使用相同步骤添加另外的主机记录，主机名为"BDC"对应 IP 地址为 192.168.1.223、"WEB"对应 IP 地址为 192.168.1.224、"FTP"对应 IP 地址为 192.168.1.225、"CLIENT"对应 IP 地址为 192.168.1.226，主机记录列表如图 7.1.20 所示。

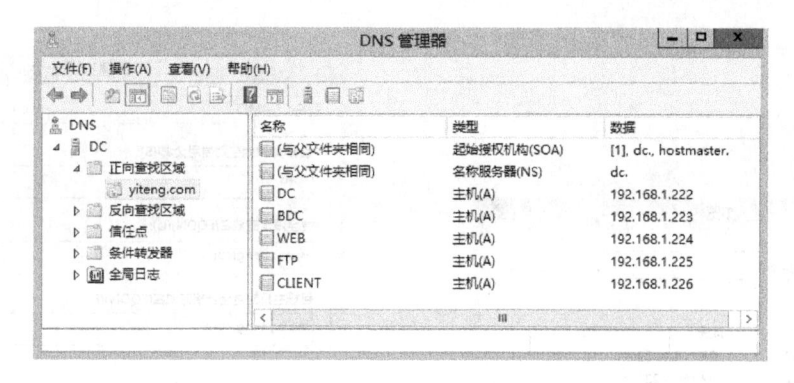

图 7.1.20　主机记录列表

3．创建别名（CNAME）记录

在很多情况下，需要为区域内的一台主机建立多个主机名称。例如，某台主机是 Web 服务器，其主机名称为 www.yiteng.com。

（1）依次展开"DC"→"正向查找区域"节点，单击"yiteng.com"选项，然后右击列表框空白处，在弹出的快捷菜单中选择"新建别名（CNAME）"命令，如图 7.1.21 所示。

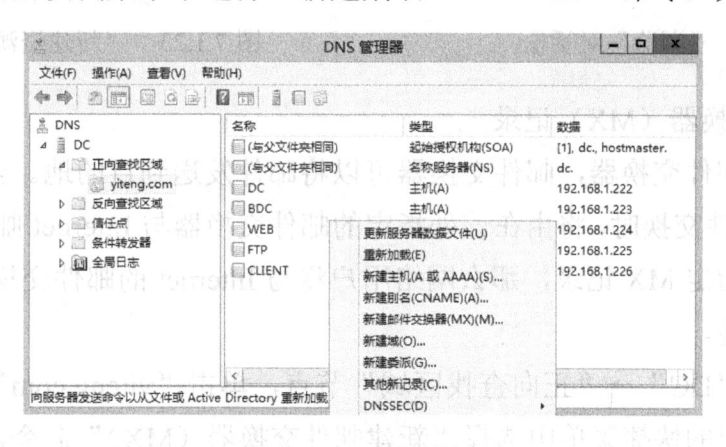

图 7.1.21　新建别名

> 💡 **小贴士**
>
> 别名记录，也称为 CNAME 记录，用来在正向查找区域中记录一个别名对应的主机名。

（2）在"新建资源记录"对话框中，输入别名"www"，然后设置其目标主机的完全合格域名。在"浏览"对话框中依次选择"DC"→"正向查找区域"→"yiteng.com"→"dc"选项，然后单击"确定"按钮，如图 7.1.22 所示。返回"新建资源记录"对话框后单击"确定"按钮，如图 7.1.23 所示。

> 💡 **小贴士**
>
> 完全限定域名（Fully Qualified Domain Name，FQDN），也称为全称域名、完全合格域名等，一般为主机名加区域名的形式。例如，ftp.yiteng.com，但不同 DNS 服务器平台对域名的调用略有区别，有时需要在最后加一个英文字符"."标识其完整域名。本书统一使用"完全限定域名"表述。

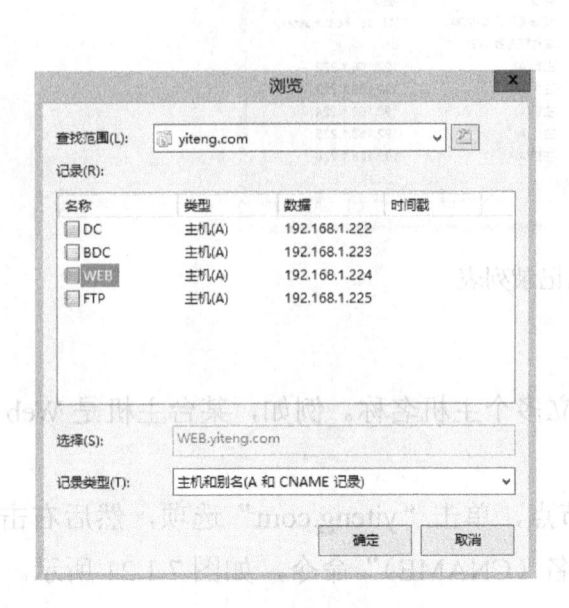

Windows Server 2012 R2 系统管理与服务器配置

图 7.1.22　"浏览"对话框　　　　图 7.1.23　"新建资源记录"对话框

4．创建邮件交换器（MX）记录

将邮件发送到邮件交换器，邮件交换器可以将邮件发送到目的地。当局域网用户与其他 Internet 用户进行邮件交换时，将由在该处指定的邮件交换器与 Internet 邮件交换器共同完成。也就是说，如果不指定 MX 记录，那么网络用户将与 Internet 的邮件交换，不能实现 Internet 电子邮件的收发功能。

（1）依次展开"DC"→"正向查找区域"节点，单击"yiteng.com"选项，然后右击列表框空白处，在弹出的快捷菜单中选择"新建邮件交换器（MX）"命令，如图 7.1.24 所示。

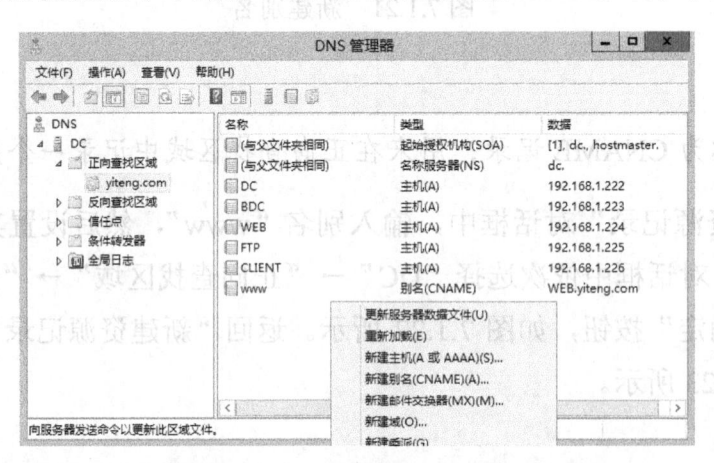

图 7.1.24　新建邮件交换器

小贴士

邮件交换器（MX）记录用来标识邮件域中的邮件交换器和优先级。例如，user1@abc.com 要给 user2@123.com 发送一份邮件，需要查找到 123.com 域的 MX 记录并找到其所对应的邮件交换器，然后向邮件交换器发送邮件。优先级数值越小，表示优先级越高，0 为最高，只有在优先级较高的邮件交换器失败时，才会调用次高的优先级。

（2）在"新建资源记录"对话框中，单击"浏览"按钮选择"邮件服务器的完全限定的域名（FQDN）"，本任务选择"bdc.yiteng.com"，然后设置"邮件服务器优先级"为"5"，随后单击"确定"按钮完成邮件交换器记录的创建，如图 7.1.25 所示。

（3）返回"DNS 管理器"窗口后即可看到已创建完成的邮件交换器记录，如图 7.1.26 所示。

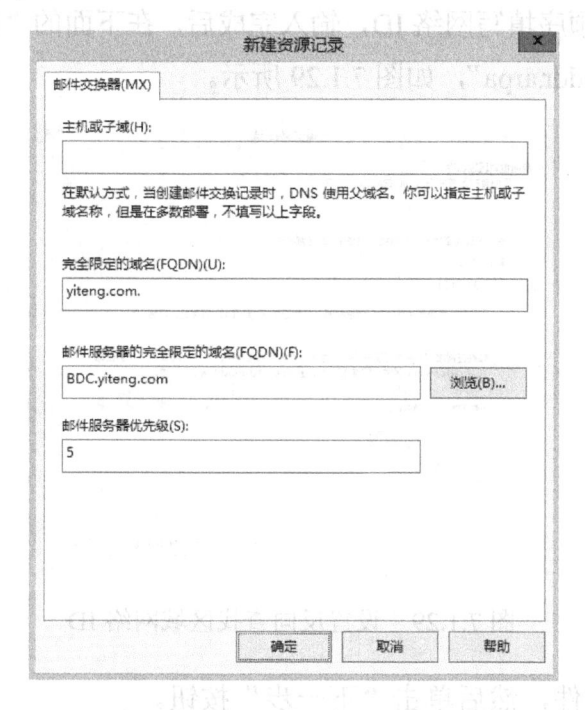

图 7.1.25　设置邮件交换器记录 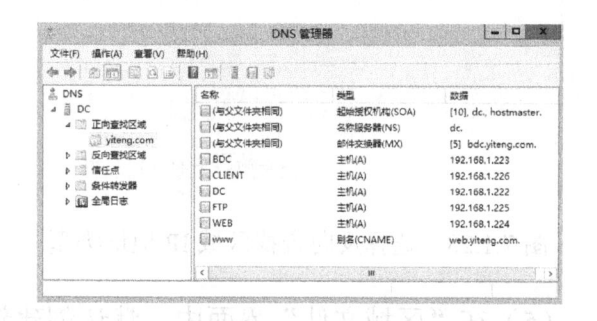　　　　图 7.1.26　邮件交换器记录结果

5．创建反向查找区域

通过 IP 地址查询主机名的过程称为反向查找，反向查找区域可以实现 DNS 客户端利用 IP 地址来查询其主机名的功能。创建反向查找区域的步骤如下。

（1）在"DNS 管理器"窗口中，依次展开左侧窗格中的"DNS"→"DC"节点，右击"反向查找区域"选项，在弹出的快捷菜单中选择"新建区域"命令，如图 7.1.27 所示。

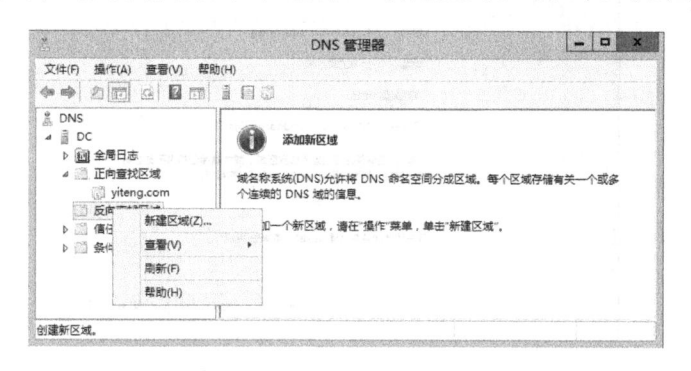

图 7.1.27　新建反向查找区域

（2）打开"新建区域向导"对话框，在"欢迎使用新建区域向导"界面中，单击"下一步"按钮。

（3）在"区域类型"界面中，在"选择你要创建的区域的类型"选项组中选中"主要区域"单选按钮（默认），然后单击"下一步"按钮。

（4）在"反向查找区域名称"界面中，选中"IPv4 反向查找区域"单选按钮后单击"下一步"按钮，如图 7.1.28 所示。输入反向查找区域的网络 ID，本任务要为"192.168.1.0/24"的网段创建反向查找区域，故在"网络 ID"文本框中输入"192.168.1."，然后单击"下一步"按钮。需要注意的是，在"网络 ID"文本框中以正常的顺序填写网络 ID，输入完成后，在下面的"反向查找区域名称"文本框中将显示"1.168.192.in-addr.arpa"，如图 7.1.29 所示。

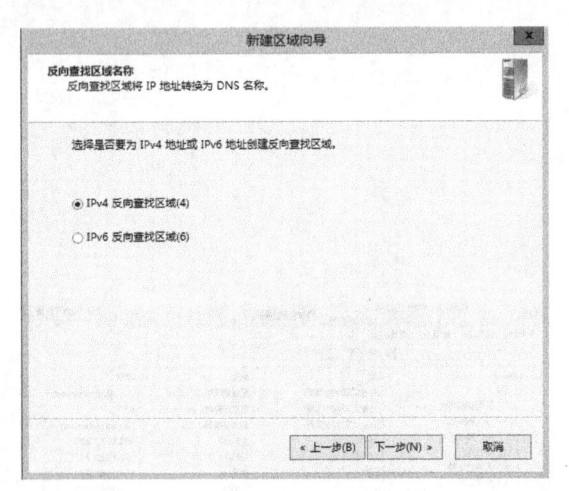

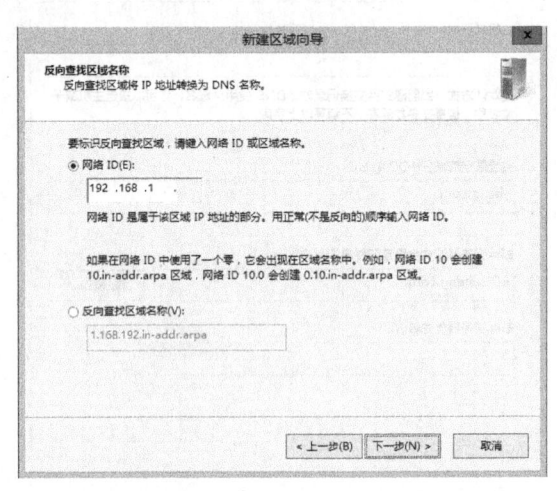

图 7.1.28　选择反向查找区域 IP 地址类型　　　图 7.1.29　设置反向查找区域网络 ID

（5）在"区域文件"界面中，默认创建新文件，然后单击"下一步"按钮。

（6）在"动态更新"界面中，选中"不允许动态更新"单选按钮，然后单击"下一步"按钮。

（7）在"正在完成新建区域向导"界面中，单击"完成"按钮，如图 7.1.30 所示。

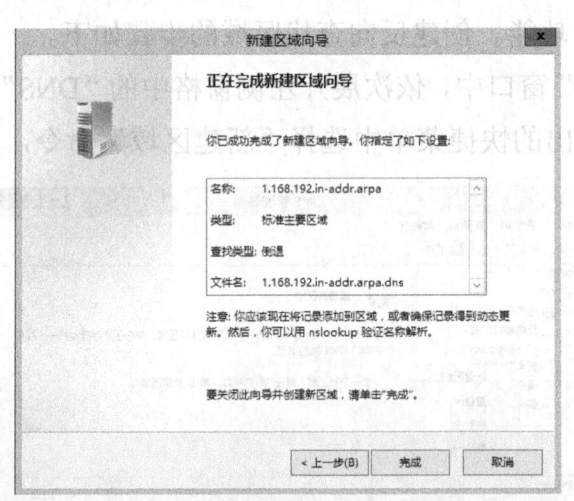

图 7.1.30　完成反向查找区域创建

（8）返回"DNS 管理器"窗口后，在右侧列表内可以看到创建完成的反向查找区域"1.168.192.in-addr.arpa"及其自动生成的记录，如图 7.1.31 所示。

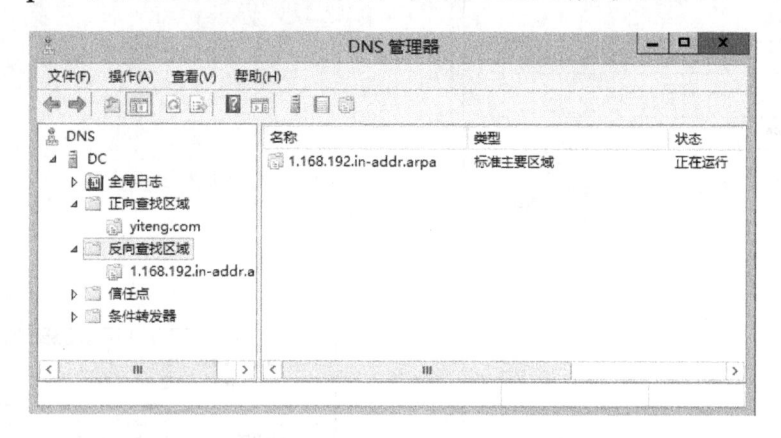

图 7.1.31　查看反向查找区域

6．创建指针记录

（1）依次展开"DNS"→"DC"→"反向查找区域"节点，单击"1.168.192.in-addr.arpa"选项，然后右击列表框空白处，在弹出的快捷菜单中选择"新建指针（PTR）"命令，如图 7.1.32 所示。

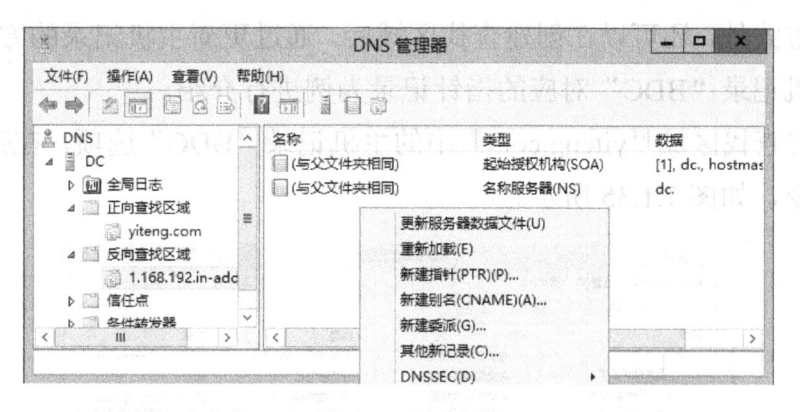

图 7.1.32　新建指针

> 💡 **小贴士**
>
> 指针记录，也称 PTR 记录，用来在反向查找区域中记录 IP 地址对应的主机名。创建指针记录前，必须要先建立对应子网的反向查找区域。

（2）在"新建资源记录"对话框中，输入指定的 IP 地址，然后采用输入或浏览方式设置对应的主机名，本任务分别使用 192.168.1.222 和"dc.yiteng.com"进行设置，如图 7.1.33 所示。

（3）返回"DNS 管理器"窗口后，可以看到右侧列表框中显示已创建完成的指针记录，如图 7.1.34 所示。

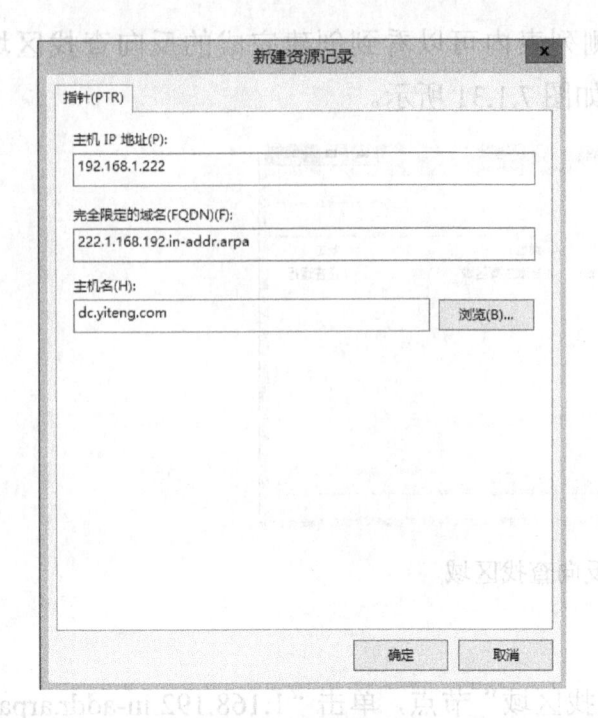

图 7.1.33　设置指针记录　　　　　图 7.1.34　指针记录创建结果

7. 更新主机记录产生指针记录

除采用新建方式外，还可以在创建查找区域后，通过更新主机记录的方式产生指针记录，本任务以生成主机记录"BDC"对应的指针记录为例进行介绍。

（1）右击正向查找区域"yiteng.com"中的主机记录"BDC"选项，在弹出的快捷菜单中选择"属性"命令，如图 7.1.35 所示。

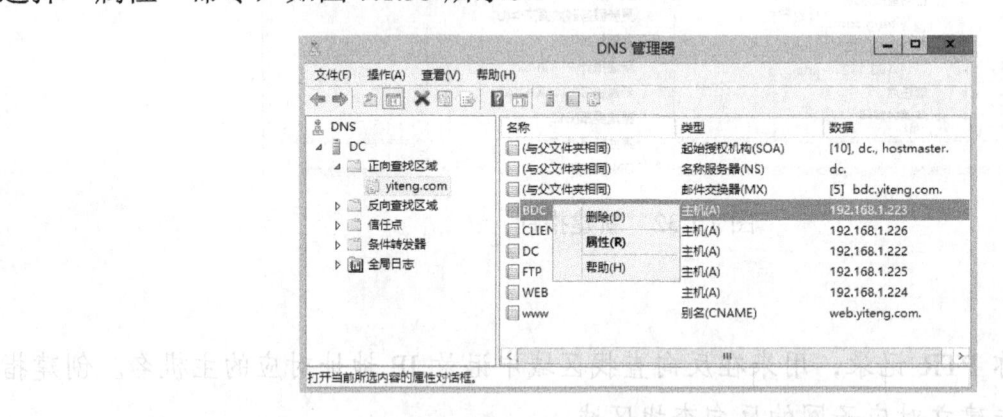

图 7.1.35　设置主机记录属性

（2）在"BDC 属性"对话框中，勾选"更新相关的指针（PTR）记录"复选框，然后单击"确定"按钮，如图 7.1.36 所示。

（3）返回"DNS 管理器"窗口后，在左侧窗格中双击"1.168.192.in-addr.arpa"选项即可在右侧列表框内看到主机"BDC"所对应的指针记录。

（4）使用相同步骤，完成 DC、WEB、FTP 和 CLIENT 指针记录的生成，结果如图 7.1.37 所示。

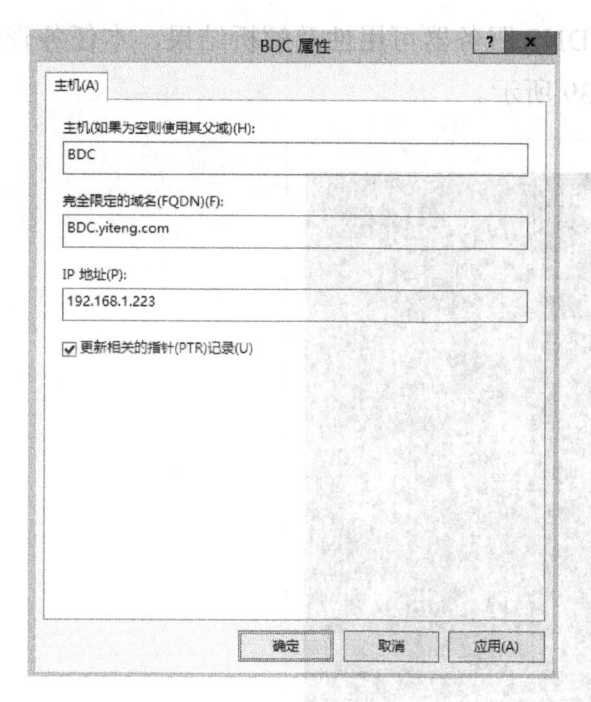

图 7.1.36　修改主机记录属性 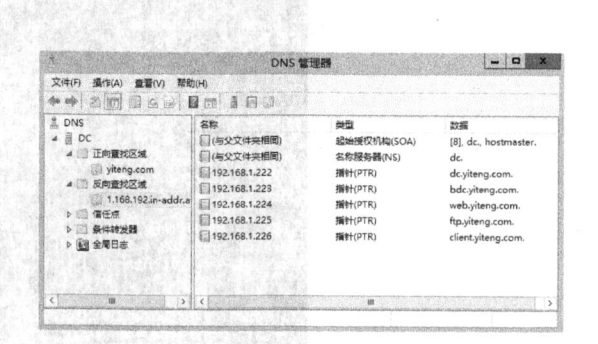　　　　　图 7.1.37　更新主机记录后产生的指针记录

活动 4　配置 DNS 客户端

在 DNS 客户端上，确保两台主机之间网络连接正常。检查网络适配器中的 DNS 服务器地址设置，如图 7.1.38 所示。

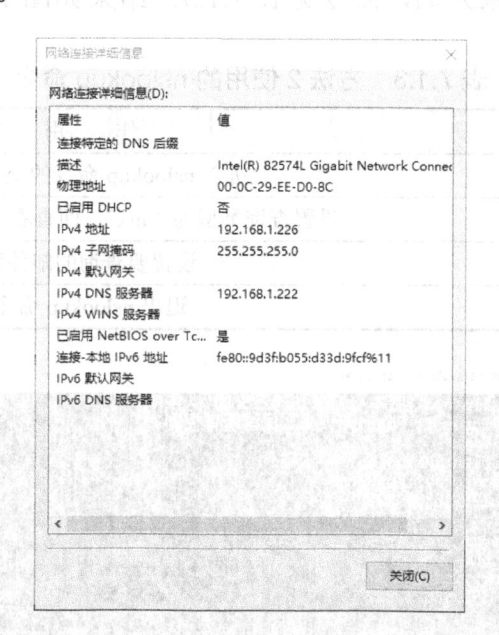

图 7.1.38　配置 DNS 客户端

活动 5　测试 DNS 服务

在 DNS 客户端上打开命令提示符窗口，使用"nslookup"命令测试 DNS 服务器的可用性，这里有两种方法可以使用。

方法 1：以"nslookup 资源记录"格式测试 DNS 服务器可用性及解析结果，本任务查询主机、别名和指针 3 种记录，查询结果如图 7.1.39 所示。

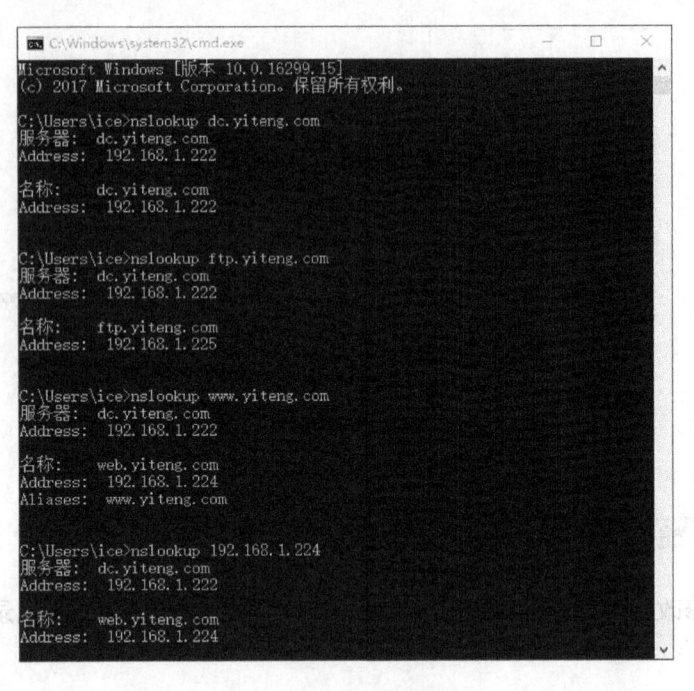

图 7.1.39　查询结果

方法 2：以交互式模式查询解析结果，适用于需要多次查询或需要设置记录类型的情况。本任务以查询邮件交换器记录为例，命令见表 7.1.3，结果如图 7.1.40 所示。

表 7.1.3　方法 2 使用的 nslookup 命令

命令	作用
nslookup	进入 nslookup 命令的交互模式
set type=mx	设置查询类型为"mx"，即查看邮件交换器记录
yiteng.com	设置要查询的邮件域
exit	退出 nslookup 命令

图 7.1.40　使用 nslookup 命令查询邮件交换器记录

任务小结

（1）在 Windows 服务器操作系统中配置 DNS 的通用步骤为，先安装 DNS 服务器角色，然后创建正向解析区域，根据需要创建主机、别名、邮件交换器等记录。

（2）客户端在使用 DNS 服务器时，需在本地连接中设置使用的 DNS 服务器的 IP 地址，测试时可在命令提示符下使用 nslookup 等命令。

任务 7.2 配置辅助 DNS 服务器

任务描述

随着公司规模的扩大，上网人数增加，公司主 DNS 服务器负荷过重，为防止单点故障，小赵想通过增加一台 DNS 服务器作为辅助 DNS 服务器实现 DNS 的负载平衡和冗余备份。这样，即使主 DNS 服务器出现故障，也不影响用户访问 Internet。

任务要求

辅助 DNS 服务器是 DNS 服务器的一种容错机制，当主 DNS 服务器遇到故障不能正常工作时，辅助 DNS 服务器可以立刻分担主 DNS 服务器的工作，提供解析服务。服务器主机名、IP 地址对应关系见表 7.2.1。

表 7.2.1 服务器主机名、IP 地址对应关系

主 机 名	IP 地址	备 注
DC	192.168.1.222	主 DNS 服务器
BDC	192.168.1.223	辅助 DNS 服务器
CLIENT	192.168.1.226	客户端，用于测试

任务实施

活动 1 认识辅助 DNS 服务器

在 Internet 中，通常使用域名来访问 Internet 上的服务器，因此 DNS 服务器在 Internet 的访问中就显得十分重要。如果 DNS 服务器出现故障，即使网络本身通信正常，那么也无法通过域名访问 Internet。

为保障域名解析的正常，除一台主 DNS 服务器外，还可以安装一台或多台辅助 DNS 服务器，辅助 DNS 服务器只创建与主 DNS 服务器相同的辅助区域，而不创建区域内的资源记录，所有的资源记录从主 DNS 服务器同步传送到辅助 DNS 服务器上。

活动 2　配置辅助 DNS 服务器

1. 在辅助 DNS 服务器上新建辅助区域

（1）在服务器 BDC 上，完成 DNS 服务器角色的添加。

（2）在"服务器管理器"窗口中，打开"工具"菜单，然后选择"DNS"命令。

（3）在"DNS 管理器"窗口中，依次展开左侧的"DNS"→"BDC"节点，右击"正向查找区域"选项，在弹出的快捷菜单中选择"新建区域"命令。

（4）打开"新建区域向导"对话框，在"欢迎使用新建区域向导"界面中，单击"下一步"按钮。

（5）在"区域类型"界面中，选中"辅助区域"单选按钮，如图 7.2.1 所示。

（6）在"区域名称"界面中，输入辅助区域名称"yiteng.com"，然后单击"下一步"按钮。

（7）在"主 DNS 服务器"界面中的列表框中单击并添加主 DNS 服务器的 IP 地址"192.168.1.222"，添加完毕后按 Enter 键，然后单击"下一步"按钮，如图 7.2.2 所示。

（8）在"正在完成新建区域向导"界面中，单击"完成"按钮。

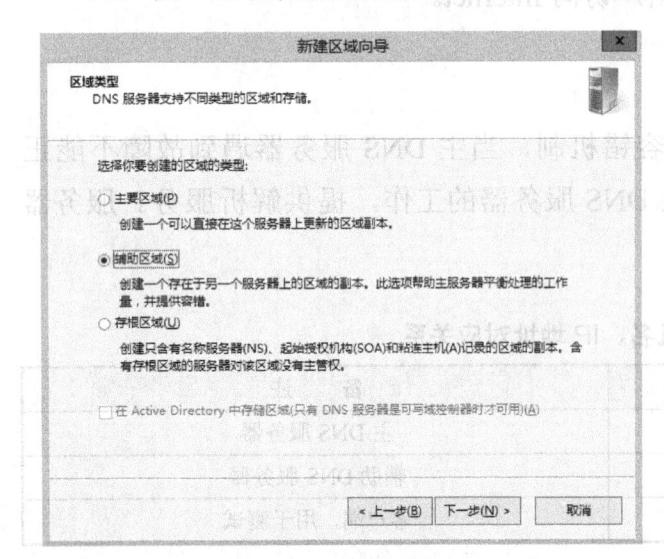

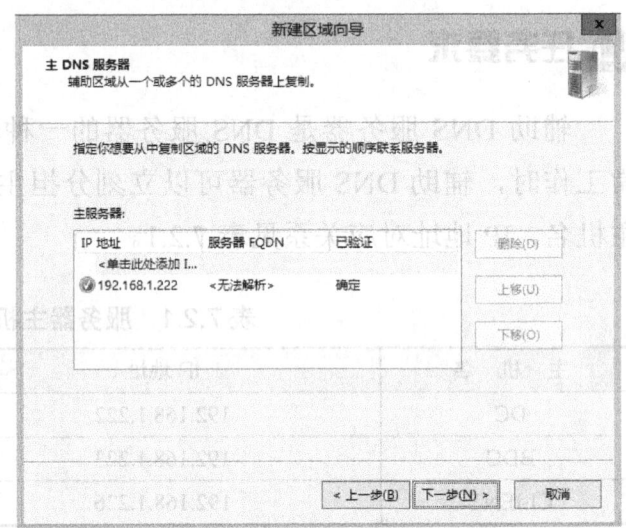

图 7.2.1　选择区域类型　　　　图 7.2.2　添加主 DNS 服务器 IP 地址

2. 在主 DNS 服务器上允许区域传输

（1）在主 DNS 服务器 DC 上打开"DNS 管理器"窗口，右击正向查找区域"yiteng.com"，在弹出的快捷菜单中选择"属性"命令，如图 7.2.3 所示。

（2）在"yiteng.com 属性"对话框的"区域传送"选项卡中，勾选"允区域传送"复选框，选中"只允许到下列服务器"单选按钮，然后单击"编辑"按钮，在弹出的"允许区域传送"对话框中添加辅助 DNS 服务器的 IP 地址，本任务为 192.168.1.223，完成后单击"确定"按钮，如图 7.2.4 所示。

（3）返回"yiteng.com 属性"对话框后再单击"确定"按钮，如图 7.2.5 所示。

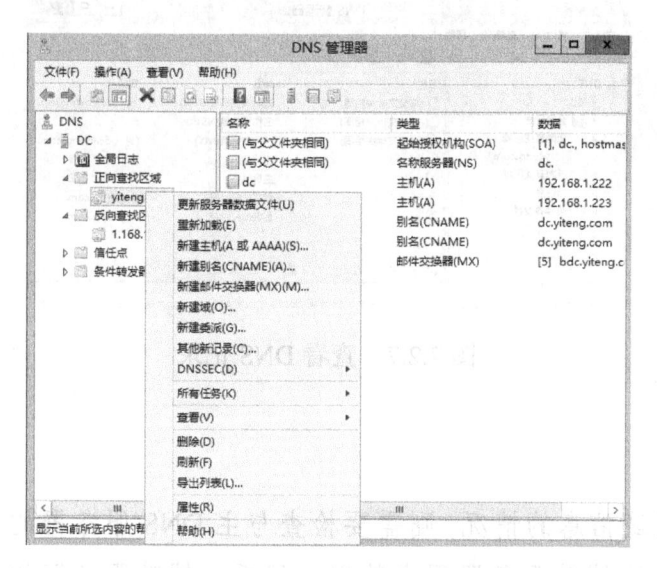

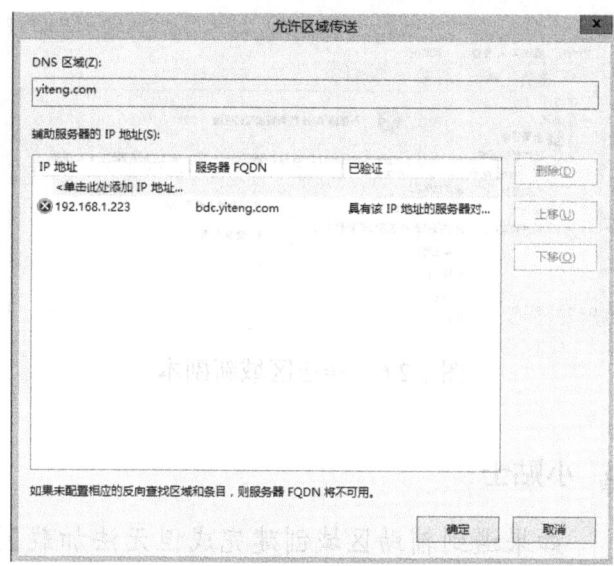

图 7.2.3　"DNS 管理器"窗口　　　　图 7.2.4　添加辅助 DNS 服务器的 IP 地址

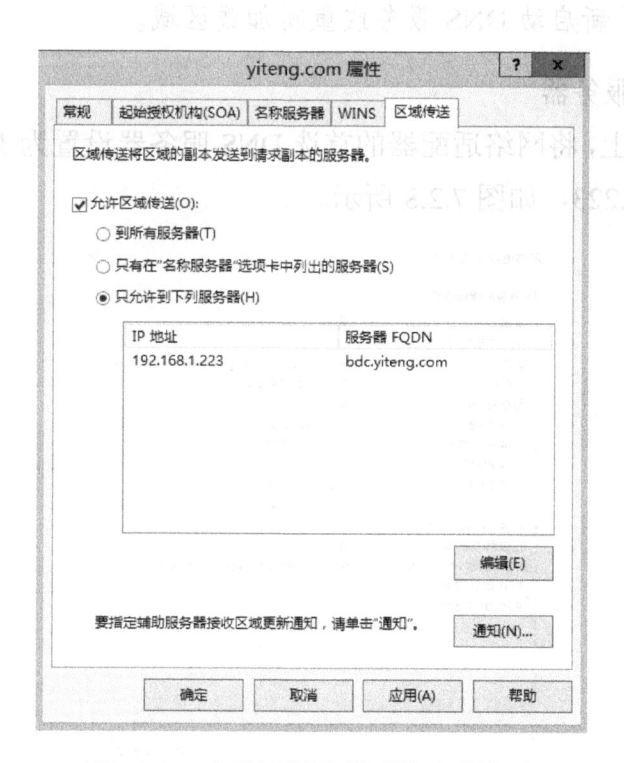

图 7.2.5　允许区域传送到指定服务器

3．在辅助 DNS 服务器上加载区域副本

（1）在辅助 DNS 服务器 BDC 的"DNS 管理器"窗口中，右击需要加载的正向查找区域"yiteng.com"选项，在弹出的快捷菜单中选择"从主服务器传送区域的新副本"命令，如图 7.2.6 所示。

（2）传送完毕后，即可以看到所有 DNS 记录已从主 DNS 服务器上同步完成，如图 7.2.7 所示。

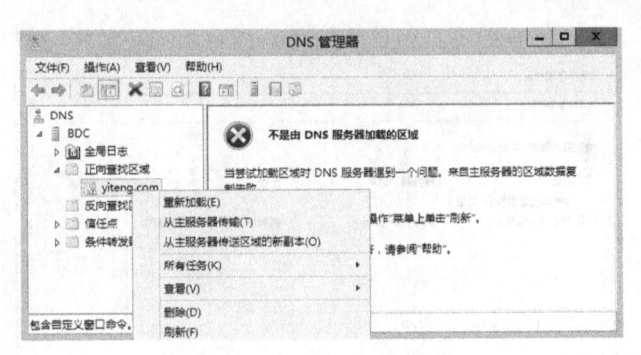

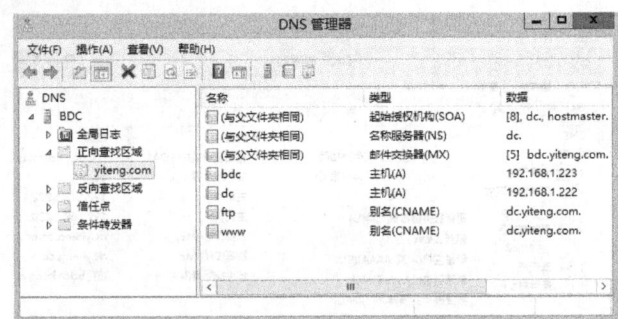

图 7.2.6　传送区域新副本　　　　　　　图 7.2.7　查看 DNS 记录

小贴士

如果遇到辅助区域创建完成但无法加载区域信息的情况，则需要检查与主 DNS 服务器的连通性，以及相关查找区域的区域传送是否允许辅助服务器同步数据，然后在辅助服务器的"DNS 管理器"窗口中重新启动 DNS 服务或重新加载区域。

4．测试辅助 DNS 服务器

（1）在 DNS 客户端上，将网络适配器的首选 DNS 服务器设置为 192.168.1.222，备用 DNS 服务器设置为 192.168.1.223，如图 7.2.8 所示。

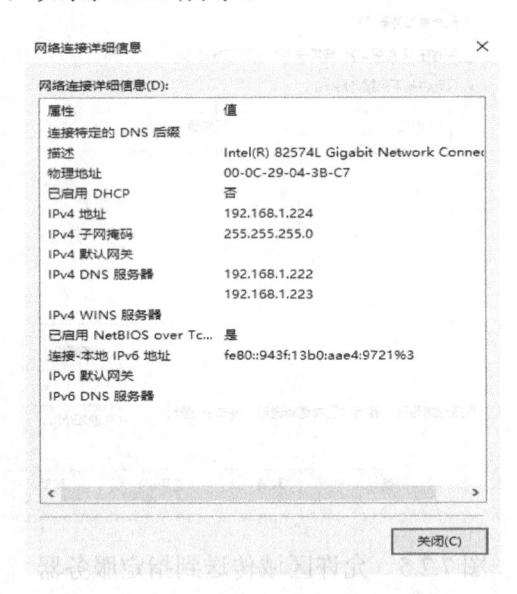

图 7.2.8　DNS 客户端服务器配置结果

（2）在主 DNS 服务器 DC 上，将其系统关机。

（3）在客户端命令提示符窗口中执行"nslookup www.yiteng.com 192.168.1.222"命令，发现无法正常解析，再执行"nslookup www.yiteng.com 192.168.1.223"命令，发现可获得正确的解析结果，如图 7.2.9 所示。然后使用相同方法测试其他记录，此处不再赘述。

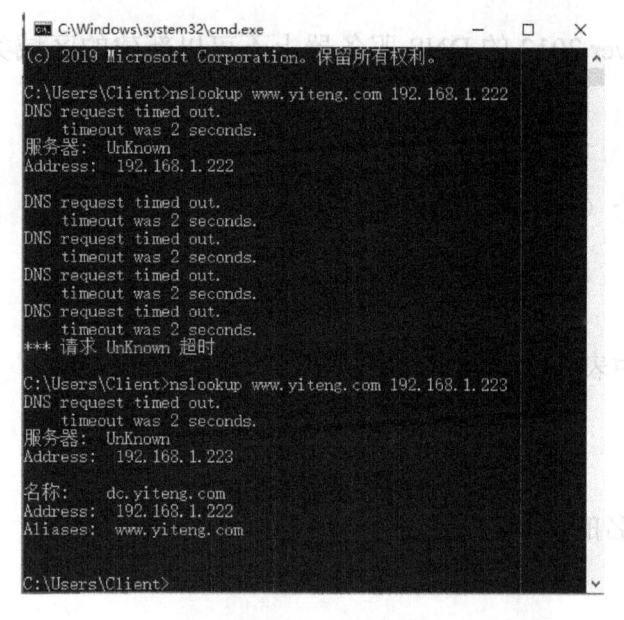

图 7.2.9 测试辅助 DNS 服务器的可用性

💡 小贴士

在测试辅助 DNS 服务器时，可将客户机的"首选 DNS 服务器"后填入辅助 DNS 服务器的 IP 地址，也可同时填入两个 DNS 服务器的 IP 地址。在默认情况下，客户端使用首选 DNS 服务器来完成解析，只有无法和首选 DNS 服务器通信时才会使用辅助 DNS 服务器。

如果需要强制调用某台 DNS 服务器，则可以使用 nslookup 命令。

📋 任务小结

（1）所谓辅助 DNS 服务器是针对特定的区域而言的，一台 DNS 服务器可以是某区域的主服务器同时是另外一个区域的辅助服务器。

（2）在配置某区域的辅助 DNS 服务器时，需要先在主 DNS 服务器设置区域传送，允许辅助 DNS 服务器同步数据，然后在辅助服务器上创建辅助区域并设置同步的源，创建完毕后会自动加载区域记录。

🖊 思考与练习

一、选择题

1. 在 Windows Server 2012 R2 网络操作系统的命令提示符窗口输入（　　）命令来查看 DNS 服务器的 IP 地址。

  A．DNSserver   B．DNSconfig

  C．nslookup   D．DNSip

2. 在 Windows Server 2012 的 DNS 服务器上不可以新建的区域类型有（　　）。
   A. 转发区域　　　　　　　　B. 辅助区域
   C. 存根区域　　　　　　　　D. 主要区域

3. DNS 提供了一个（　　）命名方案。
   A. 分级　　　　　　　　　　B. 分层
   C. 多级　　　　　　　　　　D. 多层

4. DNS 顶级域名中表示学院组织的是（　　）。
   A. COM　　　　　　　　　　B. GOV
   C. MIL　　　　　　　　　　D. edu

5. （　　）表示别名的资源记录。
   A. MX　　　　　　　　　　 B. SOA
   C. CNAME　　　　　　　　 D. PTR

6. （　　）表示地址的资源记录。
   A. MX　　　　　　　　　　 B. A
   C. CNAME　　　　　　　　 D. PTR

7. （　　）表示指针的资源记录。
   A. MX　　　　　　　　　　 B. SOA
   C. CNAME　　　　　　　　 D. PTR

8. （　　）表示邮件交换器的资源记录。
   A. MX　　　　　　　　　　 B. SOA
   C. CNAME　　　　　　　　 D. PTR

9. 有一台 DNS 服务器，用来提供域名解析服务。网络中的其他计算机都作为这台 DNS 服务器的客户机。在服务器创建了一个标准主要区域，在一台客户机上使用 nslookup 工具查询一个主机名称，DNS 服务器能够正确地将其 IP 地址解析出来。可是当使用 nslookup 工具查询该 IP 地址时，DNS 服务器却无法将其主机名称解析出来。请问：应如何解决这个问题？（　　）
   A. 在 DNS 服务器反向解析区域中，为这条主机记录创建相应的 PTR 指针记录
   B. 在 DNS 服务器区域属性上设置允许动态更新
   C. 在要查询的这台客户机上运行命令 Ipconfig /registerdns
   D. 重新启动 DNS 服务器

10. 将 DNS 客户端请求的完全合格的域名解析为对应的 IP 地址的过程称为（　　）。
    A. 正向解析　　　　　　　　B. 迭代解析
    C. 递归解析　　　　　　　　D. 反向解析

11. 将 DNS 客户端请求的 IP 地址解析为对应的完全隔阂的域名的过程被称为（　　）。

  A．正向解析　　　　　　　　B．迭代解析

  C．递归解析　　　　　　　　D．反向解析

二、简答题

1. DNS 的查询模式有哪几种？
2. DNS 的常见资源记录有哪些？
3. DNS 的管理与配置流程是什么？

项目 8 配置与管理 DHCP 服务器

知识目标

（1）了解 TCP/IP 网络中 IP 地址的分配方式。
（2）理解 DHCP 的基本功能和应用场景。
（3）理解 DHCP 服务的基本原理及工作过程。
（4）了解 DHCP 故障转移中伙伴服务器的概念。

能力目标

（1）安装 DHCP 服务器。
（2）建立 DHCP 作用域，实现 IP 地址自动分配。
（3）在客户端上完成 DHCP 服务器的测试。
（4）按需管理 DHCP 服务器，为客户端保留 IP 地址。
（5）配置 DHCP 故障转移。

思政目标

（1）树立节约意识，合理分配 IP 地址等网络资源。
（2）增强服务意识，能为用户便捷使用网络提供支持。
（3）增强信息系统安全意识，能主动提高网络服务的可靠性。

项目 8 配置与管理 DHCP 服务器

项目需求

某公司承揽网络中心机房建设与管理工程，按照合同要求进行施工。公司的小赵已经在内部服务器上安装并配置了 DNS 等基本的网络服务。随着公司网络需求的逐步增加，为同事的计算机手动配置 IP 地址耗费了小赵大量的精力，并且稍不注意就会造成 IP 地址配置错误进而影响正常办公。除此之外，为具有不同操作系统的移动设备手动配置 IP 地址也很难。因此，在公司的内网中实施动态 IP 地址分配方案已势在必行。

基于上述需求，管理部门决定，在公司内部架设一台 DHCP 服务器，为公司内的计算机动态分配 IP 地址，减少手动分配 IP 地址带来的麻烦。Windows Server 2012 R2 提供的 DHCP 服务，可以很好地实现 IP 地址的动态分配，为员工简单快捷地访问网络提供支持。

本项目主要介绍 Windows Server 2012 R2 网络操作系统 DHCP 服务器的安装、配置与管理，以及通过配置 DHCP 服务器的故障转移来为网络用户提供可靠的服务。项目拓扑图如图 8.0.1 所示。

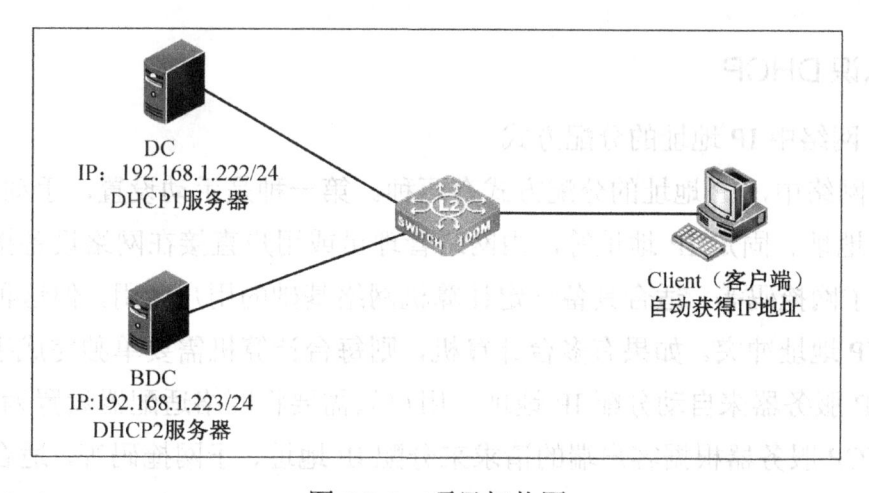

图 8.0.1 项目拓扑图

任务 8.1 安装与配置 DHCP 服务器

任务描述

公司内部已有正在使用的服务器，在现有服务器上部署 DHCP 服务器，实现 IP 地址的动态分配。

任务要求

在 Windows Server 2012 R2 服务器上安装 DHCP 服务，并建立作用域，设置地址范围、租用期限、路由器（默认网关）、DNS 服务器等，实现公司内部网络 IP 地址的动态分配，DHCP 关键设置项见表 8.1.1。

表 8.1.1 DHCP 关键设置项

DHCP 选项	公司现有网络情况	计划设置方案
IP 地址范围	内网网段为 192.168.1.0/24	起始 IP 地址：192.168.1.1 结束 IP 地址：192.168.1.253
排除	路由器内网接口（网关）IP 地址为 192.168.1.254； 服务器使用的 IP 地址范围为 192.168.1.221 至 192.168.1.229	排除服务器所用 IP 地址范围：192.168.1.221 至 192.168.1.229 排除默认网关，其 IP 地址已在 IP 地址范围外，此处无须排除
路由器（默认网关）	路由器内网接口（网关）IP 地址为 192.168.1.254	192.168.1.254
DNS 服务器	公司现有的 DNS 服务器 IP 地址为 192.168.1.222	192.168.1.222

任务实施

活动 1 认识 DHCP

1．TCP/IP 网络中 IP 地址的分配方式

在 TCP/IP 网络中，IP 地址的分配方式有两种。第一种是手动设置，手动设置的 IP 地址也称为静态 IP 地址、固定 IP 地址等，由网络管理员或用户直接在网络设备接口等设置项中输入 IP 地址及子网掩码等，适合具备一定计算机网络基础的用户使用，但这种方法容易因输入错误而造成 IP 地址冲突。如果有多台计算机，则每台计算机需要单独完成手动设置。第二种是通过 DHCP 服务器来自动分配 IP 地址，用户只需要将网络适配器设置为自动获得 IP 地址即可，由 DHCP 服务器根据客户端的请求来分配 IP 地址、子网掩码等，适合计算机数量较多的网络环境。这种方法可减轻网络管理员的负担，以及减少用户手动输入带来的错误。

2．DHCP 基本概念及应用场景

动态主机配置协议（Dynamic Host Configuration Protocol，DHCP）是一种简化 IP 地址管理的协议，用于为网络中的计算机等设备自动分配 IP 地址等信息。相比手动设置 IP 地址，DHCP 具有多方面的优势，能够减少因手动设置 IP 地址出现的错误及 IP 地址冲突，能够提高 IP 地址的使用效率和网络管理员的工作效率，能够在网段 IP 地址发生变动时快速调整计算机等客户端的 IP 地址设置。DHCP 采用客户端/服务器（Client/Server，C/S）架构，服务器端使用 67 号端口及 UDP 协议监听客户端的 IP 地址请求并回复信息，分配的 IP 地址信息包括 IP 地址、子网掩码、默认网关、DNS 服务器地址等。DHCP 的应用范围广泛，在校园网、办公网及共同区域的网络中均有大规模的应用。

3．DHCP 的基本原理及主要工作过程

在 DHCP 工作过程中，客户端与服务器主要通过广播数据包进行通信，即发送数据包的目的地址为 255.255.255.255。本任务以客户端与 DHCP 服务器 192.168.1.222 的通信为例来介绍 DHCP 的主要工作过程，如图 8.1.1 所示。

图 8.1.1 DHCP 的主要工作过程

（1）DHCP DISCOVER：IP 地址租用申请，DHCP 客户端发送 DHCP DISCOVER 广播包，目的端口为 67，该广播包中包含客户端的硬件地址（MAC 地址）和计算机名。

（2）DHCP OFFER：IP 地址租用提供，DHCP 服务器在收到客户端请求后，会从地址池中拿出一个未分配的 IP 地址，通过 DHCP OFFER 广播包告知客户端。如果有多台 DHCP 服务器，则客户端会使用收到的第一个 DHCP OFFER 中的 IP 地址信息。

（3）DHCP REQUEST：IP 地址租用选择，客户端在收到 DHCP 服务器发来的 IP 地址后，会发送 DHCP REQUEST 广播包以告知网络中的 DHCP 服务器要使用的 IP 地址。

（4）DHCP ACK：IP 地址租用确认，被选中的 DHCP 服务器会回应一个 DHCP ACK 广播包以将这个 IP 地址分配给这个客户端使用。

4．DHCP 中继代理及使用场景

由于 DHCP 客户端和服务器之间主要使用广播包进行通信，因此限制了 DHCP 服务器只能在一个广播域（或 VLAN）中使用。若客户端与 DHCP 服务器位于不同的广播域，则 DHCP 服务器将无法接收到客户端的请求数据包 DHCP DISCOVER，这就需要一个 DHCP 中继代理（DHCP Relay Agent）设备，一般为三层交换机、路由器、防火墙等具有路由功能的设备。DHCP 中继代理设备在收到客户端的 DHCP DISCOVER、DHCP REQUEST 等广播包后，会将其变成单播包转发给 DHCP 服务器，DHCP 服务器以单播回应，然后 DHCP 中继代理设备将单播包变成广播包发给客户端。若一个网络拥有多个广播域（企业中多为 VLAN），则连接这些广播域的设备需要启用 DHCP 中继代理，若只有一个广播域则无须配置此项。

活动 2 安装 DHCP 服务器

1. 必要条件

若 DHCP 服务器能够为客户端动态分配 IP 地址，则必须具备以下条件。

（1）有固定的 IP 地址。

（2）安装并启动 DHCP 服务。

（3）正确配置了 DHCP 作用域信息。

（4）能够接收到客户端的 DHCP 请求，即 DHCP 服务器与客户端位于同一广播域或已经配置了 DHCP 中继代理。

2. 具体步骤

本任务将在服务器 DC 上安装和配置 DHCP 服务器。

（1）在服务器上打开"服务器管理器"窗口，选择"仪表板"→"快速启动"→"添加角色和功能"命令。

（2）打开"添加角色和功能向导"窗口后，在"开始之前"界面单击"下一步"按钮。

（3）在"选择安装类型"界面中，选中"基于角色或基于功能的安装"单选按钮，然后单击"下一步"按钮。

（4）在"选择目标服务器"界面中，选中"从服务器池中选择服务器"单选按钮，然后选择服务器"DC"，单击"下一步"按钮。

（5）在"选择服务器角色"界面中，勾选"DHCP 服务器"复选框，在弹出的"添加 DHCP 服务器所需的功能？"对话框中单击"添加功能"按钮，返回确认"DHCP 服务器"角色处于已选择状态后单击"下一步"按钮，如图 8.1.2 所示。

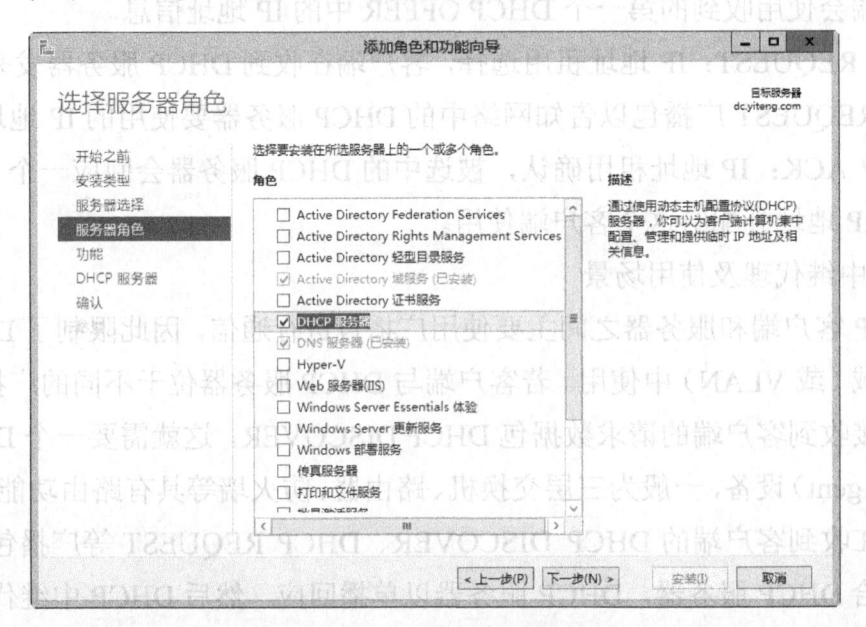

图 8.1.2 选择服务器角色

（6）在"选择功能"界面，保持默认设置，单击"下一步"按钮。

（7）在"DHCP 服务器"界面中，保持默认设置，单击"下一步"按钮。

（8）在"确认安装所选内容"界面中，单击"安装"按钮进行安装，如图 8.1.3 所示。

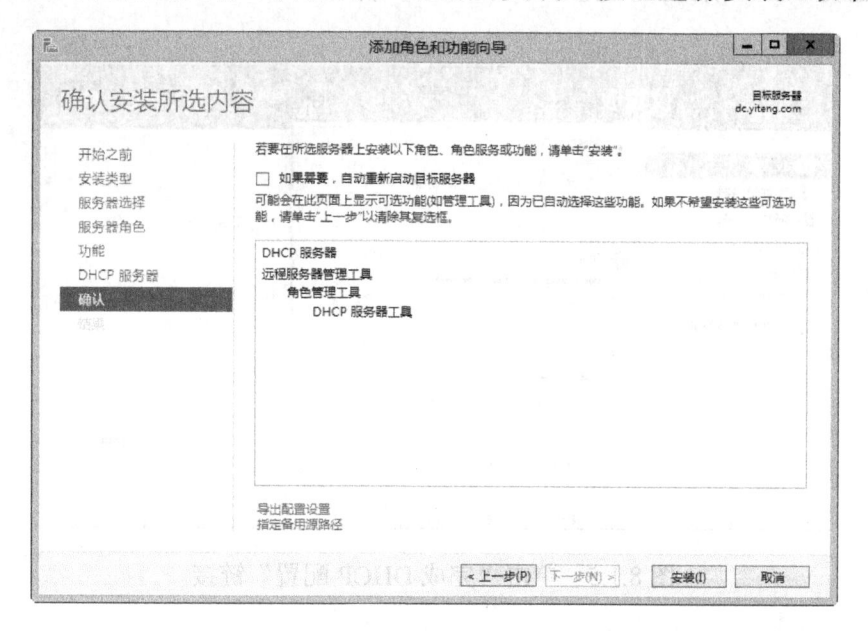

图 8.1.3　确认安装 DHCP 服务器

（9）安装完成后，在"安装进度"界面中，单击"关闭"按钮，如图 8.1.4 所示。

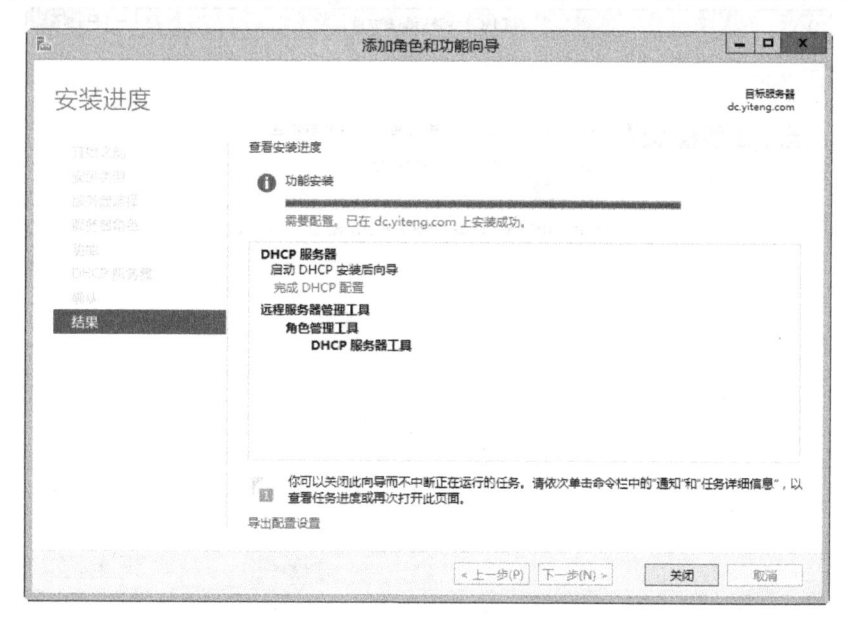

图 8.1.4　DHCP 服务器安装完成

活动 3　授权 DHCP 服务器

在基于活动目录（Active Directory）的网络中，为了防止非法 DHCP 服务器运行可能造成的 IP 地址混乱，提高 DHCP 使用的安全性，必须要使用管理员身份对合法 DHCP 服务器进行授权，未获得授权的 DHCP 服务器将无法提供服务。在基于工作组的网络环境中，则不支持对 DHCP 服务器进行授权。

Windows Server 2012 R2 系统管理与服务器配置

（1）在"服务器管理器"窗口中，单击"旗帜"图标右下方的黄色感叹号，在弹出的对话框中单击"完成 DHCP 配置"链接，如图 8.1.5 所示。

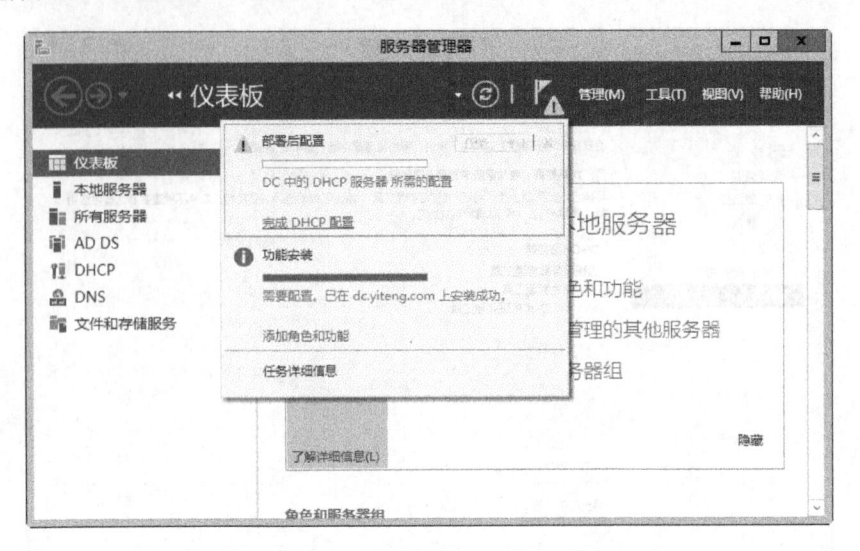

图 8.1.5　单击"完成 DHCP 配置"链接

（2）打开"DHCP 安装后配置向导"窗口后，在"描述"界面中单击"下一步"按钮，如图 8.1.6 所示。

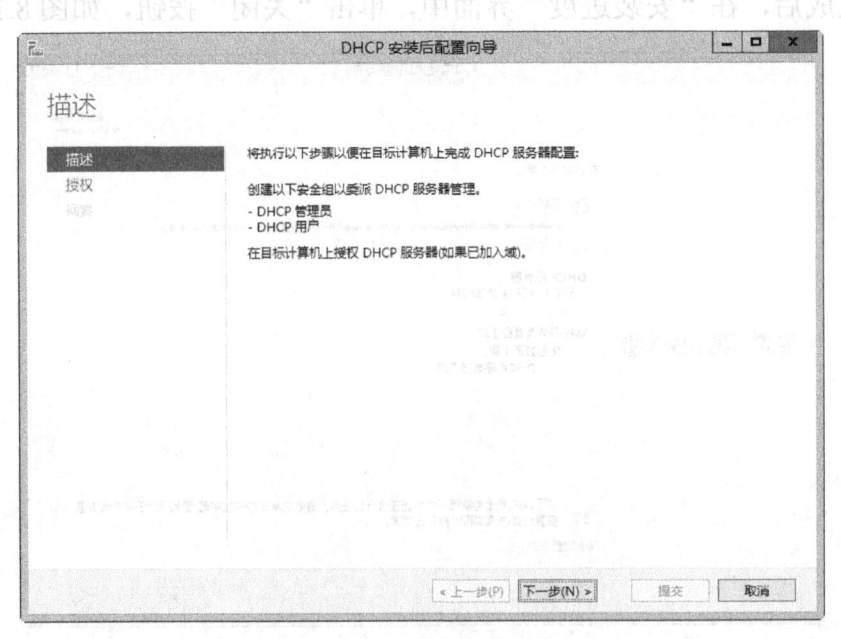

图 8.1.6　"描述"界面

（3）在"授权"界面中，输入能够为 DHCP 服务器提供授权的用户凭据，如果是域成员服务器则需要使用域管理员或 DHCP 用户名作为凭据，如果 DHCP 服务器位于域控制器上则使用默认的用户凭据，然后单击"提交"按钮，如图 8.1.7 所示。

（4）在"摘要"界面中，单击"关闭"按钮完成 DHCP 授权，如图 8.1.8 所示。

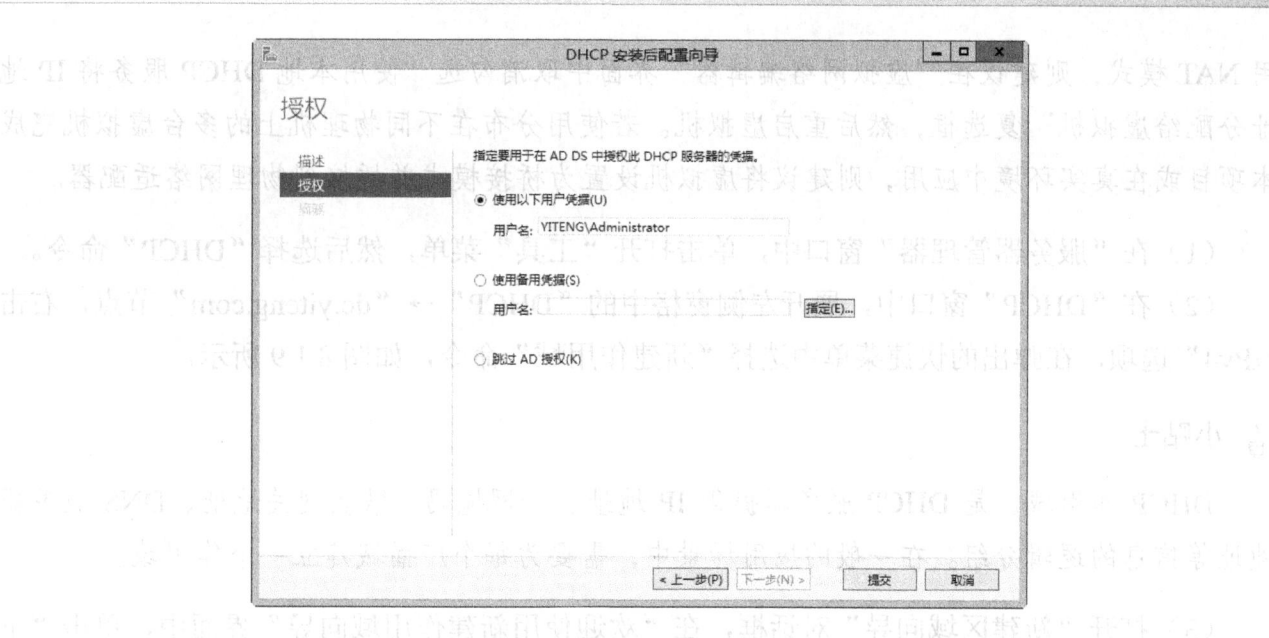

图 8.1.7　输入用户凭据

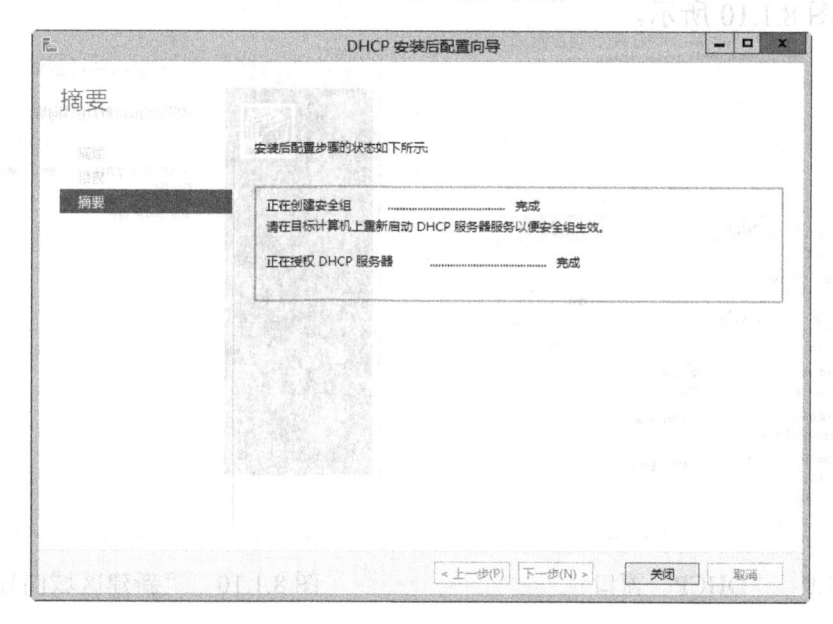

图 8.1.8　完成 DHCP 授权

活动 4　配置 DHCP 服务器

💡 **小贴士**

若出于学习目的在单一物理机上使用多台 VMware Workstation 虚拟机完成本项目，则建议在物理机上安装 Microsoft KM-TEST（也称为 Loopback）环回适配器，以减少 DHCP 对物理机所在网络的影响。方法是在物理机中右击"Windows"按钮，在弹出的快捷菜单中选择"计算机管理"命令，然后双击"设备管理器"选项，在打开的窗口中单击物理机的计算机名后打开"操作"菜单，选择"添加过时硬件"命令，借助安装向导安装"Microsoft KM-TEST 环回适配器"。安装完成后，在 VMware Workstation 主窗口的"编辑"菜单中选择"虚拟网络编辑器"命令，然后将"VMnet 0"虚拟交换机桥接到 Microsoft KM-TEST 环回适配器。若使用 NAT 模式，则建议在"虚拟网络编辑器"界面中取消勾选"使用本地 DHCP 服务将 IP 地址分配给虚拟机"复选框，然后重启虚拟机。若使用分布在不同物理机上的多台虚拟机完成本项目或在真实环境中应用，则建议将虚拟机设置为桥接模式并桥接到物理网络适配器。

（1）在"服务器管理器"窗口中，单击打开"工具"菜单，然后选择"DHCP"命令。

（2）在"DHCP"窗口中，展开左侧窗格中的"DHCP"→"dc.yiteng.com"节点，右击"IPv4"选项，在弹出的快捷菜单中选择"新建作用域"命令，如图 8.1.9 所示。

💡 小贴士

DHCP 作用域，是 DHCP 服务器提供 IP 地址、子网掩码、默认网关地址、DNS 服务器地址等信息的逻辑分组。在一般的应用场景中，需要为每个广播域建立一个作用域。

（3）打开"新建区域向导"对话框，在"欢迎使用新建作用域向导"界面中，单击"下一步"按钮，如图 8.1.10 所示。

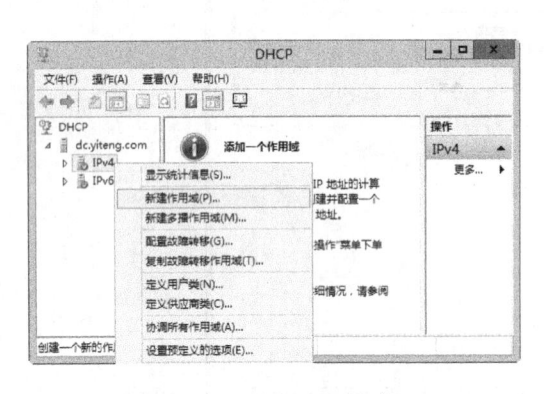

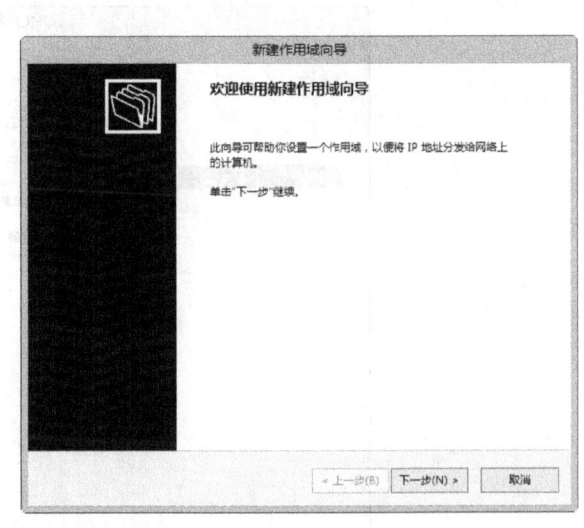

图 8.1.9 "DHCP"窗口　　　　图 8.1.10 "新建区域向导"对话框

（4）在"作用域名称"界面中输入作用域名称（yiteng 公司办公网络），然后单击"下一步"按钮，如图 8.1.11 所示。

（5）在"IP 地址范围"界面中输入起始 IP 地址（192.168.1.1），由于公司现有网络的网关地址为 192.168.1.254，不能通过 DHCP 分配给客户端，所以将结束 IP 地址输入为 192.168.1.253，设置子网掩码"长度"为 24 或直接设置"子网掩码"为 255.255.255.0，然后单击"下一步"按钮，如图 8.1.12 所示。

💡 小贴士

DHCP 中的 IP 地址范围，是指以起始 IP 地址和结束 IP 地址来定义的范围区间。此处的 IP 地址范围与可分配的 IP 地址范围有所不同，能够分配给客户端使用的 IP 地址一般称为地址池，是指在 IP 地址范围内去掉后续步骤中的"排除"IP 地址后所剩余的 IP 地址。

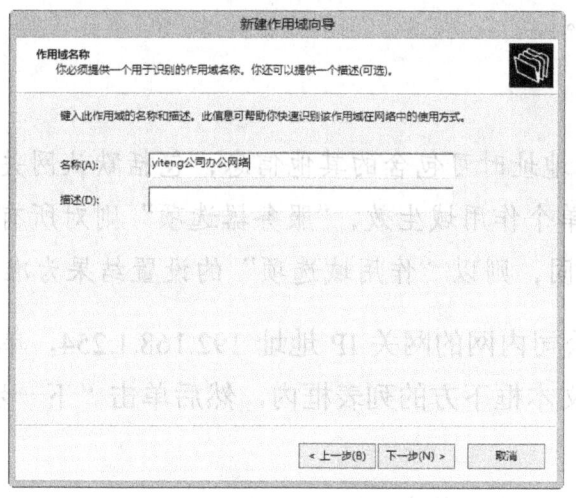

图 8.1.11　输入作用域名称　　　　图 8.1.12　设置 IP 地址范围

（6）在"添加排除和延迟"界面中，输入要排除的地址区间，公司现有服务器使用192.168.1.221 到 192.168.1.229 这 9 个固定的 IP 地址，因此在"起始 IP 地址"和"结束 IP 地址"文本框中分别输入 192.168.1.221 和 192.168.1.229，单击"添加"按钮，这些地址将显示在"排除的地址范围"列表框内，然后单击"下一步"按钮，如图 8.1.13 所示。

（7）在"租用期限"界面中输入 IP 地址所能租用的最长时间，此处使用默认设置的 8 天，然后单击"下一步"按钮，如图 8.1.14 所示。

小贴士

租用期限，是指客户端能够使用自动获得的 IP 地址的时间。在一个以有线网络为主的环境中，可以使用默认的租用期限，即 8 天；而如果网络中存在手机、平板电脑等可移动设备，则可将租用期限设置为 1 天。

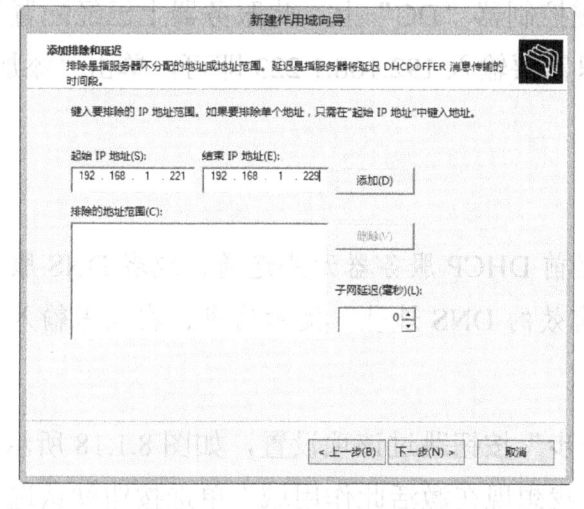

图 8.1.13　添加排除和延迟　　　　图 8.1.14　设置租用期限

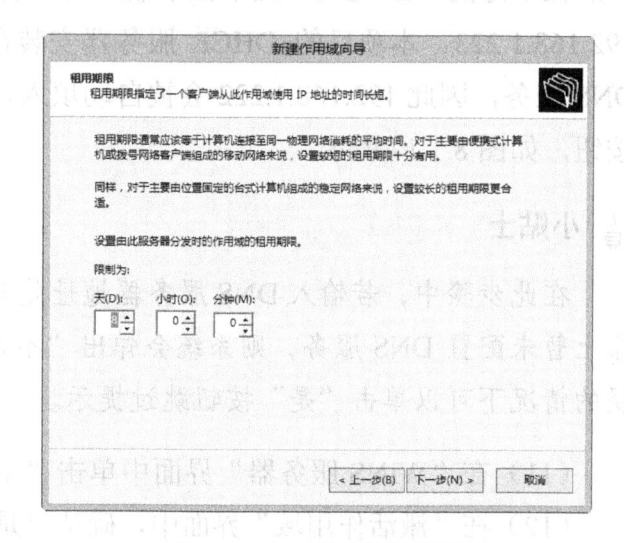

（8）在"配置 DHCP 选项"界面中，确认"是，我想现在配置这些选项"单选按钮默认

选中后,单击"下一步"按钮,如图 8.1.15 所示。

> 💡 小贴士
>
> DHCP 选项,是指 DHCP 服务器在分配 IP 地址时可包含的其他信息,包括默认网关、DNS 服务器地址等。"作用域选项"只对所在的单个作用域生效,"服务器选项"则对所有作用域生效。对于某个作用域而言,若二者设置不同,则以"作用域选项"的设置结果为准。

(9)在"路由器(默认网关)"界面中输入公司内网的网关 IP 地址 192.168.1.254,单击"添加"按钮后确保上述地址显示在"IP 地址"文本框下方的列表框内,然后单击"下一步"按钮,如图 8.1.16 所示。

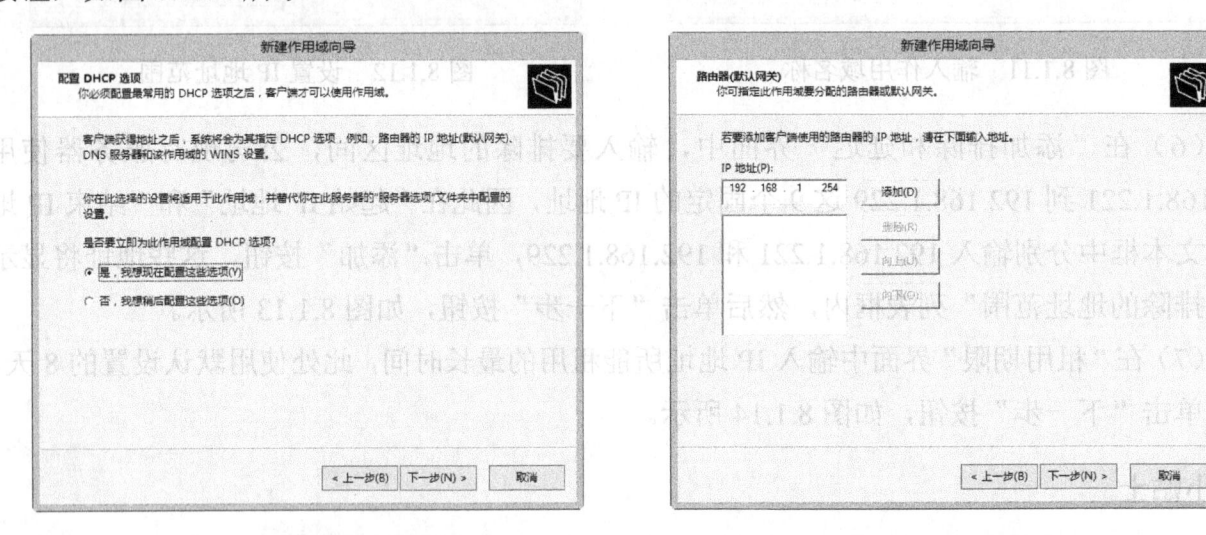

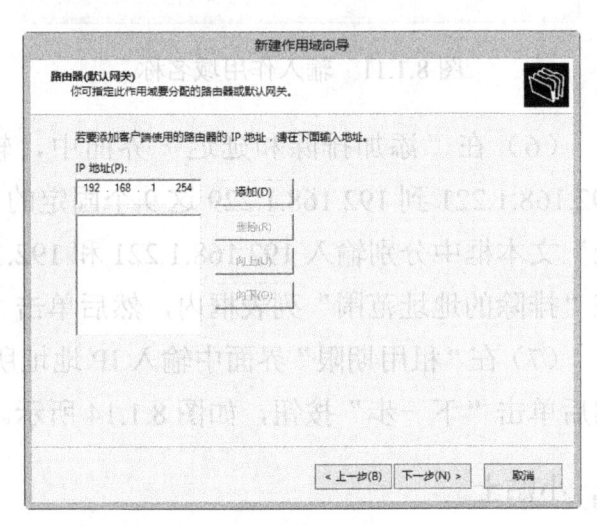

图 8.1.15 配置 DHCP 选项   图 8.1.16 设置路由器(默认网关)地址

(10)在"域名称和 DNS 服务器"界面中,输入公司已有的 DNS"父域"名称"yiteng.com",然后在下方的"IP 地址"文本框中输入公司现有两台 DNS 服务器的 IP 地址 192.168.1.222、192.168.1.223。本项目的 DHCP 服务器安装在域控制器"DC"上,此服务器上已经配置了 DNS 服务,因此 192.168.1.222 会被自动填入,只需要输入 192.168.1.223 即可,单击"添加"按钮,如图 8.1.17 所示。

> 💡 小贴士
>
> 在此步骤中,若输入 DNS 服务器地址处与当前 DHCP 服务器无法连通,或者 DNS 服务器上暂未配置 DNS 服务,则系统会弹出"不是有效的 DNS 地址"提示信息,在确保输入无误的情况下可以单击"是"按钮跳过提示。

(11)在"WINS 服务器"界面中单击"下一步"按钮跳过该项设置,如图 8.1.18 所示。

(12)在"激活作用域"界面中,确认"是,我想现在激活此作用域"单选按钮默认选中后,单击"下一步"按钮,如图 8.1.19 所示。

(13)"正在完成新建作用域向导"界面中显示完成提示,单击"完成"按钮完成 DHCP

服务器的主要配置，如图 8.1.20 所示。

图 8.1.17　输入父域名称和 DNS 服务器 IP 地址

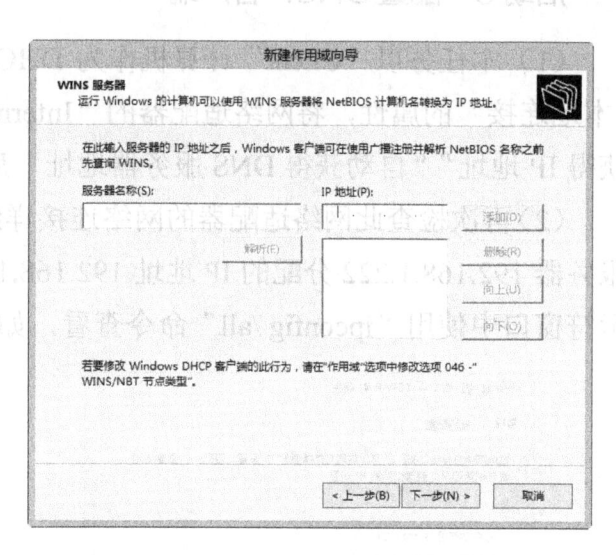

图 8.1.18　跳过 WINS 服务器设置

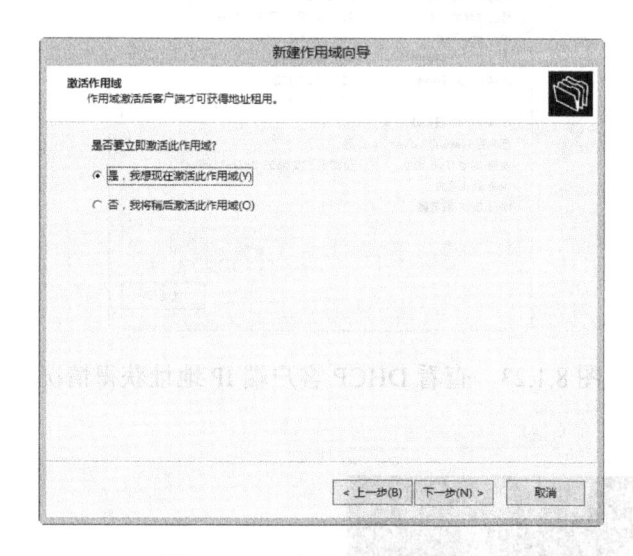

图 8.1.19　立即激活作用域

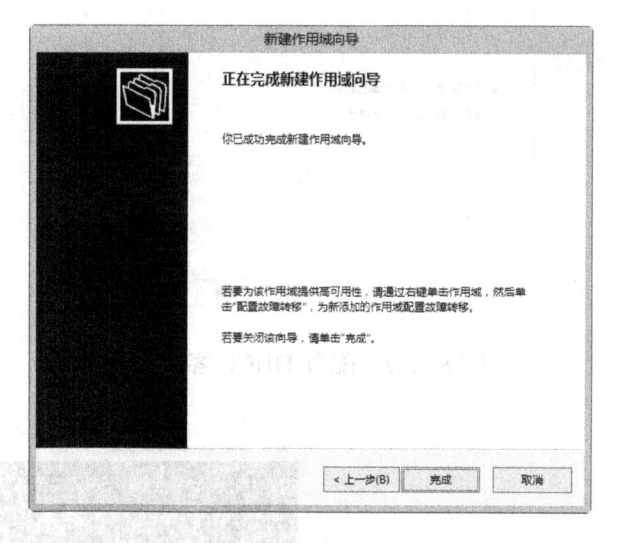

图 8.1.20　新建作用域向导的完成提示

（14）返回"DHCP"窗口，即可以看到通过上述步骤创建的 DHCP 作用域，如图 8.1.21 所示。

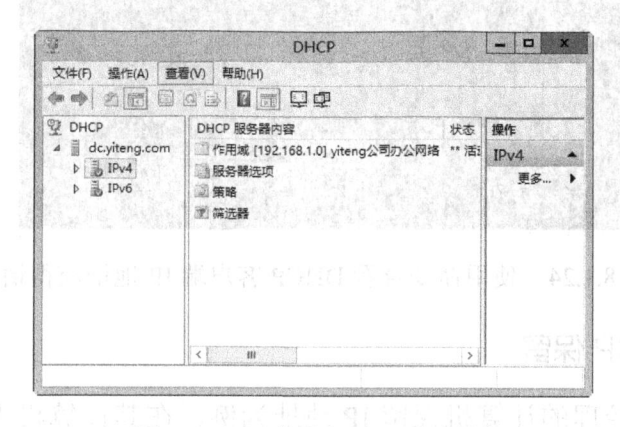

图 8.1.21　查看 DCHP 作用域

活动5　配置 DHCP 客户端

（1）本任务以"Client"计算机作为 DHCP 客户端。在 DHCP 客户端上修改网络适配器"本地连接"的属性，将网络适配器的"Internet 协议版本4（TCP/IPv4）"属性设置为"自动获得 IP 地址""自动获得 DNS 服务器地址"后，单击"确定"按钮，如图 8.1.22 所示。

（2）再次检查此网络适配器的网络连接详细信息，可以看到此计算机已经获得了由 DHCP 服务器 192.168.1.222 分配的 IP 地址 192.168.1.1，如图 8.1.23 所示；也可以在客户端的命令提示符窗口中使用"ipconfig /all"命令查看，如图 8.1.24 所示。

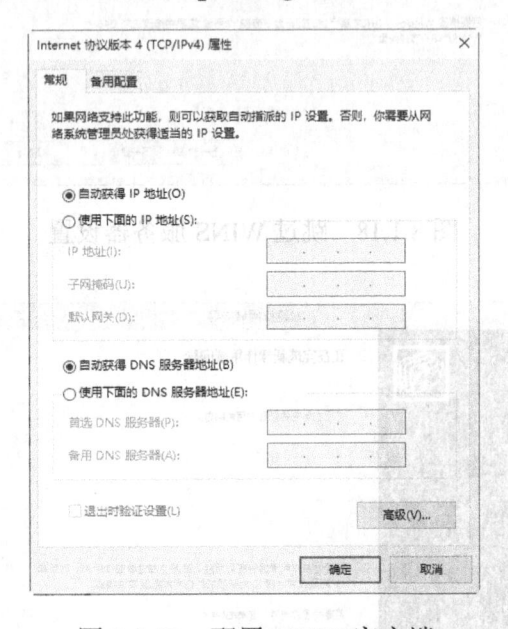

图 8.1.22　配置 DHCP 客户端

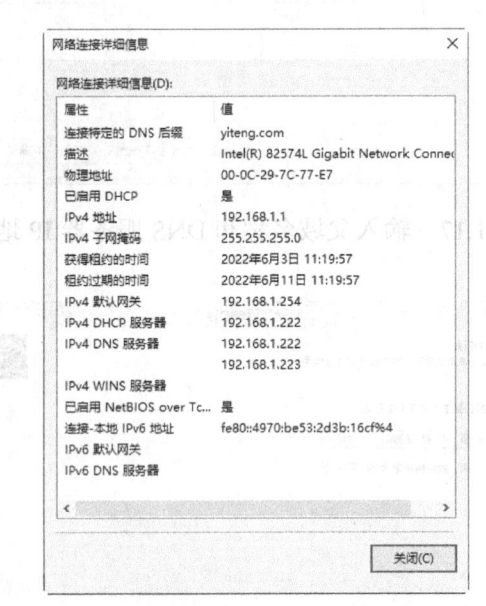

图 8.1.23　查看 DHCP 客户端 IP 地址获得情况

图 8.1.24　使用命令查看 DHCP 客户端 IP 地址获得情况

活动6　配置 DHCP 保留

（1）本任务以为总经理的计算机保留 IP 地址为例，在其计算机上使用"ipconfig /all"命令查看其 MAC 地址（物理地址）。

（2）在"DHCP"窗口中，右击通过上述步骤创建的作用域中的"保留"选项，在弹出的快捷菜单中选择"新建保留"命令，如图 8.1.25 所示。

> **小贴士**
>
> DHCP 保留，是指 DHCP 服务器为某一客户端始终分配一个无租用期限的 IP 地址。例如，软件或系统测试环境中需要多次为客户端重新安装操作系统，那么使用 DHCP 保留就能够确保客户端自动获得的始终为同一 IP 地址，其操作方法是在作用域中新建保留项，绑定客户端的 MAC 地址与要分配的 IP 地址。

（3）在"新建保留"对话框中，在"保留名称"文本框中输入便于识别的名称，此处使用"ZJL-PC"，然后输入要为其保留的 IP 地址，再输入总经理计算机的 MAC 地址，输入完毕后单击"添加"按钮，如图 8.1.26 所示。

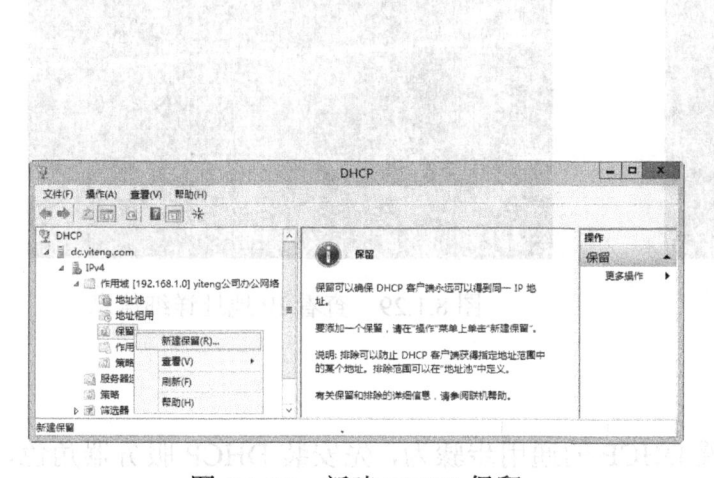

图 8.1.25　新建 DHCP 保留　　　　　图 8.1.26　添加保留项

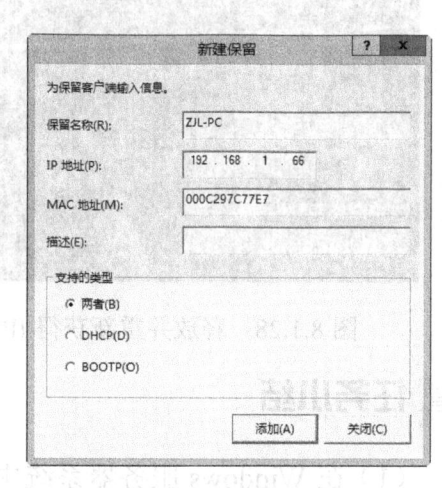

（4）返回"DHCP"窗口后，可在"保留"列表框中查看已设置的保留项，如图 8.1.27 所示。

图 8.1.27　查看 DHCP 保留项

活动 7　测试 DHCP 保留

在客户端的命令提示符窗口中分别执行 ipconfig /release、ipconfig /renew、ipconfig /all 命令，可以看到此计算机已获得了 192.168.1.66 的 IP 地址，即在 DHCP 服务器中设置的保留 IP

地址，ipconfig 命令及其作用见表 8.1.2，命令结果如图 8.1.28、图 8.1.29 所示。

表 8.1.2 ipconfig 命令及其作用

命 令	作 用
ipconfig /release	释放当前的 IP 地址
ipconfig /renew	重新向 DHCP 服务器租用 IP 地址
ipconfig /all	查看本机 IP 地址的详细信息

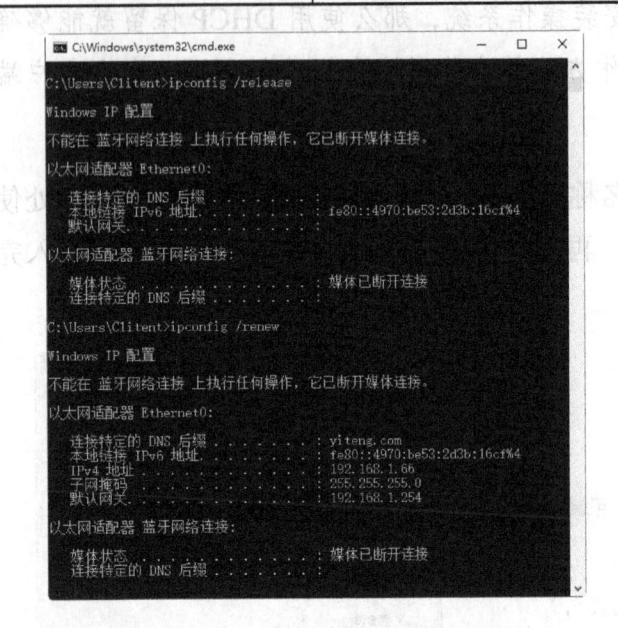

图 8.1.28 释放并重新获得 IP 地址

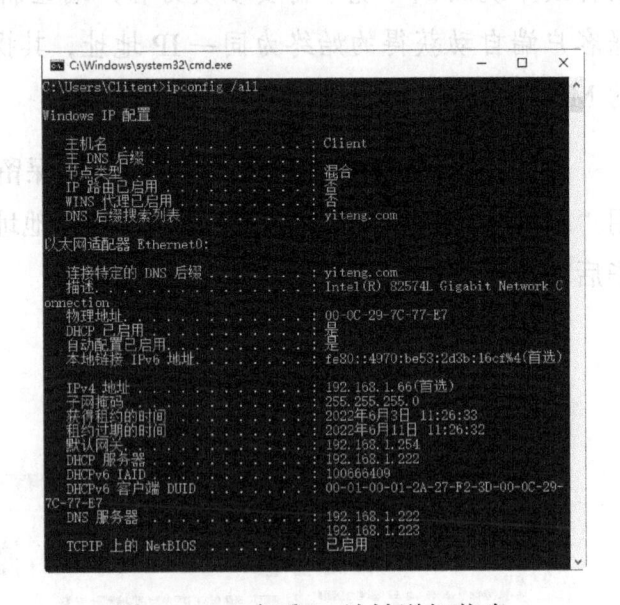

图 8.1.29 查看 IP 地址详细信息

任务小结

（1）在 Windows 服务器系统中配置 DHCP 的通用步骤为，先安装 DHCP 服务器角色，如果 DHCP 服务器在活动目录中则需要进行授权，再创建 DHCP 作用域，根据需要设置作用域名称、IP 地址范围、排除、租用期限、路由器（默认网关）地址、DNS 服务器地址、保留等。

（2）若客户端使用 DHCP 自动获得 IP 地址，则必须保证客户端能够和 DHCP 服务器连通，才能获得 IP 地址。

任务 8.2　配置 DHCP 服务器的故障转移

任务描述

随着公司规模的扩大，上网人数增加，公司主 DHCP 服务器负荷过重，为防止单点故障，小赵想通过增加一台 DHCP 服务器来实现负载平衡和冗余备份，即使其中一台 DHCP 服务器出现故障或需要进行维护，另外一台 DHCP 服务器也可以继续工作。

任务要求

DCHP 故障转移是 Windows Server 2012 R2 中有关 DHCP 服务器的一种容错机制，当一台 DHCP 服务器遇到故障不能正常工作时，另外一台 DHCP 服务器可以继续为客户端分配 IP 地址。DHCP 服务器中的角色及承担任务见表 8.2.1。

表 8.2.1 DHCP 服务器中的角色及承担任务

主 机 名	IP 地址	角 色	承 担 任 务
DC	192.168.1.222	DHCP 服务器 1	本地服务器，承担 50%IP 地址分配任务
BDC	192.168.1.223	DHCP 服务器 2	伙伴服务器，承担 50%IP 地址分配任务

任务实施

活动 1　认识 DHCP 故障转移

1．DHCP 故障转移伙伴关系中的"负载平衡"

在 DHCP 故障转移中，负载平衡是指两台 DHCP 服务器分别管理地址池中 50%的地址，也可以根据服务器的可用资源情况修改负载平衡百分比。由于受网络延迟等因素的影响，在开始出租 IP 地址一段时间后可能出现分配不均衡的情况，因此伙伴关系中的第一台服务器会以 5 分钟为时间间隔，检查两台 DHCP 服务器的 IP 地址的租用情况，自动调整比率。

2．伙伴关系中的"热备用服务器"

在 DHCP 故障转移中，热备用服务器是指两台 DHCP 服务器中有一台处于活动状态，另一台处于待机状态，只有当活动状态的 DHCP 服务器停机或出现故障时，备用服务器才会变为活动状态。一般情况下，备用服务器会保留 5%的 IP 地址，当活动服务器发生故障且备用服务器还尚未取得 DHCP 的管理权时，也可以将这些 IP 地址分配给客户端。

活动 2　配置 DHCP 故障转移

1．在伙伴服务器上安装并授权 DHCP 服务器

本任务使用"BDC"作为第二台 DHCP 服务器，即作为第一台 DHCP 服务器"DC"的伙伴服务器。需要在"BDC"上添加 DHCP 服务器角色，并在 DHCP 配置向导或 DHCP 管理器中完成授权，确保服务器能够正常运行。

2．以"DC"为本地服务器配置故障转移

（1）在本地服务器"DC"的"DHCP"窗口中，右击"IPv4"选项，在弹出的快捷菜单中选择"配置故障转移"命令，如图 8.2.1 所示。

（2）在"配置故障转移"对话框的"DHCP 故障转移简介"界面选择需要配置故障转移的作用域，此处的"可用作用域"默认为"全选"状态，然后单击"下一步"按钮，如图 8.2.2 所示。

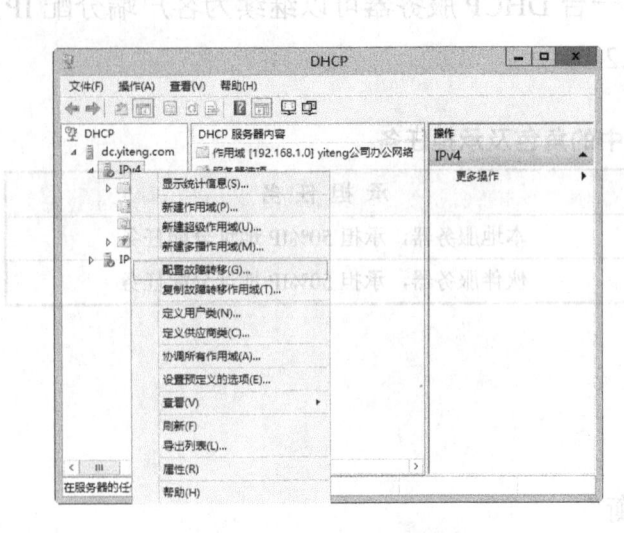

Windows Server 2012 R2 系统管理与服务器配置

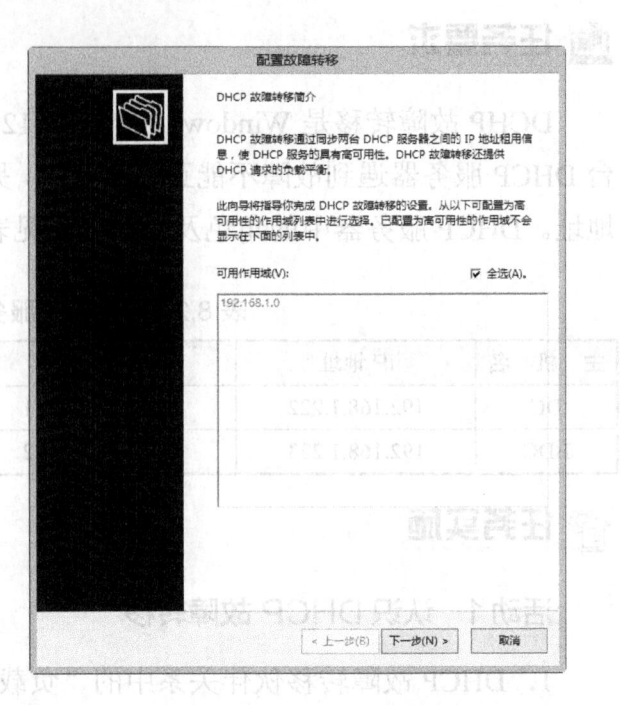

图 8.2.1　启用故障转移　　　　　图 8.2.2　选择配置 DHCP 故障转移的作用域

（3）在"指定要用于故障转移的伙伴服务器"界面中输入伙伴服务器的主机名或 IP 地址，也可以单击"添加服务器"按钮，在 yiteng.com 域中通过浏览的方式选择"bdc.yiteng.com"选项，然后单击"下一步"按钮，如图 8.2.3 所示。

（4）在"新建故障转移关系"界面中可以看到伙伴关系的名称，此处无须修改，故障转移模式可使用默认的"负载平衡"模式，勾选"启用消息验证"复选框，在"共享机密"文本框中输入 DHCP 服务器之间相互验证的密码，然后单击"下一步"按钮，如图 8.2.4 所示。

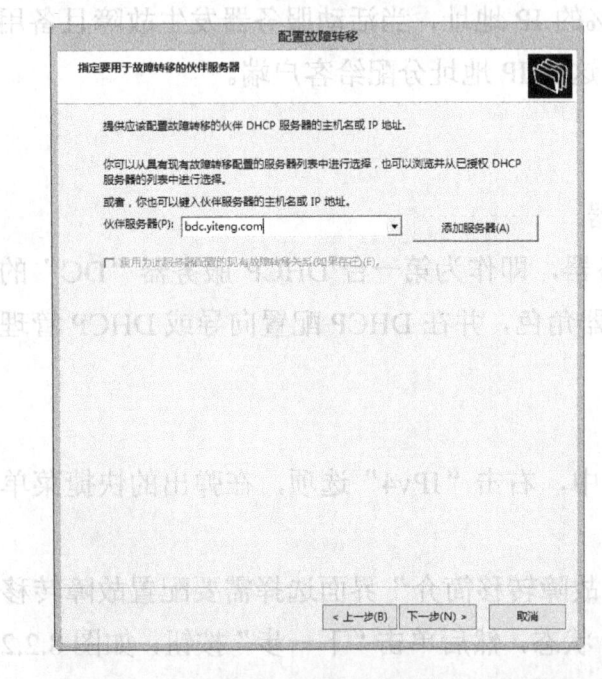

图 8.2.3　指定要用于故障转移的伙伴服务器　　　　　图 8.2.4　设置故障转移关系

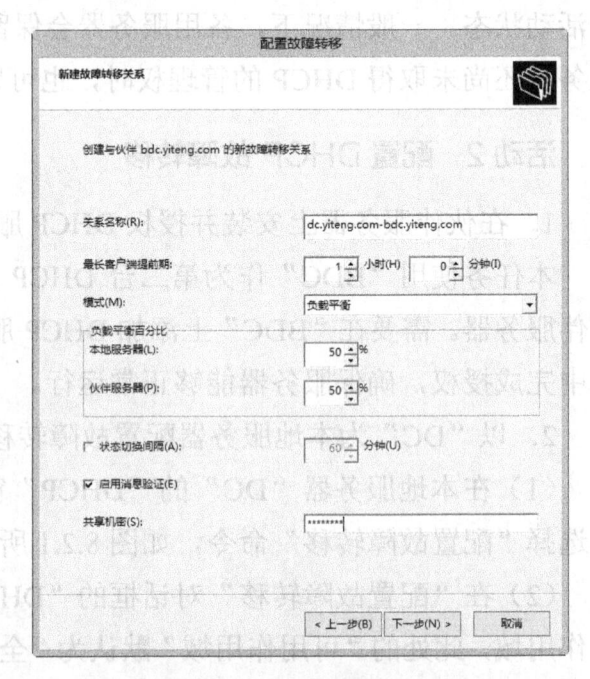

（5）在故障转移汇总信息界面中，单击"完成"按钮，如图 8.2.5 所示。

（6）在故障转移配置成功后单击"关闭"按钮，如图 8.2.6 所示。

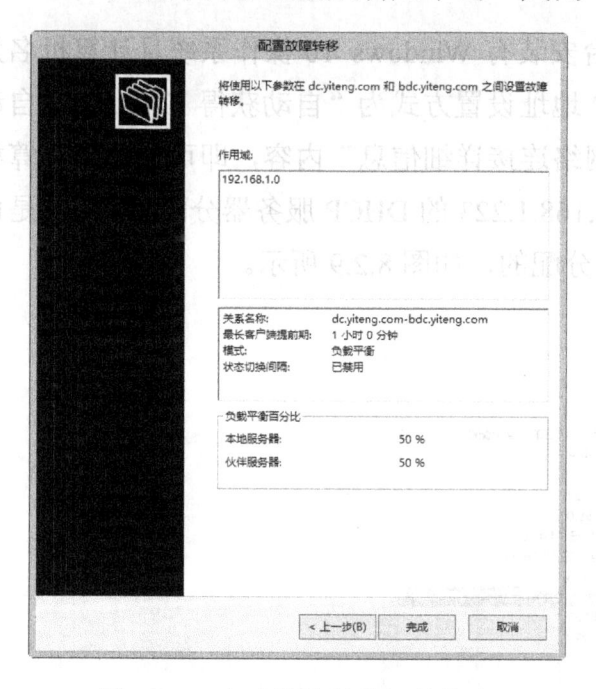

图 8.2.5　查看故障转移汇总信息

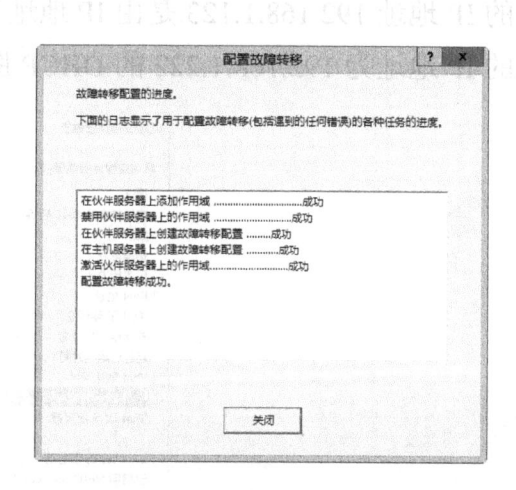

图 8.2.6　故障转移配置成功

3．在伙伴服务器"BDC"上查看 DHCP 服务器配置信息

（1）在"BDC"的"DHCP"窗口中，右击"IPv4"选项，在弹出的快捷菜单中选择"属性"命令，如图 8.2.7 所示。

（2）在"IPv4 属性"对话框的"故障转移"选项卡中，可以看到此 DHCP 服务器已和"DC"建立了伙伴关系，如图 8.2.8 所示。

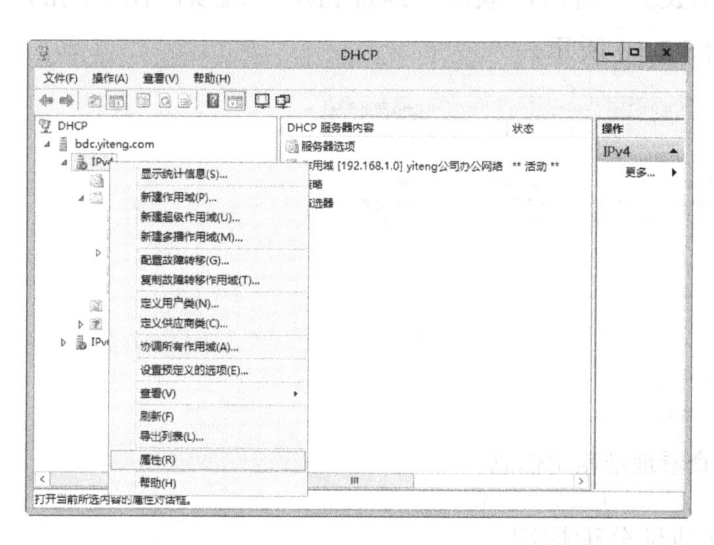

图 8.2.7　查看 IPv4 属性

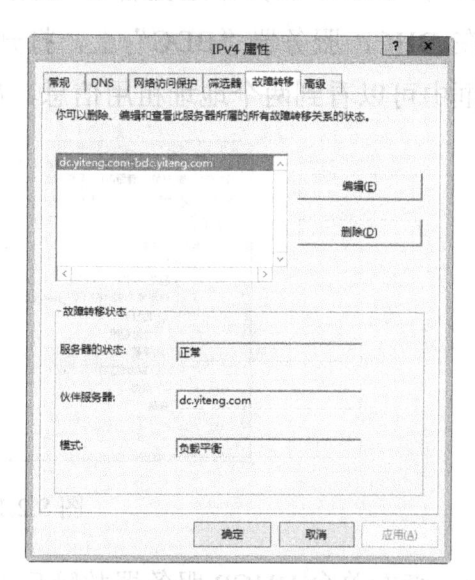

图 8.2.8　查看 DHCP 故障转移状态

活动3　测试DHCP故障转移效果

1. 添加新DHCP客户端

添加一台新的DHCP客户端，本任务以一台安装有Windows 10操作系统且计算机名为"WH-PC"的计算机为例，在该客户端上修改IP地址设置方式为"自动获得IP地址""自动获得DNS服务器地址"，查看网络适配器的"网络连接详细信息"内容，即可看到该计算机获得的IP地址192.168.1.123是由IP地址为192.168.1.223的DHCP服务器分配的，而不是由原来的IP地址为192.168.1.222的DHCP服务器分配的，如图8.2.9所示。

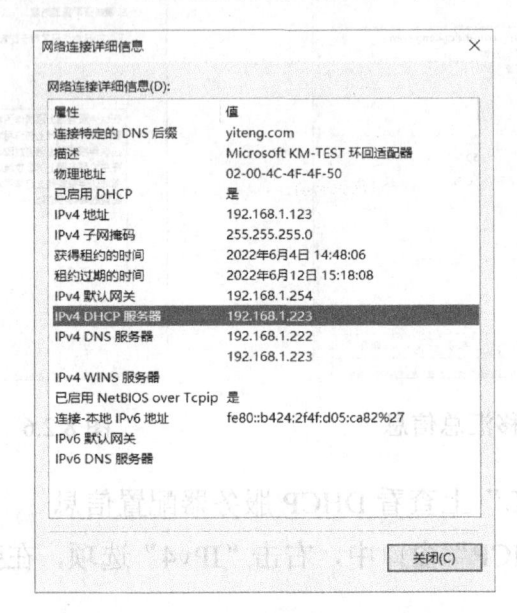

图8.2.9　查看网络连接详细信息

2. 在DHCP服务器上查看IP租用信息

在DHCP服务器"BDC"上，打开"DHCP"窗口，双击"地址租用"选项，在中间的列表框中可以看到两个地址租用信息，如图8.2.10所示。

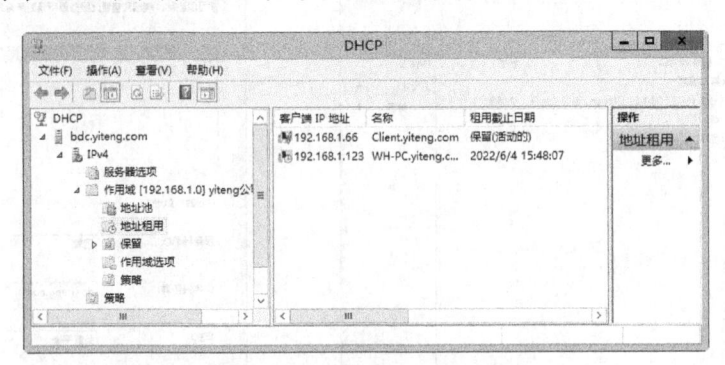

图8.2.10　查看地址租用信息

3. 查看单台DHCP服务器故障后的IP地址分配情况

（1）将其中一台DHCP服务器"BDC"关闭，或者停止DHCP服务。

（2）在DHCP客户端"WH-PC"上重新获得IP地址，即可看到该计算机仍然使用原来租用的IP地址192.168.1.123，但DHCP服务器IP地址已由192.168.1.223变成了192.168.1.222，如图8.2.11所示。

图 8.2.11　查看网络连接详细信息

任务小结

（1）DHCP 故障转移功能可在一定程度上解决 DHCP 服务器单点故障问题，为了保证网络安全，在开启 DHCP 故障转移时要设置"共享机密"。

（2）DHCP 故障转移中的角色是相对概念，若 A、B 两台服务器具有 DHCP 故障转移的伙伴关系：若在 A 上配置 DHCP 服务，则 A 是本地服务器，B 是伙伴服务器；若在 B 上配置 DHCP 服务，则 B 是本地服务器，A 是伙伴服务器。

（3）若 DHCP 故障转移关系或作用域信息同步失败，则可重启 DHCP 服务或服务器。

思考与练习

一、选择题

1．DHCP 协议的功能是（　　）。

　　A．为客户自动进行注册　　　　B．为 WINS 提供路由

　　C．为客户自动配置 IP 地址　　　D．使 DNS 名字自动登录

2．DHCP 服务器不可以配置的信息是（　　）。

　　A．WINS 服务器　　　　　　　B．DNS 服务器

　　C．域名　　　　　　　　　　　D．计算机主机名

3. DHCP 客户机得到的 IP 地址的时间称为（　　）。
   A. 生存时间　　　　　　　B. 租用期限
   C. 周期　　　　　　　　　D. 存活期

4. 下面哪个命令是用来显示网络适配器的 DHCP 类别信息的？（　　）
   A. ipconfig /all　　　　　B. ipconfig /release
   C. ipconfig /renew　　　　D. ipconfig /showclassid

5. 使用 Windows Server 2012 R2 的 DHCP 服务时，当客户机租用时间超过租约的 50%时，客户机会向服务器发送（　　）数据包，以更新现有的地址租约。
   A. DHCPDISCOVER　　　　　B. DHCPOFFER
   C. DHCPREQUEST　　　　　D. DHCPIACK

6. 如果需要为一台服务器设定固定的 IP 地址，那么可以在 DHCP 服务器上为其设置（　　）。
   A. IP 作用域　　　　　　　B. IP 地址保留
   C. DHCP 中继代理　　　　　D. 延长租期

7. DHCP 服务采用（　　）的工作方式。
   A. 单播　　　　　　　　　B. 组播
   C. 广播　　　　　　　　　D. 任意播

8. 某 DHCP 服务器的地址池范围为 192.36.96.101～192.36.96.150，该网段下某 Windows 工作站启动后，自动获得的 IP 地址是 169.254.220.167，这是因为（　　）。
   A. DHCP 服务器提供保留的 IP 地址
   B. DHCP 服务器不工作
   C. DHCP 服务器设置租用时间太长
   D. 工作站接到了网段内其他 DHCP 服务器提供的地址

二、简答题

1. 简述 DHCP 的优势。
2. 简述 DHCP 的工作过程。
3. 在什么情况下，需要进行 DHCP 服务器授权？
4. DHCP 作用域的"保留"选项有什么功能？与作用域的排除地址有何不同？

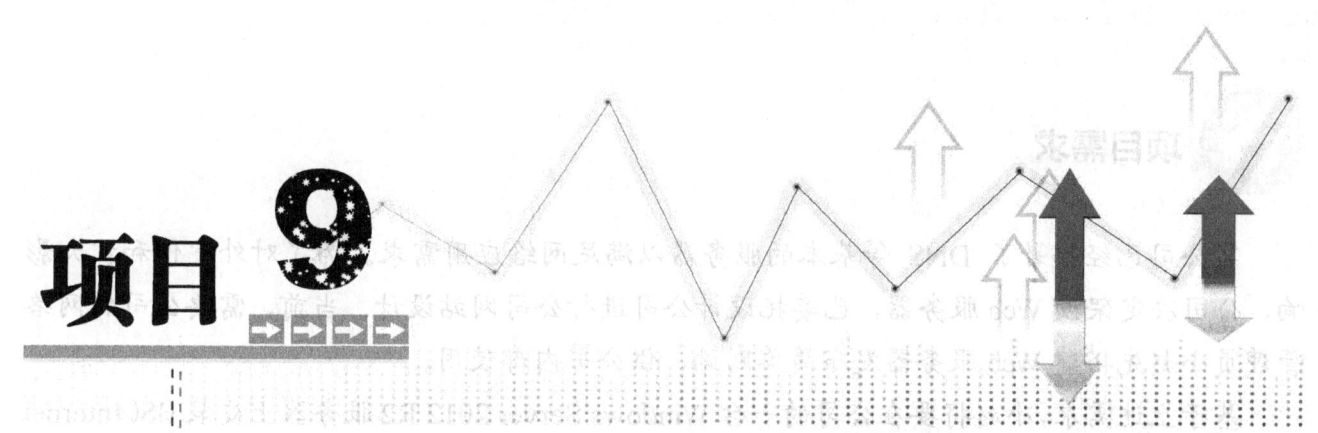

项目 9　配置与管理 Web 服务器

知识目标

（1）了解 Web 服务的应用场景、基本工作过程。
（2）了解常见的 Web 服务器。
（3）理解 WWW、HTTP、URL 的基本概念。
（4）掌握虚拟目录的基本概念。
（5）掌握 Web 虚拟主机的基本概念。

能力目标

（1）安装典型的 Web 服务器（IIS）。
（2）建立简单网站。
（3）使用虚拟目录扩展网站资源。
（4）利用不同端口建立多个网站。
（5）利用不同主机名建立多个网站。

思政目标

（1）树立节约意识，建立网站时充分利用现有服务器资源。
（2）形成服务意识，主动关注用户需求，协助发布网站。

Windows Server 2012 R2 系统管理与服务器配置

项目需求

某公司已经部署了 DNS 等基本的服务器以满足网络应用需求。为了对外宣传和扩大影响，公司决定架设 Web 服务器，已委托设计公司进行公司网站设计。当前，需要公司的网络管理员小赵先搭建 Web 服务器发布简单网站，供公司内部使用。

基于上述需求，小赵将要在公司的一台 Windows Server 2012 R2 服务器上安装 IIS（Internet Information Services，Internet 信息服务）组件，用以发布公司及各部门的网站。

本项目主要介绍 Windows Server 2012 R2 网络操作系统 Web 服务器（IIS）的安装、配置与管理方法，项目拓扑图如图 9.0.1 所示。

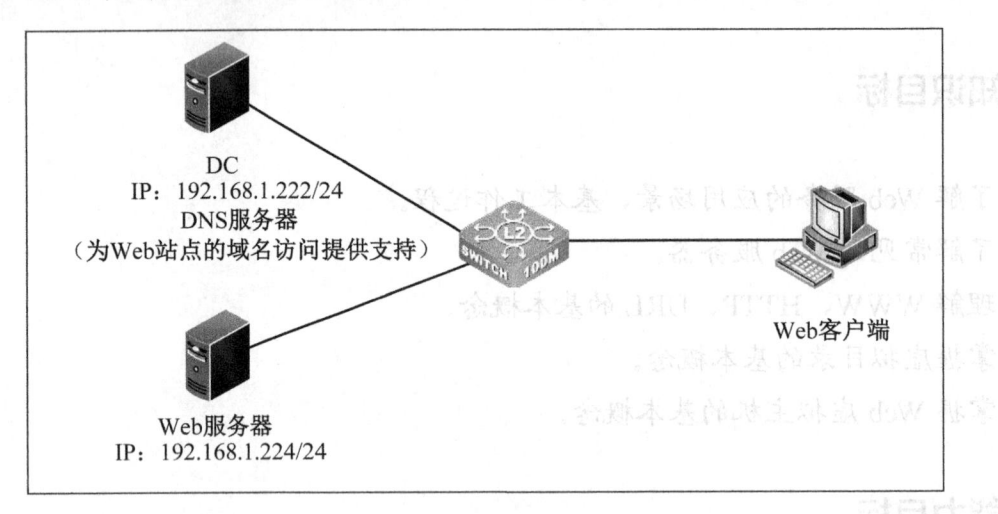

图 9.0.1　项目拓扑图

任务 9.1　安装 Web 服务器

任务描述

某公司在一台装有 Windows Server 2012 R2 网络操作系统的服务器上安装 Web 服务器组件 IIS，为后续发布网站做好准备。

任务要求

在 Windows Server 2012 R2 服务器上创建一个新的网站及测试页，并在 Web 服务器（IIS）上实现网站的发布，首先需要安装 Web 服务器组件 IIS，并测试其是否可以正常运行。

任务实施

活动 1　认识 Web 服务

1．Web 与 WWW

Web（网页）服务是互联网上应用最为广泛的网络服务之一，其中最典型的应用就是万维网（World Wide Web，WWW）。对于绝大多数普通用户而言，WWW 几乎成了 Web 的代名词。

Web 服务主要采用浏览器/服务器（Browser/Server，B/S）架构，用户可以通过客户端浏览器（Web browser）访问 Web 服务器上的图、文、音、视并茂的网页信息资源。Web 服务器的交互过程主要有 4 个步骤，即连接过程、请求过程、应答过程、关闭连接，如图 9.1.1 所示。

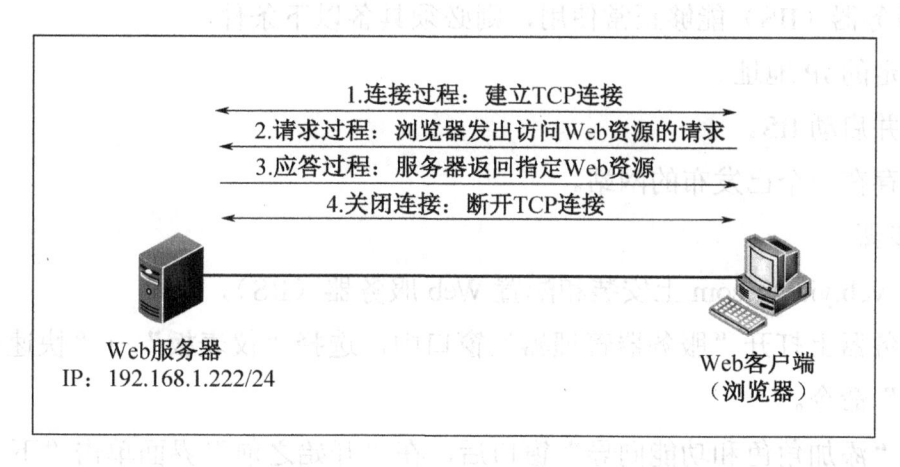

图 9.1.1　Web 服务的交互过程

中间件（Middleware），一般是指介于应用系统和系统软件之间的一类软件，为系统软件所提供的基础服务和功能，Web 服务器组件大多以中间件形式存在。主流的 Web 服务器有 Windows 平台下的 IIS，以及 Linux 平台下的 Apache、Nginx 等。

2．HTTP

超文本传输协议（HyperText Transfer Protocol，HTTP）是浏览器和 Web 服务器通信时所采用的应用层协议，使用 TCP 传递数据，默认监听端口为 80。HTTP 使用超文本标记语言（Hyper Text Markup Language，HTML）表示文本、图片、表格等。超文本是指使用超链接方法将位于不同位置的信息组成一个网状的文本结构，用户可通过 Web 页面中的文字、图片等所包含的超链接跳转访问其他位置的信息资源。

3．URL

统一资源定位符（Uniform Resource Locator，URL）是访问 WWW、FTP 等服务指定资源位置的表示方法，一般格式为"协议类型://服务器地址[:端口号]/路径/文件"，若端口为 80 则可省略，默认使用 HTTP，如 http://www.moe.gov.cn/srcsite/A02/s5913/s5933/202204/t20220426_

622020.html。

4．Web 虚拟主机

Web 虚拟主机，是指在一台物理 Web 服务器上建立多个网站的一种技术，使用此技术可以减少搭建多个网站的成本，提高服务器的利用率。一般情况下，实现 Web 虚拟主机的技术有 3 种，一般是利用不同的 IP 地址、端口、域名来建立 Web 虚拟主机。在本地服务器上建立的 Web 虚拟主机，会共享服务器的硬件资源和带宽，适用于企业内网需要多个网站的情况，并且要由网络管理员维护。如果需要有更高的带宽、更简便的维护形式，则可以在提供 Web 虚拟机主机租售的互联网服务提供商处按需购买。

活动 2　安装 Web 服务器（IIS）

1．必要条件

若 Web 服务器（IIS）能够正常使用，则必须具备以下条件。

（1）有固定的 IP 地址。

（2）安装并启动 IIS。

（3）至少存在一个已发布的网站。

2．安装步骤

本任务在 web.yiteng.com 上安装和配置 Web 服务器（IIS）。

（1）在服务器上打开"服务器管理器"窗口中，选择"仪表板"→"快速启动"→"添加角色和功能"命令。

（2）打开"添加角色和功能向导"窗口后，在"开始之前"界面单击"下一步"按钮。

（3）在"选择安装类型"界面中，选中"基于角色或基于功能的安装"单选按钮，然后单击"下一步"按钮。

（4）在"选择目标服务器"界面中，选中"从服务器池中选择服务器"单选按钮，然后选择服务器"DC"，单击"下一步"按钮。

（5）在"选择服务器角色"界面中，勾选"Web 服务器（IIS）"复选框，在弹出的"添加 Web 服务器（IIS）所需的功能？"对话框中单击"添加功能"按钮，返回确认"Web 服务器（IIS）"角色处于已选状态后单击"下一步"按钮，如图 9.1.2 所示。

（6）在"选择功能"界面，保持默认设置，单击"下一步"按钮。

（7）在"Web 服务器（IIS）"界面中，保持默认设置，单击"下一步"按钮。

（8）在"确认安装所选内容"界面中，单击"安装"按钮进行安装，如图 9.1.3 所示。

（9）等待安装完毕后，在"安装进度"界面中，单击"关闭"按钮，如图 9.1.4 所示。

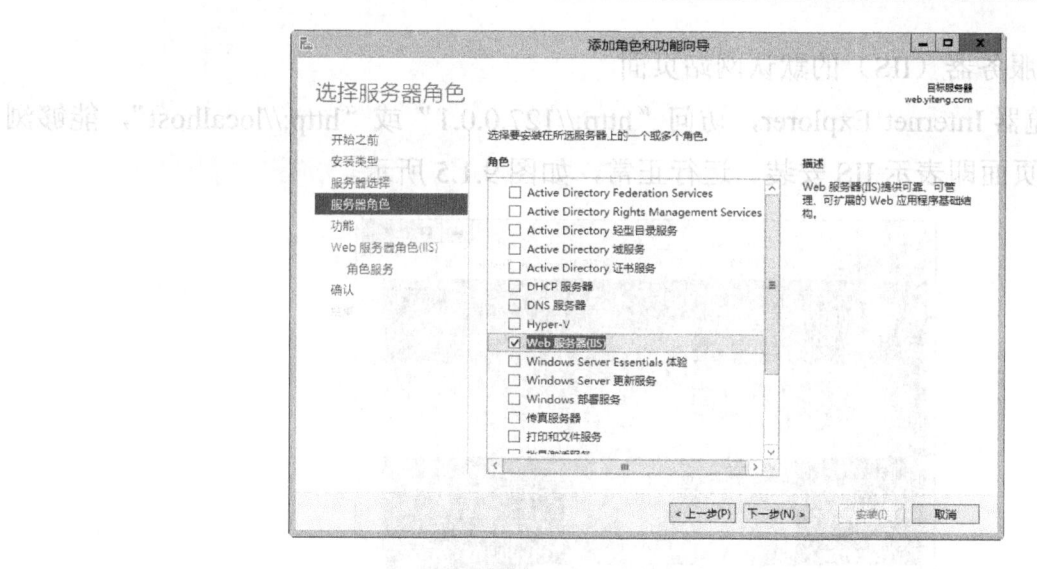

图 9.1.2　选择服务器角色

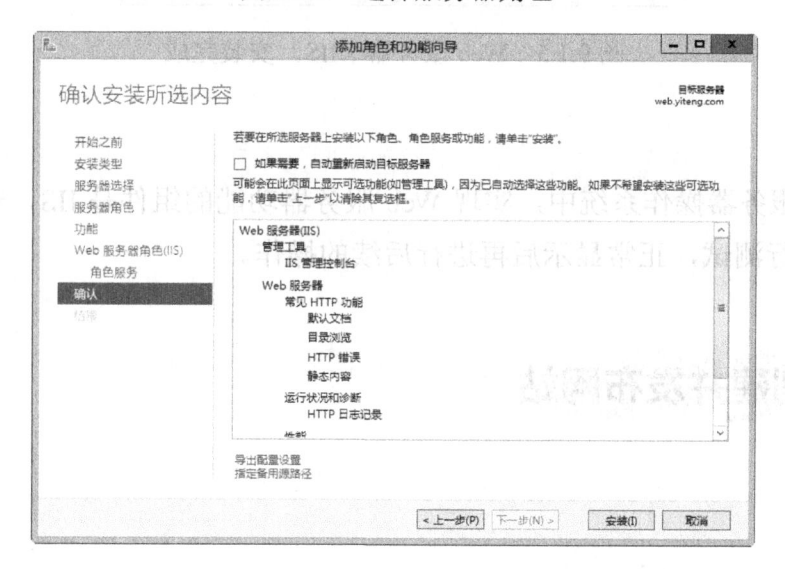

图 9.1.3　Web 服务器（IIS）安装确认

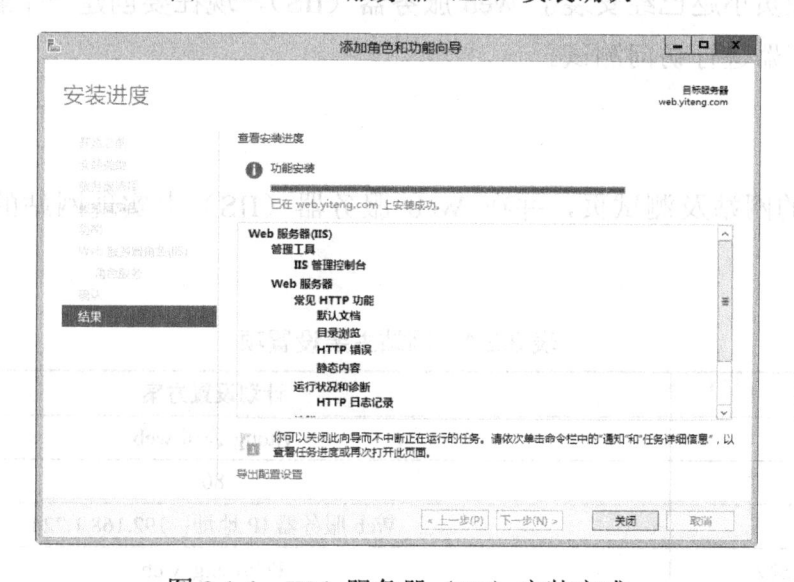

图 9.1.4　Web 服务器（IIS）安装完成

3. 访问 Web 服务器（IIS）的默认网站页面

打开 Web 浏览器 Internet Explorer，访问"http://127.0.0.1"或"http://localhost"，能够浏览 IIS 的默认网站页面即表示 IIS 安装、运行正常，如图 9.1.5 所示。

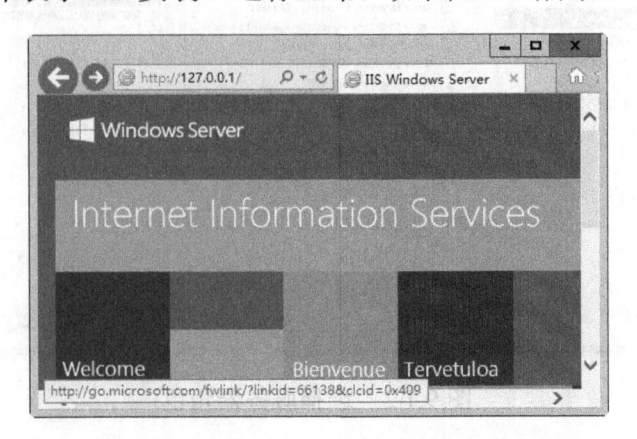

图 9.1.5　Web 服务器（IIS）安装完成

任务小结

在 Windows 服务器操作系统中，实现 Web 服务器功能的组件是 IIS，安装完毕后要打开 IIS 的默认网站进行测试，正常显示后再进行后续的操作。

任务 9.2　创建并发布网站

任务描述

公司网络管理员小赵已经安装了 Web 服务器（IIS），现在要创建一个新的网站并完成发布，然后使用浏览器进行访问测试。

任务要求

创建一个新的网站及测试页，并在 Web 服务器（IIS）上实现网站的发布，具体要求见表 9.2.1。

表 9.2.1　网站主要设置项

设 置 项	计划设置方案
网站名称	yiteng 公司 web
端口	80
IP 地址	Web 服务器 IP 地址：192.168.1.224
物理路径（主目录）	D:\yiteng_web
首页文件	首页文件名为 index.html，内容按需呈现
虚拟目录	建立一个用于发布公司日程表的虚拟目录 rcb

任务实施

活动1　创建并发布网站

1．停止默认网站

（1）在"服务器管理器"窗口中，单击"工具"菜单，然后选择"Internet Information Services（IIS）管理器"命令。

（2）在"Internet Information Services（IIS）管理器"窗口，展开左侧窗格中"WEB"→"网站"节点，右击"Default Web Site"选项，在弹出的快捷菜单中依次选择"管理网站"→"停止"命令，如图9.2.1所示。

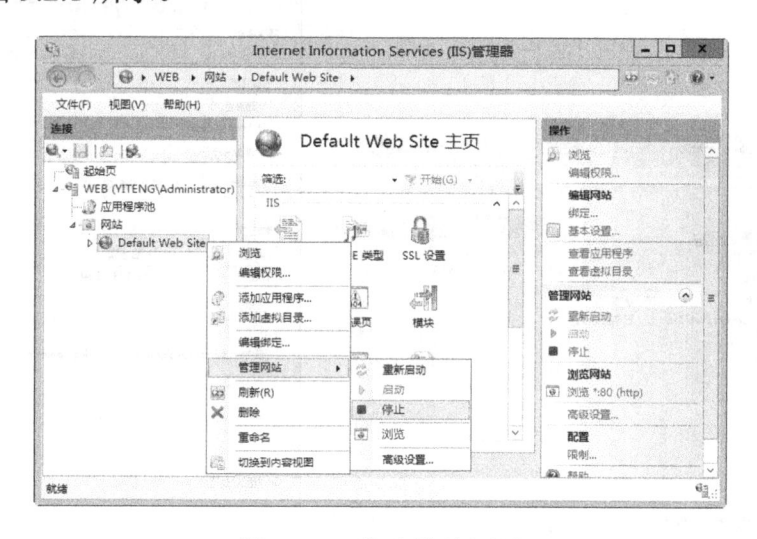

图9.2.1　停止默认网站

2．创建网站物理路径及其主页文件

创建保存网站的物理路径"D:\yiteng_web"，创建并剪辑首页文件index.html，如图9.2.2、图9.2.3所示。

图9.2.2　创建网站物理路径及其主页文件　　　图9.2.3　首页文件内容

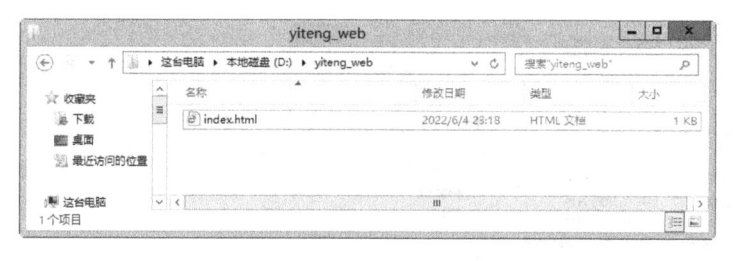

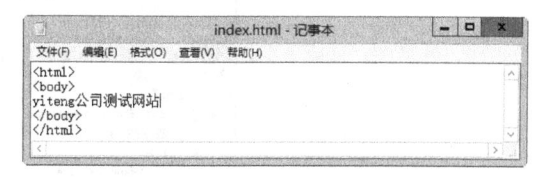

💡 **小贴士**

若要进行网站开发则可以使用Sublime、Visual Studio Code、Dreamweaver、Hbuilder等工具，如果只建立基本的网页则可以使用"记事本"等工具。在本任务中，可使用记事本编辑文件内容，然后保存为index.html。Windows Server 2012 R2默认不显示文件的扩展名，可在"这台电脑"窗口的"查看"选项卡中勾选"文件扩展名"复选框,然后修改扩展名。

3．创建并发布网站

(1) 在"Internet Information Services (IIS) 管理器"窗口中右击"网站"节点,在弹出的快捷菜单中选择"添加网站"命令,如图9.2.4所示。

(2) 在"添加网站"对话框中设置网站信息,以本任务需求为例,在"网站名称"下的文本框输入"yiteng公司web"、物理路径文本框中选择或输入"D:\yiteng_web"、"IP地址"下拉列表中选择"192.168.1.224"、"端口"使用默认的"80",输入完毕后单击"确定"按钮,如图9.2.5所示。

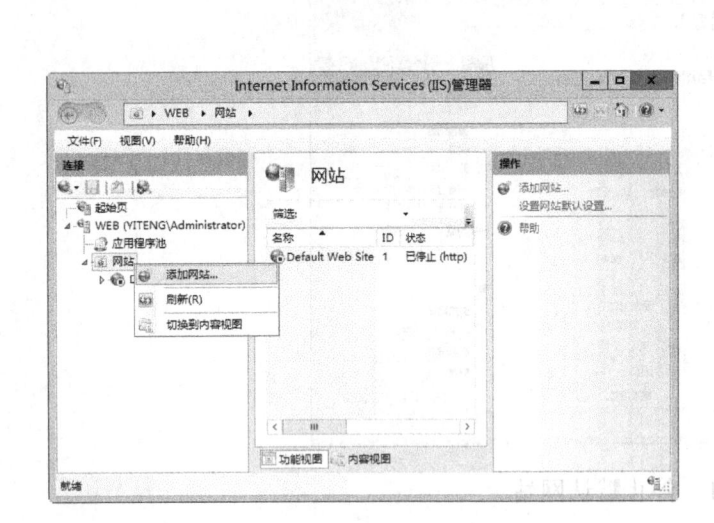

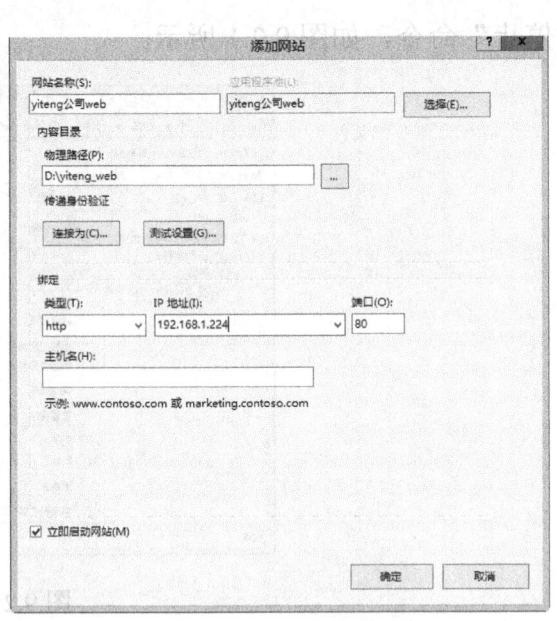

图 9.2.4　添加网站　　　　　　　　　　图 9.2.5　设置网站信息

(3) 返回"Internet Information Services (IIS) 管理器"窗口后,即可看到上述已创建完成的网站"yiteng公司web",如图9.2.6所示。

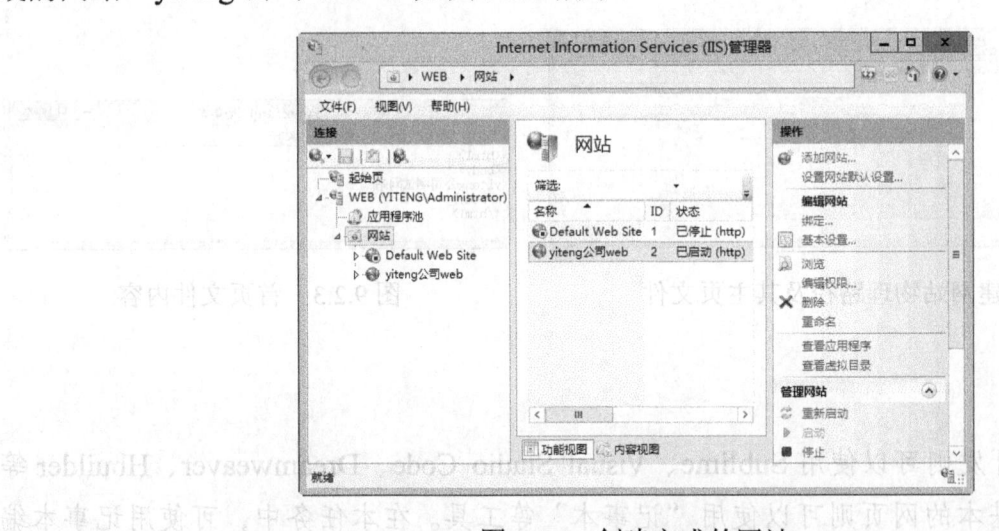

图 9.2.6　创建完成的网站

4. 访问网站

打开浏览器访问"http://192.168.1.224",如果已在 DNS 服务器中添加相应记录,则可以使用"http://www.yiteng.com"访问上述步骤创建的网站,如图 9.2.7 所示。

图 9.2.7 访问网站

活动 2　添加虚拟目录

1．创建虚拟目录对应的物理路径及其文件

创建保存网站的物理路径"D:\日程安排",内含一个存放工作安排的文件"日程安排.txt",如图 9.2.8 所示。

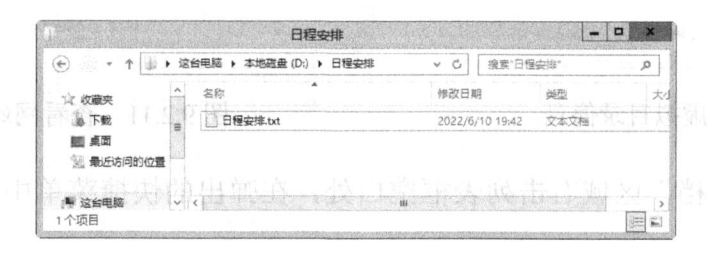

图 9.2.8　创建虚拟目录对应的物理路径及其文件

💡 **小贴士**

网站资源并非全部放在对应的物理路径(主目录)下,若需要调用网站物理路径之外的资源,则可以使用虚拟目录功能。访问虚拟目录的别名即可访问对应物理路径的内容,而用户不知道别名所对应的物理路径。

2．创建虚拟目录

(1)在"Internet Information Services(IIS)管理器"窗口中,右击网站"yiteng 公司 web"选项,在弹出的快捷菜单中选择"添加虚拟目录"命令,如图 9.2.9 所示。

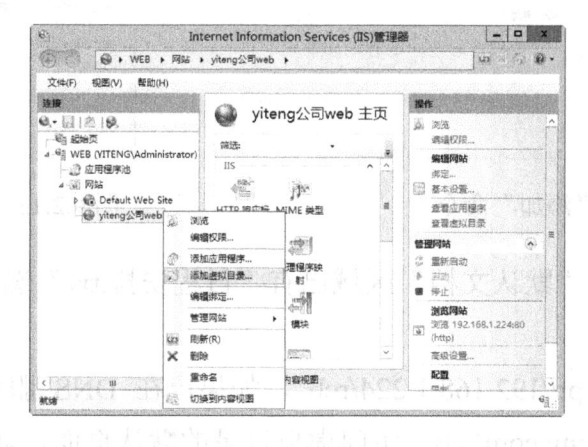

图 9.2.9　添加虚拟目录

（2）在"添加虚拟目录"对话框中输入虚拟目录信息，本任务的"别名"使用"rcb"，对应的"物理路径"为"D:\日程安排"，如图 9.2.10 所示。

（3）返回"Internet Information Services（IIS）管理器"窗口后，双击虚拟目录"rcb"选项，在右侧的"rcb 主页"区域内双击"默认文档"图标，如图 9.2.11 所示。

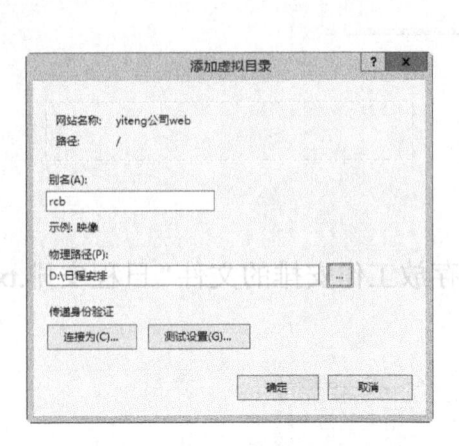

图 9.2.10　输入虚拟目录信息　　　　　　图 9.2.11　查看网站设置项

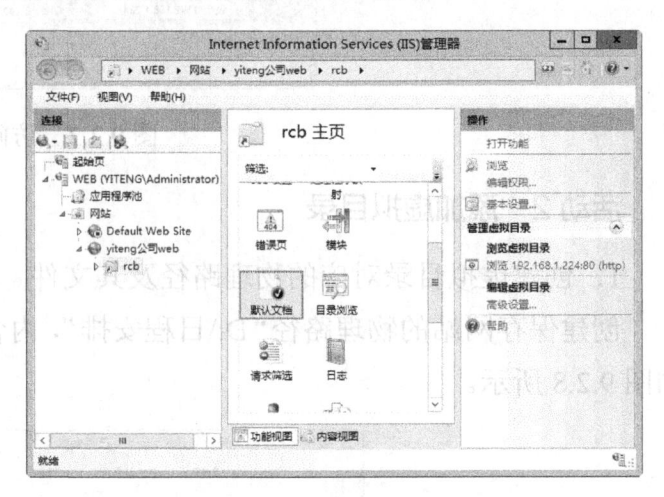

（4）在"默认文档"区域右击列表框空白处，在弹出的快捷菜单中选择"添加"命令，如图 9.2.12 所示。

（5）由于 IIS 默认只识别 Default.html 等 5 种文件名作为网站打开后的默认首页，而虚拟目录对应的物理路径下的文件名并不包含在内，因此须在"添加默认文档"对话框中添加"日程安排.txt"，输入完毕后单击"确定"按钮，如图 9.2.13 所示。

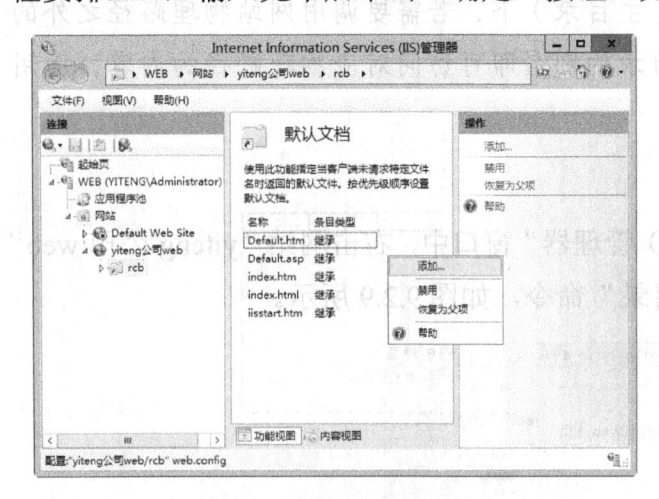

图 9.2.12　选择"添加"命令　　　　　　图 9.2.13　添加默认文档

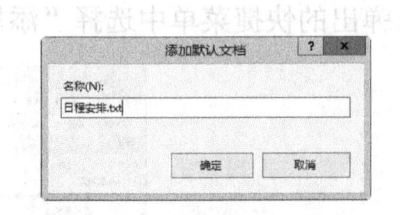

（6）返回后即可看到"默认文档"区域已有"日程安排.txt"选项，如图 9.2.14 所示。

3．访问虚拟目录

打开浏览器访问"http://192.168.1.224/rcb"，如果已在 DNS 服务器中添加相应记录，则可以使用"http://www.yiteng.com/rcb"访问虚拟目录的默认页面，如图 9.2.15 所示。

配置与管理 Web 服务器 | 项目 9

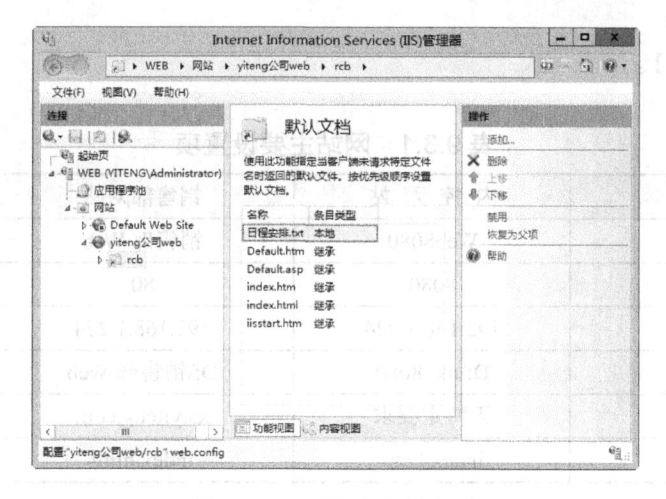

图 9.2.14 默认文档信息

图 9.2.15 访问虚拟目录

📋 任务小结

（1）虚拟目录增强了网站的扩展性，建立虚拟目录时需要设置别名及对应的物理路径，为了安全考虑建议别名与物理路径中的文件夹名不相同。

（2）虚拟目录默认继承了所在网站的设置，也可按需修改。

（3）访问虚拟目录的 URL 格式为："协议类型://服务器地址[:端口号]/虚拟目录别名"。

任务 9.3　发布多个网站

📖 任务描述

公司的一台 Web 服务器上已经有了一个网站，但公司新购置的基于 B/S 架构的内控系统也需要创建一个网站。此外，公司销售部、财务部的网页内容经常需要更新，希望能建立独立的网站。公司责成网络管理员小赵完成这一任务。

💻 任务要求

Windows Server 2012 R2 的 Web 服务器组件 IIS 支持在同一台服务器上发布多个网站，这些网站也称为 Web 虚拟主机，这些网站在 IP 地址、端口、主机名上至少有一项与其他网站不同。

由于当前的 Web 服务器只具有一个 IP 地址，因此可以创建端口、主机名不同的多个网

215

站，具体要求见表 9.3.1。

表 9.3.1 网站主要设置项

设 置 项	内控网站	销售部网站	财务部网站
网站名称	Web8080	销售部 Web	财务部 Web
端口号	8080	80	80
IP 地址	192.168.1.224	192.168.1.224	192.168.1.224
物理路径（主目录）	D:\nk_8080	D:\销售部 Web	D:\财务部 Web
主机名	无特定要求	xs.yiteng.com	cw.yiteng.com
首页文件	index.html	index.html	index.html

任务实施

活动 1 利用不同端口发布多个网站

1．创建端口为 8080 的网站

（1）在"Internet Information Services（IIS）管理器"窗口中右击"网站"节点，在弹出的快捷菜单中选择"添加网站"命令。

（2）在"添加网站"对话框中输入网站信息，网站名称为"web8080"、物理路径为"D:\nk_8080"、IP 地址为"192.168.1.224"，由于 80 端口已经被网站"yiteng 公司 web"所使用，所以此处端口可使用"8080"，然后单击"确定"按钮，如图 9.3.1 所示。

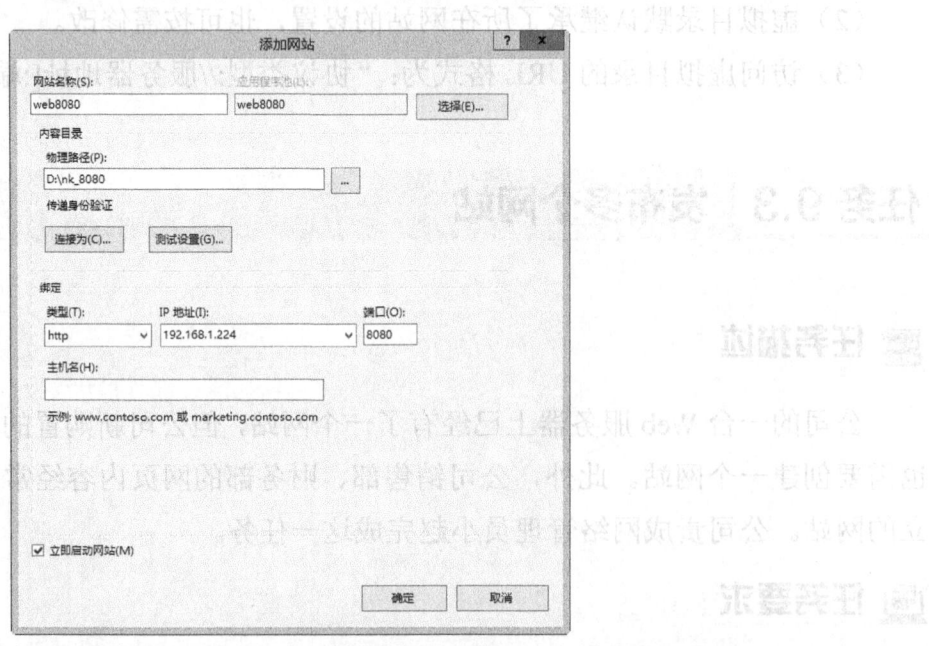

图 9.3.1 添加端口为 8080 的网站

（3）返回"Internet Information Services（IIS）管理器"窗口后，即可看到上述已创建完成的网站"web8080"，如图 9.3.2 所示。

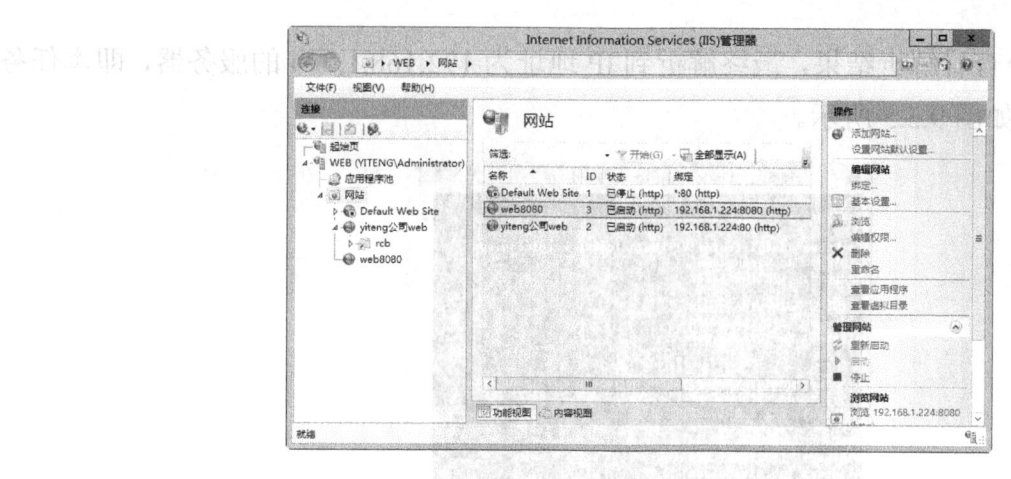

图 9.3.2　创建完成的网站

2．访问端口为 8080 的网站

打开浏览器访问"http://192.168.1.224:8080"，如果已在 DNS 服务器中添加相应记录，则可以使用"www.yiteng.com:8080"访问上述步骤所创建的网站，如图 9.3.3 所示。

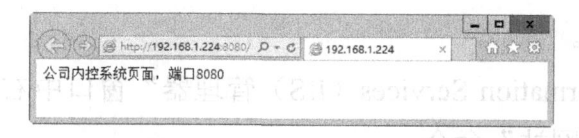

图 9.3.3　访问端口为 8080 的网站

活动 2　利用不同主机名发布多个网站

1．在 DNS 服务器上添加网站所用的主机名

在 DNS 服务器（本任务为服务器 DC）中添加网站所用的主机名。由于已有主机记录 web.yiteng.com 指向了 IP 地址为 192.168.1.224 的服务器，因此需要创建别名记录 xs.yiteng.com 与 cw.yiteng.com，并指向 web.yiteng.com 主机，如图 9.3.4 所示。

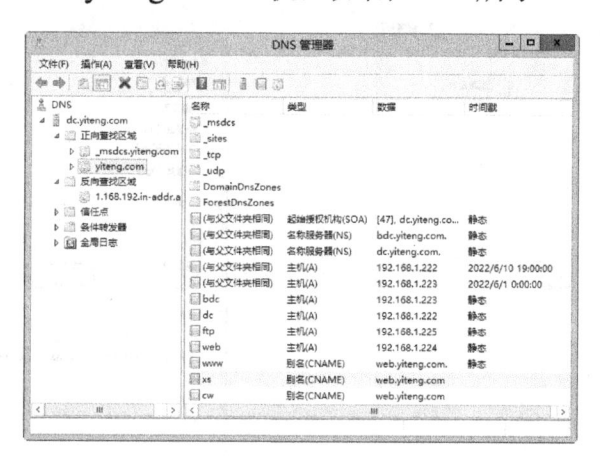

图 9.3.4　在 DNS 服务器上添加网站所用主机名

2．在 Web 服务器上测试 DNS 解析结果

在 Web 服务器的命令提示符窗口中，分别使用"nslookup xs.yiteng.com""nslookup

cw.yiteng.com"命令查看解析结果,最终解析到 IP 地址为 192.168.1.224 的服务器,即本任务中的 Web 服务器,如图 9.3.5 所示。

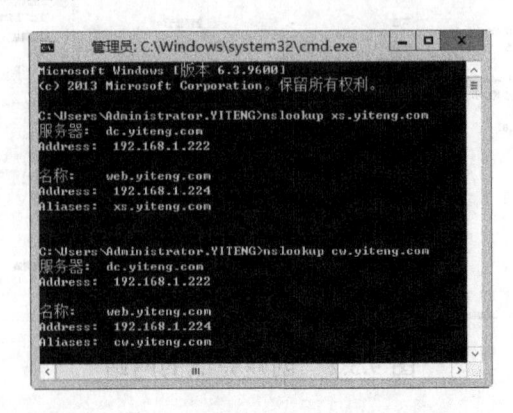

图 9.3.5　在 Web 服务器上测试 DNS 解析结果

3. 创建主机名不同的网站

(1) 在 Web 服务器上分别创建两个网站的物理路径(主目录)"D:\销售部 web""D:\财务部 web"及其主页文件。

(2) 在"Internet Information Services(IIS)管理器"窗口中右击"网站"节点,在弹出的快捷菜单中选择"添加网站"命令。

(3) 在"添加网站"对话框中输入网站信息,网站名称为"销售部 web"、物理路径为"D:\销售部 web"、IP 地址为"192.168.1.224",端口使用默认的"80",主机名为"xs.yiteng.com",然后单击"确定"按钮,如图 9.3.6 所示。

(4) 使用同样步骤创建网站名称为"财务部 web"的网站,物理路径为"D:\财务部 web"、IP 地址为"192.168.1.224",端口使用默认的"80",主机名为"cw.yiteng.com",然后单击"确定"按钮,如图 9.3.7 所示。

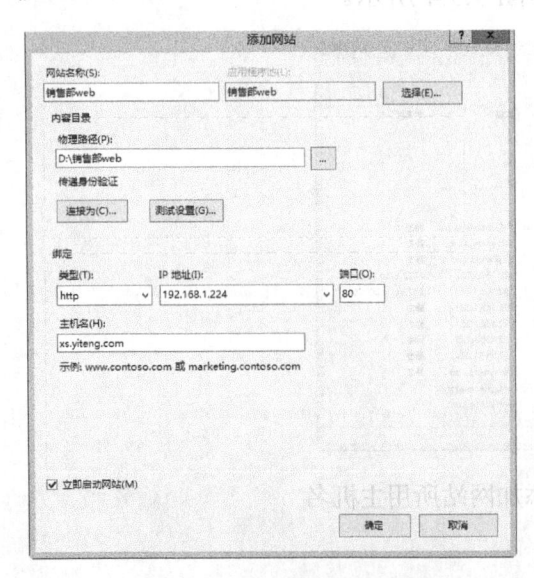

图 9.3.6　添加销售部网站　　　　　　图 9.3.7　添加财务部网站

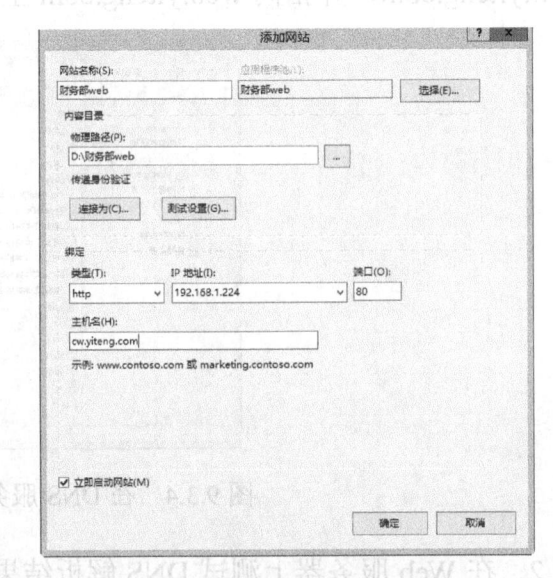

（5）返回"Internet Information Services（IIS）管理器"窗口后，即可看到上述已创建完成的网站"销售部web""财务部web"，如图9.3.8所示。

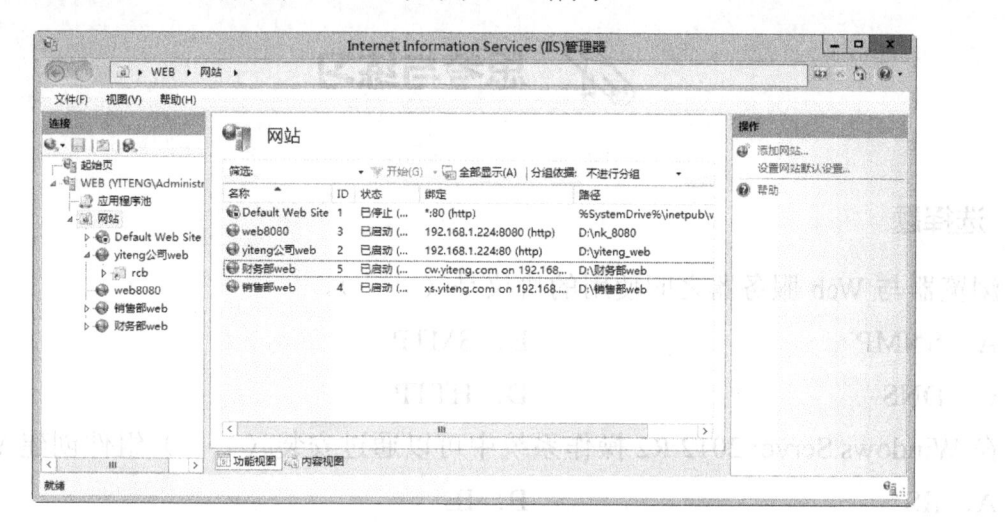

图 9.3.8　创建完成的网站

4．访问主机名不同的网站

（1）打开浏览器访问"http://xs.yiteng.com"，即可浏览销售部网站，如图9.3.9所示。

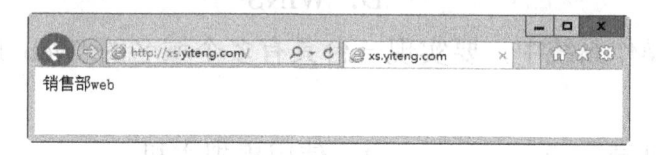

图 9.3.9　浏览销售部网站

（2）打开浏览器访问"http://cw.yiteng.com"，即可浏览财务部网站，如图9.3.10所示。

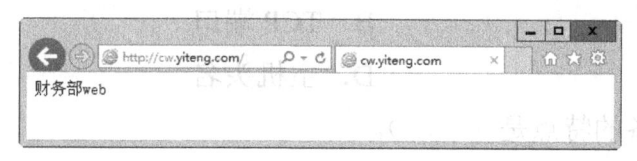

图 9.3.10　浏览财部网站

小贴士

主机名www.yiteng.com并没有绑定到任何网站上，如果使用此主机名浏览网页则会显示IP地址为192.168.1.224（www.yiteng.com指向了192.168.1.224）、端口为80的网站，即本项目任务2中创建的网站"yiteng公司web"。

任务小结

（1）在同一台Web服务器上创建多个网站（Web虚拟主机）可充分利用硬件资源，发布多个网站可以使用3种形式：不同IP地址、不同端口、不同主机名。

（2）利用主机名不同发布多个网站时，需要在Web服务器所使用的DNS服务器上建立相应的记录（主机记录或别名记录），并且在 Web 服务器上得到正确的解析结果。

思考与练习

一、选择题

1. 浏览器与 Web 服务器之间使用的协议是（　　）。
   A. SNMP　　　　　　　　B. SMTP
   C. DNS　　　　　　　　 D. HTTP

2. 在 Windows Server 2012 R2 操作系统中可以通过安装（　　）组件创建 Web 站点。
   A. IIS　　　　　　　　　B. IE
   C. WWW　　　　　　　　D. DNS

3. 在 Windows Server 2012 R2 操作系统中，与访问 Web 无关的组件是（　　）。
   A. DNS　　　　　　　　 B. TCP/IP
   C. IIS　　　　　　　　　D. WINS

4. 在 Windows 操作系统中，要实现一台具有多个域名的 Web 服务器，正确的方法是（　　）。
   A. 使用虚拟目录　　　　　B. 使用虚拟主机
   C. 安装多套 IIS　　　　　D. 为 IIS 配置多个 Web 服务端口

5. 虚拟主机技术不能通过（　　）架设网站。
   A. 计算机名　　　　　　　B. TCP 端口
   C. IP 地址　　　　　　　 D. 主机头名

6. 虚拟目录不具备的特点是（　　）。
   A. 便于扩展　　　　　　　B. 增删灵活
   C. 易于配置　　　　　　　D. 动态分配空间

7. 默认 Web 服务器端口号是（　　）。
   A. 80　　　　　　　　　　B. 88
   C. 21　　　　　　　　　　D. 53

二、简答题

1. 简述 IIS 提供的服务。
2. 简述什么是虚拟主机。
3. 简述架设多个 Web 网站的方法。
4. 虚拟目录与普通目录有什么区别？

项目 10

配置与管理 FTP 服务器

知识目标

（1）了解 FTP 的应用场景。
（2）了解 FTP 基本工作原理，以及主动传输、被动传输的特点。
（3）掌握 FTP 身份验证、授权规则、用户隔离的基本概念和使用方法。

能力目标

（1）安装 FTP 服务器。
（2）建立 FTP 站点并按需设置身份验证、授权规则。
（3）实现 FTP 站点的用户隔离。
（4）使用虚拟目录技术扩展 FTP 的目录结构。
（5）在 FTP 客户端上登录站点。

思政目标

（1）逐步养成服务意识，主动了解用户的共享需求。
（2）逐步养成信息安全意识，按需灵活调整服务器的访问规则。

项目需求

某公司准备部署一台 FTP 服务器来满足员工的文件上传和下载需求，由网络管理员小赵完成此项工作，需要在公司的 Active Directory 域 yiteng.com 中创建用于 FTP 访问的用户，然后

Windows Server 2012 R2 系统管理与服务器配置

在公司的一台 Windows Server 2012 R2 服务器上安装 FTP 服务器组件并按需求建立 FTP 站点。

本项目主要介绍 Windows Server 2012 R2 网络操作系统下 FTP 服务器的安装、配置与管理方法，项目拓扑图如图 10.0.1 所示。

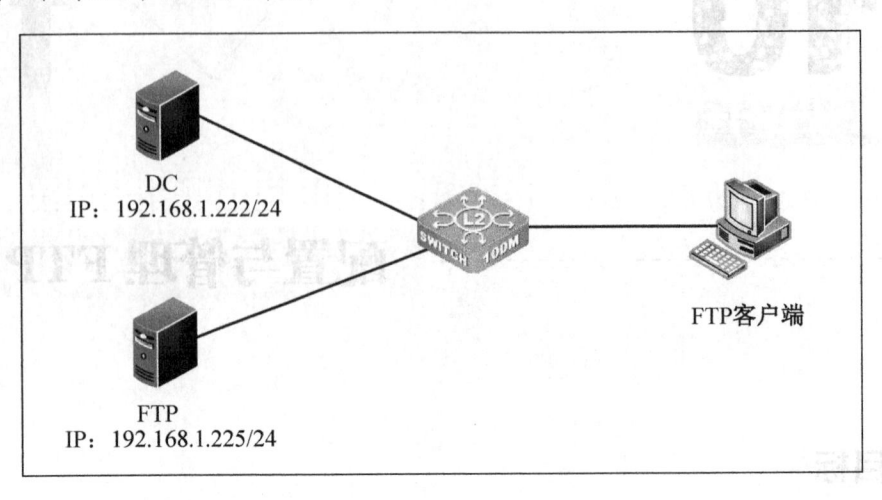

图 10.0.1　项目拓扑图

任务 10.1　安装与配置 FTP 服务器

📖 任务描述

在公司一台 Windows Server 2012 R2 服务器上安装 Web 服务器组件 IIS（包含 FTP 服务器），然后建立 FTP 站点。

💻 任务要求

在 Windows Server 2012 R2 服务器上安装 Web 服务器组件 IIS 时，在其"角色服务"中安装 FTP 服务器，然后建立一个 FTP 站点，要求匿名用户只能以只读方式访问，指定的 FTP 用户才可以读取、写入数据，具体要求见表 10.1.1。

表 10.1.1　FTP 站点主要设置项

设 置 项	计划设置方案
FTP 站点名称	yiteng_FTP
端口	21
IP 地址	192.168.1.225
物理路径（站点主目录）	E:\公司 FTP
FTP 授权规则	匿名用户只能读取，ftpuser1 可以读取、写入

任务实施

活动1 认识FTP服务

1. FTP基本概念

文件传输协议（File Transfer Protocol，FTP）是一种通过Internet传输文件的协议，通常用于文件的下载和上传，在Windows、Linux等多种操作系统中均可使用。FTP服务器为不同类型用户提供了存储空间，用户可以根据权限来访问空间内的数据。FTP服务器主要采用C/S（Client/Server，客户端/服务器）架构，使用FTP客户端登录服务器后，将文件传送到FTP服务器上称为"上传"，把FTP服务器上的文件传送到本地计算机上称为"下载"。

2. FTP的主动传输和被动传输

FTP通过TCP建立会话，使用两个端口提供服务，分别是命令端口（也称为控制端口）和数据端口，通常命令端口是21，数据端口则按是否由FTP服务器发起数据传输分为主动传输模式和被动传输模式。

主动传输模式，也称PORT模式，如图10.1.1所示。客户端使用随机端口N（$N>1023$）和服务器21端口建立连接，示例图中客户端使用端口1301。然后在这个连接上发送PORT命令，该命令包含了客户端用什么端口接收数据。客户端接收数据的端口一般为$N+1$，示例中为1302。服务器通过自己的20端口连接至客户端的指定端口1302传输数据。此时具有两个连接，一个是客户端端口N和服务器端口21建立的控制连接，另一个是服务器端口20和客户端端口$N+1$建立的数据连接。

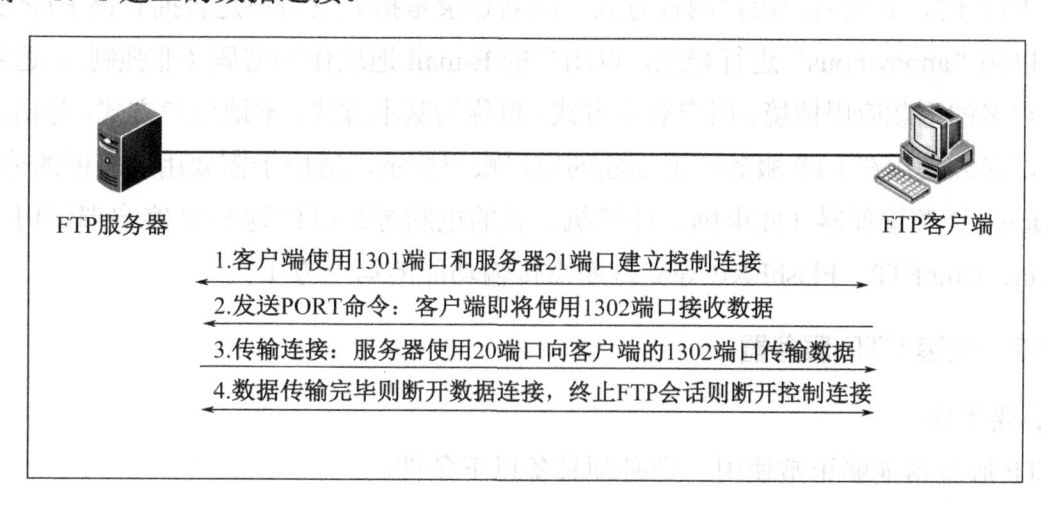

图 10.1.1　FTP主动传输模式

被动传输模式，也称PASV模式，如图10.1.2所示。客户端利用端口N（$N>1023$）和服务器21端口建立连接，图10.1.2中使用端口1301，然后在这个连接上发送PASV命令，服务器随机打开一个临时数据端口M（$1023<M<65535$），本例中服务器使用的端口是1400，并通知客户端，然后客户端使用$N+1$端口访问服务器的端口M并传输数据，本例中客户端使用端口1302访问服务器的端口1400传输数据。

```
            FTP服务器                                                FTP客户端
                    1.客户端使用1301端口和FTP服务器21端口建立控制连接
                    2.发送PASV命令
                    3.服务器打开临时端口1400用户数据连接，并通知客户端
                    4.数据连接：客户端使用1302端口与服务器的1400端口间传输数据
                    5.数据传输完毕则断开数据连接，终止FTP会话则断开控制连接
```

图 10.1.2　FTP 被动传输模式

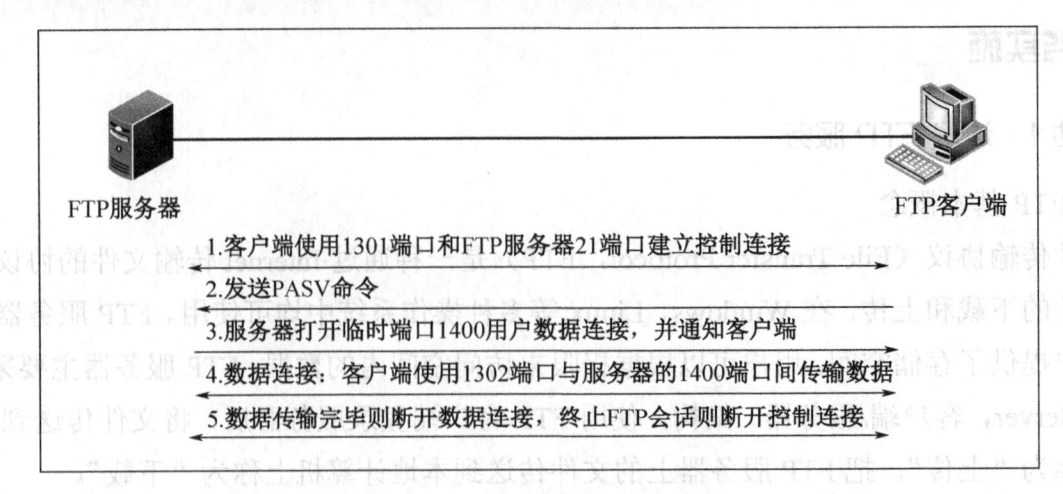

　　主动传输模式和被动传输模式的判断标准为服务器是否主动传输数据。在主动传输模式下，数据连接是在服务器端口 20 和客户端端口 $N+1$ 上建立的，若客户端启用了防火墙则会造成服务器无法发起连接。被动传输模式只需要服务器打开一个临时端口用于数据传输，由客户端发起 FTP 数据传输，客户端在开启防火墙的情况下依然可以使用 FTP 服务器。

3．FTP 登录方式

　　许多 FTP 客户端都支持命令登录，可用格式为 "ftp://username:password@hostname:port" 的命令登录 FTP 服务器，这个命令包含了用户名、密码、服务器 IP 或域名、端口，登录后可以使用客户端的命令集完成目录切换、文件上传/下载等操作。

　　登录 FTP 时，有匿名和用户两种方式。匿名登录是指无论用户是否拥有该 FTP 服务器的账户都可以用 "anonymous" 进行登录，以用户的 E-mail 地址作为密码（非强制），适用于不需要指定用户名的下载应用情境。用户登录方式，也称为基本方式、本地用户方式，是指登录 FTP 服务器时，必须使用在 FTP 服务器上创建的用户账户登录，适用于需要用户验证的情境。

　　Windows 资源管理器（此电脑、计算机、我的电脑等）可作为 FTP 客户端使用，也可使用 FileZilla、CuteFTP、FlashFXP 等支持断点传输功能的第三方工具。

活动 2　安装 FTP 服务器

1．必要条件

若 FTP 服务器能够正常使用，则必须具备以下条件。

（1）有固定的 IP 地址。

（2）安装并启动 IIS（包含 FTP 服务）。

（3）存在允许使用 FTP 访问服务器的用户。

（4）至少存在一个已发布的 FTP 站点。

（5）关闭防火墙，或设置防火墙入站规则允许客户端访问 FTP 的相关端口。

2. 安装步骤

在本任务中，使用计算机名为 ftp.yiteng.com 的服务器安装和配置 FTP。

（1）打开服务器的"服务器管理器"窗口，安装"Web 服务器（IIS）"角色，在"添加角色和功能向导"窗口的"选择角色服务"界面，勾选"FTP 服务器"复选框，如图 10.1.3 所示，然后单击"下一步"按钮。

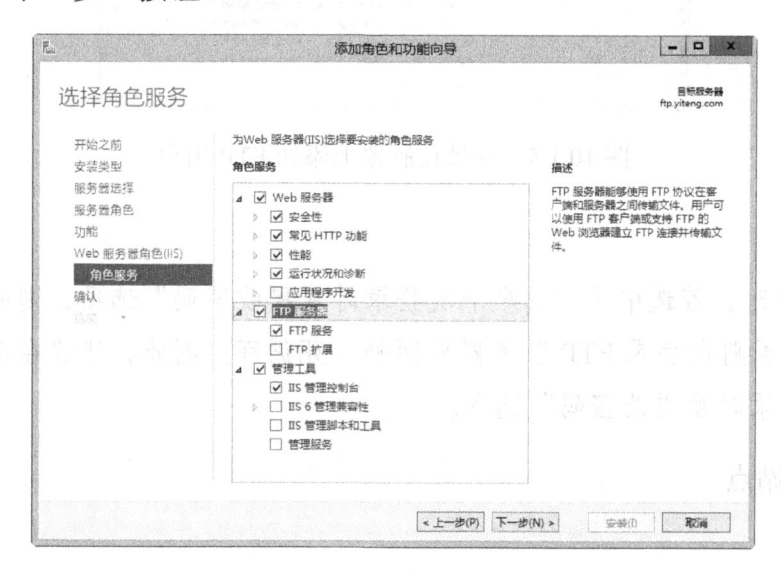

图 10.1.3　在 IIS 中添加角色服务"FTP 服务器"

（2）安装成功后单击"关闭"按钮，如图 10.1.4 所示。

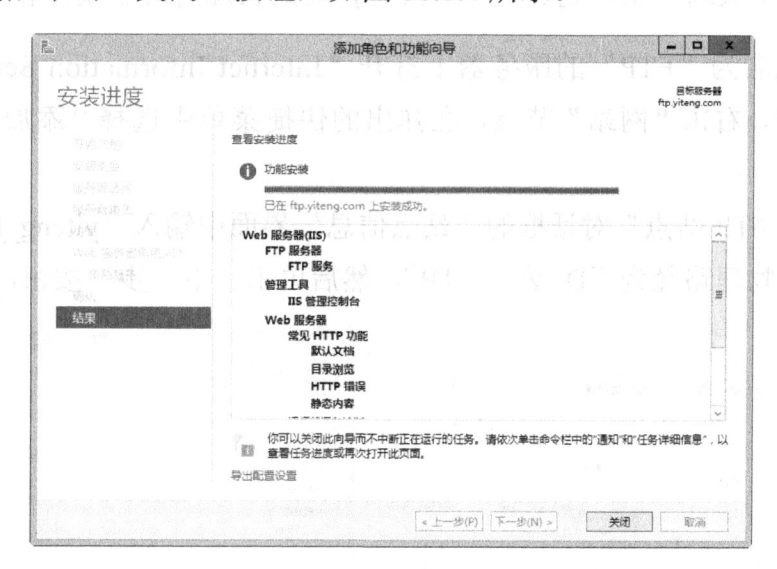

图 10.1.4　FTP 服务器安装完成

活动 3　建立并测试 FTP 站点

1. 在域控制器上添加 FTP 用户

在 yiteng.com 的域控制器（服务器名为"DC"）上创建两个用于 FTP 的用户，在本任务中，网络管理员小赵已创建了 ftpuser1、ftpuser2 两个用户，如图 10.1.5 所示。

Windows Server 2012 R2 系统管理与服务器配置

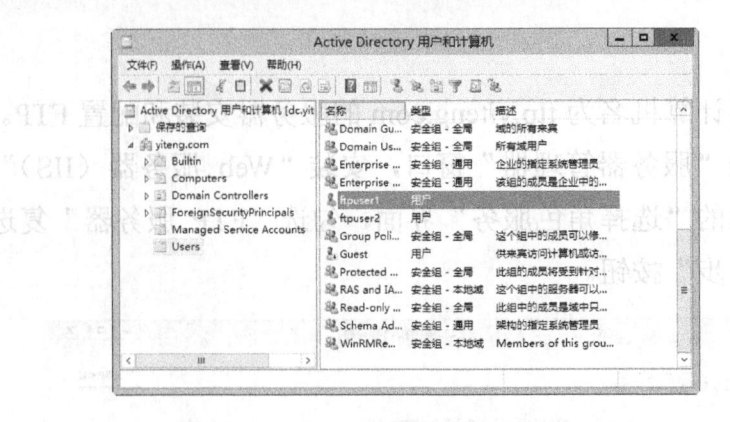

图 10.1.5 在域控制器上添加 FTP 用户

💡 **小贴士**

创建 FTP 用户时，若选中了"用户下次登录时须更改密码"选项，则必须在访问 FTP 服务器前更改密码，否则在登录 FTP 服务器界面陷入死循环。因此，建议在创建 FTP 用户时不使用"用户下次登录时须更改密码"选项。

2. 添加 FTP 站点

💡 **小贴士**

在完成本任务时，如果 FTP 服务器是以 Active Directory 方式登录的，则建议同时关闭域、公用、专用这 3 种防火墙设置。尤其是域防火墙，其默认规则对非域内客户端的影响较大。

（1）在计算机名为"FTP"的服务器上打开"Internet Information Services（IIS）管理器"管理工具窗口，右击"网站"节点，在弹出的快捷菜单中选择"添加 FTP 站点"命令，如图 10.1.6 所示。

（2）在"添加 FTP 站点"对话框的"站点信息"界面中输入"yiteng_FTP"作为 FTP 站点的名称，并设置物理路径为"D:\公司 FTP"，然后单击"下一步"按钮，如图 10.1.7 所示。

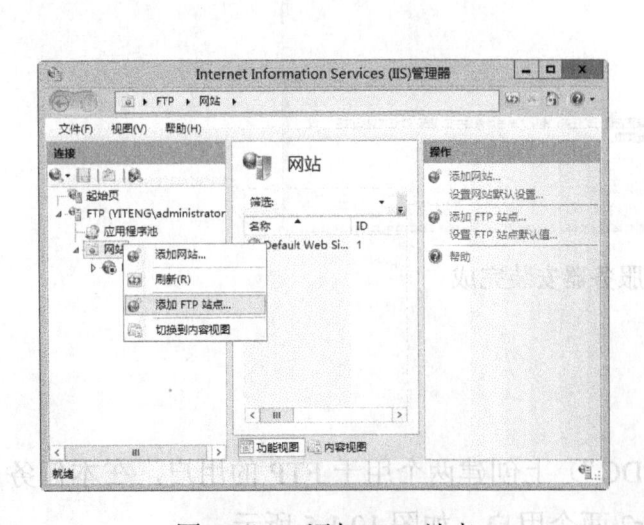

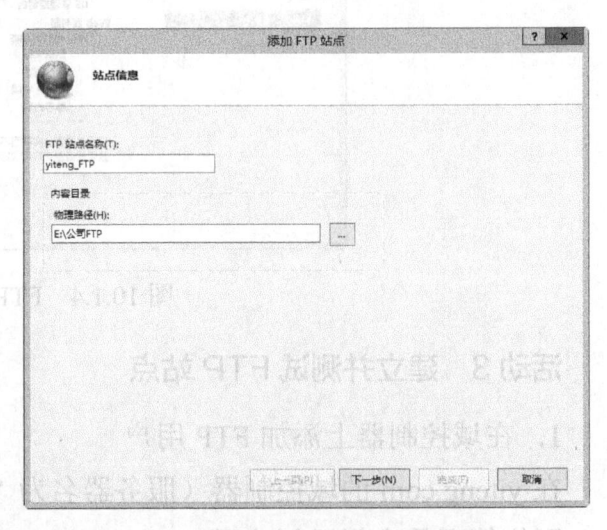

图 10.1.6 添加 FTP 站点

图 10.1.7 输入 FTP 站点信息

226

（3）在"绑定和 SSL 设置"界面中设置 FTP 站点的 IP 地址为 192.168.1.225，端口使用默认的 21，选择 SSL 方式为"无 SSL"，然后单击"下一步"按钮，如图 10.1.8 所示。

（4）在"身份验证和授权信息"界面中，勾选"身份验证"选项组中的"匿名"和"基本"复选框，此处暂不进行授权规则设置，使用默认的"未选定"即可，然后单击"完成"按钮，如图 10.1.9 所示。

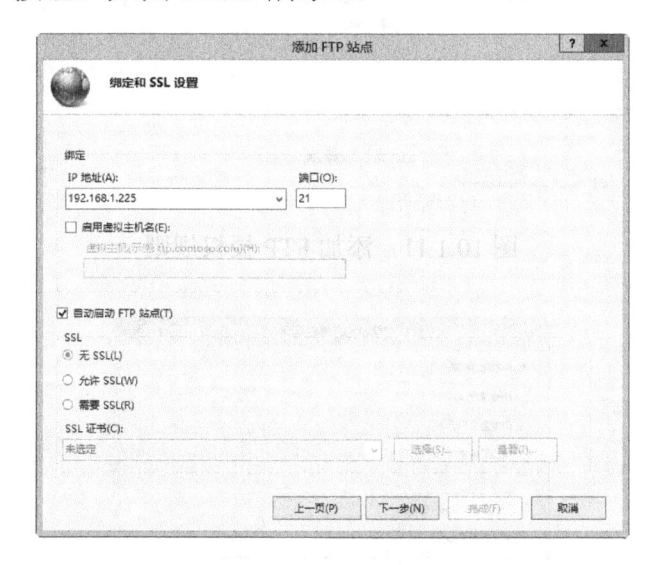

图 10.1.8　设置 FTP 站点的绑定信息和 SSL

图 10.1.9　设置 FTP 站点的身份验证方式

小贴士

FTP 身份验证是指允许访问 FTP 站点的身份类型，分为基本用户和匿名用户两种，基本用户包括本地用户和域用户，匿名用户则用于需要访问 FTP 站点但又没有特定用户账户的情况，匿名用户使用 anonymous 作为用户名。

（5）返回"Internet Information Services（IIS）管理器"窗口后，双击上述步骤创建的 FTP 站点"yiteng_FTP"选择，然后在右侧的工作区中双击"FTP 授权规则"选项，如图 10.1.10 所示。

小贴士

FTP 授权规则是指能够访问 FTP 站点的用户所具有的权限，可对"所有用户""匿名用户""指定组""指定用户"分类设置权限。

（6）在"FTP 授权规则"界面中右击工作区空白处，在弹出的快捷菜单中选择"添加允许规则"命令，如图 10.1.11 所示。

（7）在"添加允许授权规则"对话框中，选中"所有匿名用户"单选按钮，勾选"读取"复选框，然后单击"确定"按钮，如图 10.1.12 所示。

（8）使用相同步骤在"添加允许授权规则"对话框中选中"指定的用户"单选按钮并输入用户名"ftpuser1"，勾选"读取""写入"复选框，然后单击"确定"按钮，如图 10.1.13 所示。

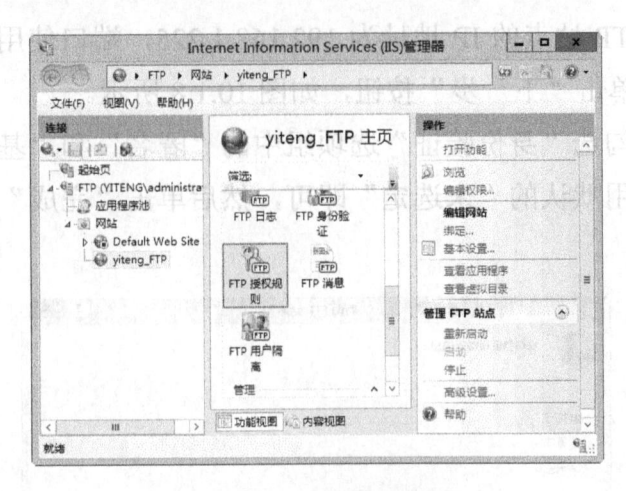

图 10.1.10　设置 FTP 授权规则

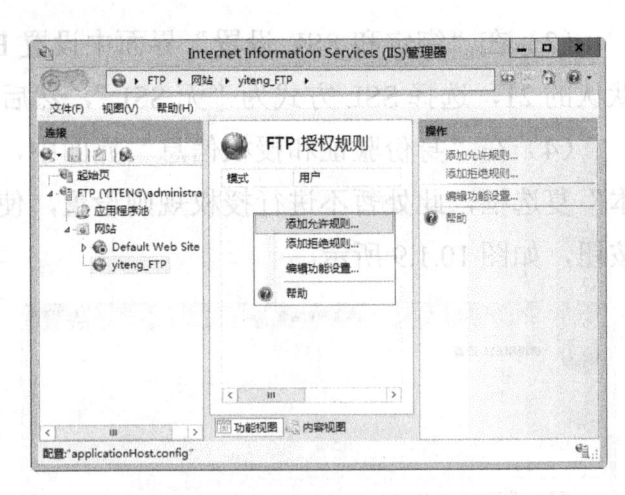

图 10.1.11　添加 FTP 授权规则

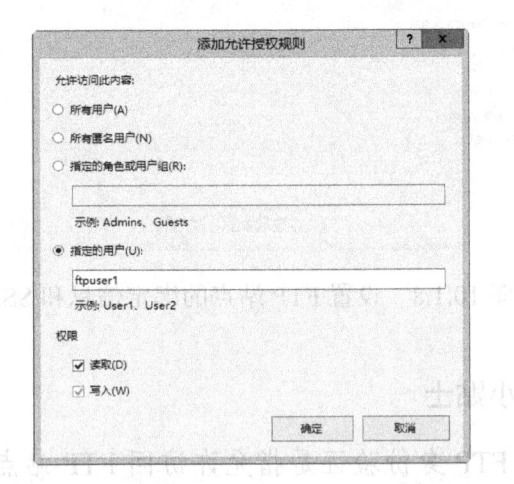

图 10.1.12　设置匿名用户权限为"读取"

图 10.1.13　设置 ftpuser1 授权规则为"读取""写入"

（9）返回"Internet Information Services（IIS）管理器"窗口后可看到创建完的授权规则，如图 10.1.14 所示。

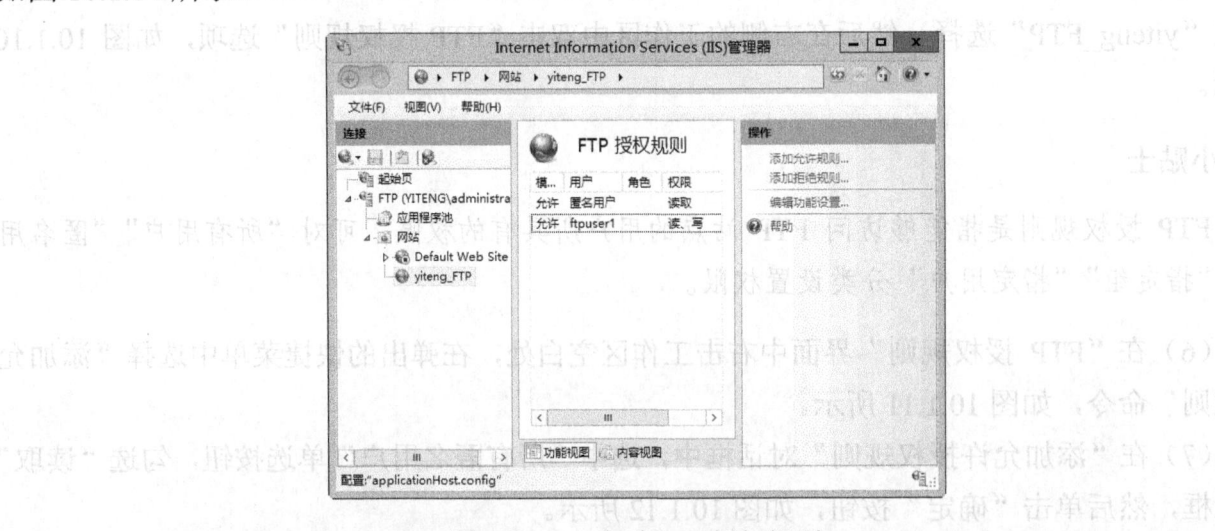

图 10.1.14　查看 FTP 授权规则

小提示

如果出于安全考虑,需要进一步设置用户访问 FTP 站点的权限,则除了在 IIS 中设置 FTP 授权规则,还需要在物理路径设置与站点授权规则相匹配的 NTFS 权限。

3. 测试 FTP 站点

(1) 在 FTP 客户端上打开资源管理器,本任务以 Windows 10 客户端中的"此电脑"为例,输入"ftp://192.168.1.225",若有 DNS 记录也可以使用域名形式,此时系统默认以匿名用户登录,窗口中所显示的即为匿名用户所能访问的资源,如图 10.1.15 所示。

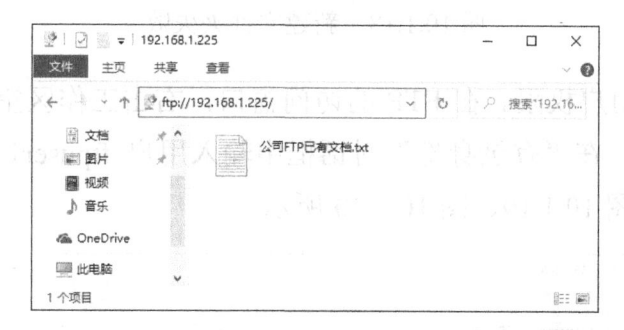

图 10.1.15　以匿名用户身份访问 FTP 服务器

(2) 测试匿名用户权限,先后删除已有文件、新建文件夹,由于匿名用户不具有写入权限,所以可看到"FTP 文件夹错误"的有关提示,如图 10.1.16、图 10.1.17、图 10.1.18 所示。

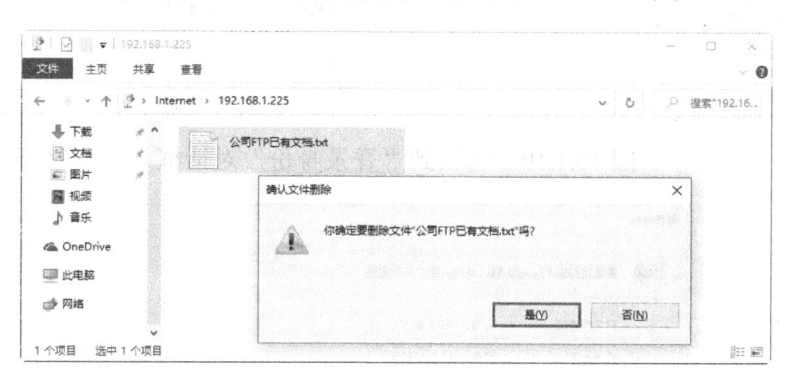

图 10.1.16　删除 FTP 服务器中的文件

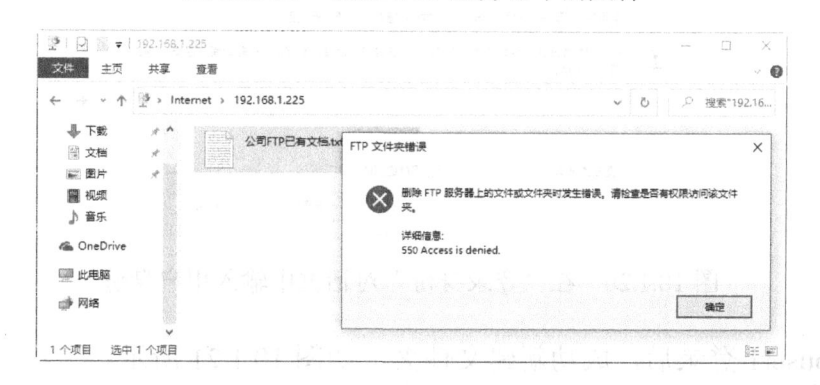

图 10.1.17　删除文件失败

图 10.1.18　新建文件夹失败

（3）测试 ftpuser1 用户权限。在 FTP 的访问窗口，右击工作区空白处，在弹出的快捷菜单中选择"登录"命令，在"登录身份"对话框中输入用户 ftpuser1 的用户名、密码，然后单击"登录"按钮，如图 10.1.19、图 10.1.20 所示。

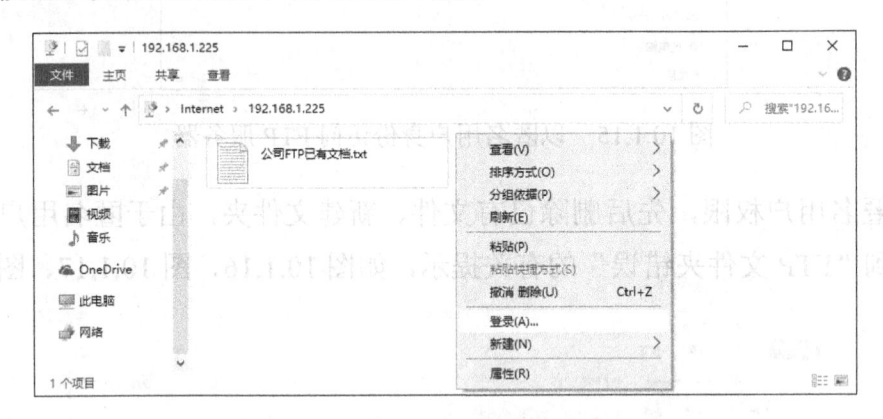

图 10.1.19　切换到"登录身份"对话框

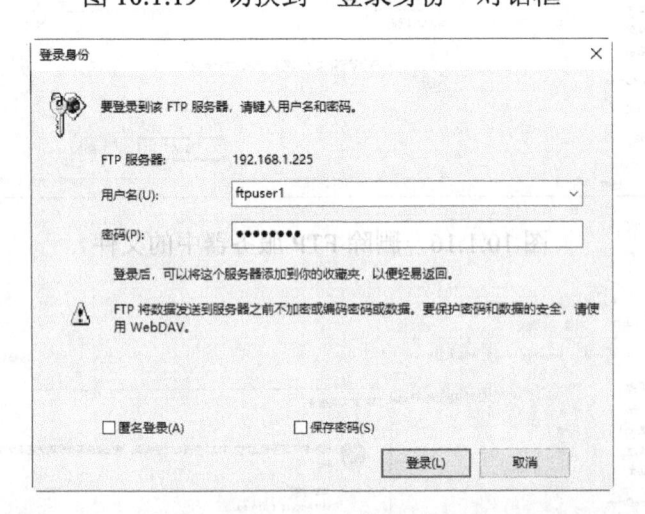

图 10.1.20　在"登录身份"对话框中输入用户身份

（4）使用 ftpuser1 登录后，成功新建文件夹，如图 10.1.21 所示。

配置与管理 FTP 服务器 | 项目 10

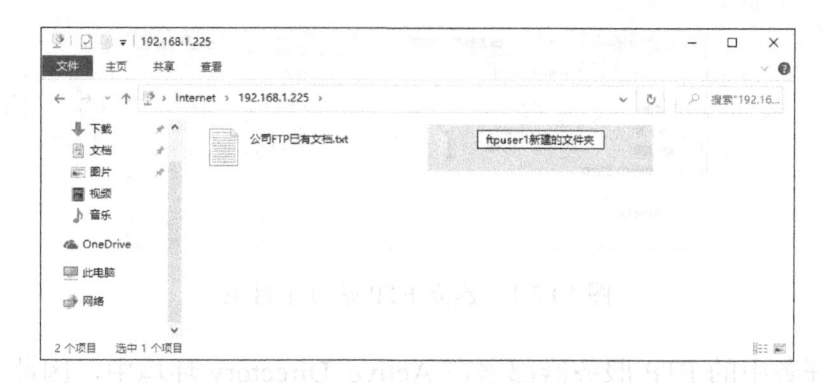

图 10.1.21　使用 ftpuser1 新建文件夹

任务小结

在 Windows 服务器操作系统中，实现 FTP 服务器功能的组件是 IIS，FTP 服务器并不是 IIS 默认安装选项中的角色服务，需要在 IIS 的角色服务中手动添加。安装完毕后，可以根据任务需求添加 FTP 站点，关键设置项为站点名称、内容目录（物理路径）、IP 地址及监听的端口，此外要根据需要决定是否在身份验证中允许匿名用户、基本用户访问，并通过设置授权规则实现权限控制。

任务 10.2　实现 FTP 站点的用户隔离

任务描述

网络管理员小赵已在公司服务器上部署了 FTP 服务，越来越多的员工开始使用 FTP 分享文件，但在使用过程中新的需求出现了，销售部需要一个额外的 FTP 站点用于存储数据，并且希望每位员工有单独的文件夹，不能随意互访。

任务要求

在 Windows Server 2012 R2 服务器上，实现 FTP 用户拥有单独的文件夹需要在建立 FTP 站点时做好两方面的设置：一是为每个 FTP 用户建立文件夹，二是在"FTP 用户隔离"中选择适当的方式实现隔离。在本任务中，匿名用户只能访问公用文件夹且只具有读取权限，普通 FTP 用户则可在自身的主目录内读取、写入数据。

任务实施

1. 建立满足隔离需求的 FTP 目录结构

（1）建立用户 FTP 站点的文件夹 "E:\销售部员工 FTP"，在其下建立 "localuser" 文件夹用于存放本地用户、匿名用户，再在 "E:\销售部员工 FTP" 文件夹下建立 "YITENG" 文件夹用于存放域用户的数据，如图 10.2.1 所示。

231

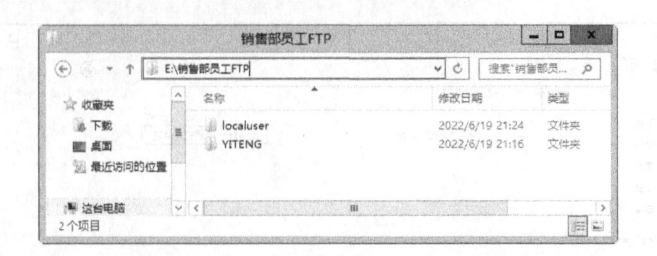

图 10.2.1　建立 FTP 站点主目录

（2）由于本任务中的 FTP 服务器部署在 Active Directory 环境中，因此无须在 FTP 服务器上再创建本地用户，只在"localuser"文件夹下建立用于存放匿名用户文件的文件夹"public"即可，如图 10.2.2 所示。

（3）在"YITENG"文件夹下建立与域内 FTP 用户同名的文件夹"ftpuser1"和"ftpuser2"，图 10.2.3 所示。

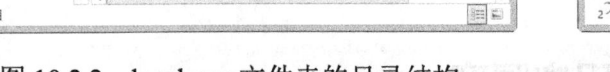

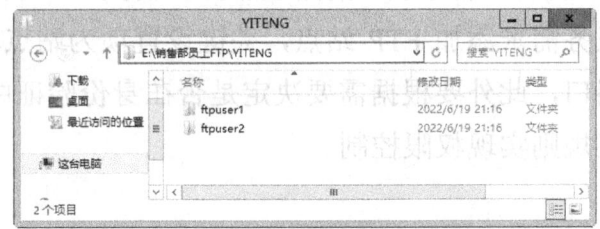

图 10.2.2　localuser 文件夹的目录结构　　　　图 10.2.3　YITENG 文件夹的目录结构

小贴士

由于后续步骤需要设置 FTP 用户隔离，因此无论是使用"用户名目录（禁用全局虚拟目录）"还是使用"用户名物理目录（启用全局虚拟目录）"选项，都需要按照 IIS 的指定格式创建 FTP 主目录结构。在本任务中，先建立"E:\销售部员工 FTP"文件夹作为站点主目录，然后在其下的"localuser"文件夹中再建立用于存放匿名用户文件的"public"文件夹，以及与本地 FTP 用户同名的用户名目录，如用户 ftpuser1 的主目录的完整路径为"E:\销售部员工 FTP\localuser\ftpuser1"。若需要建立支持 FTP 访问的域用户，则需要先在站点主目录下建立以域 NetBIOS 名称命名的文件夹，再建立与域用户同名的用户名目录。

2．建立 FTP 站点并设置用户隔离

（1）添加 FTP 站点，在"站点信息"界面中输入 FTP 站点名称"销售部 FTP"，物理路径为"E:\销售部员工 FTP"，单击"下一步"按钮，如图 10.2.4 所示。

（2）在"绑定和 SSL 设置"界面中绑定 FTP 服务器的 IP 地址 19.168.1.225，由于本项目任务 1 中的 FTP 站点已经占用了端口 21，所以此处使用的端口为 2121，然后选中"无 SSL"当选按钮，单击"下一步"按钮，如图 10.2.5 所示。

（3）在"身份验证和授权信息"界面勾选"匿名"和"基本"复选框并使用默认的"未选定"授权规则即可，然后单击"完成"按钮。

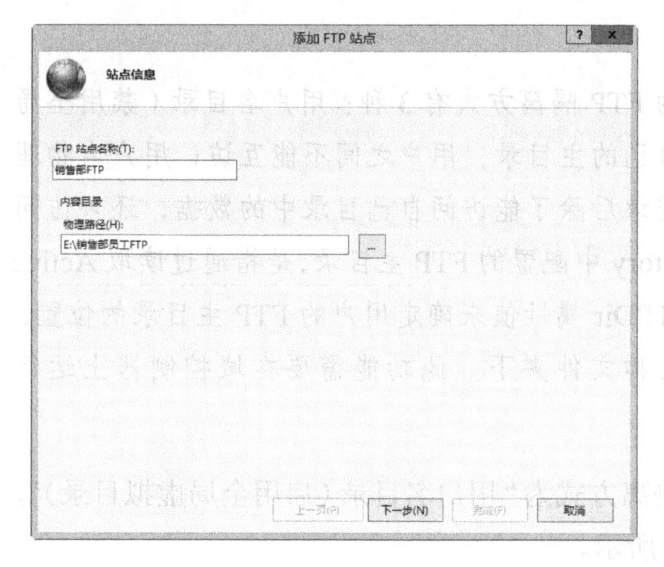

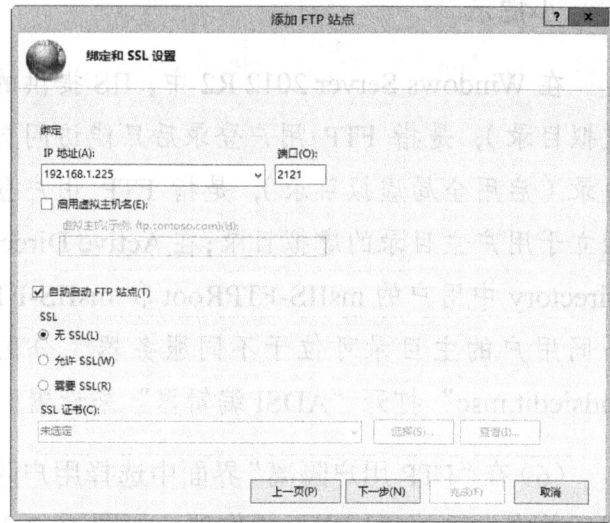

图 10.2.4 FTP 站点信息设置　　　　　　图 10.2.5 FTP 站点绑定和 SSL 设置

（4）双击站点"销售部 FTP"，进入"销售部 FTP 主页"后，添加 FTP 授权规则，允许匿名用户读取，允许用户 ftpuser1 和 ftpuser2 读取、写入，设置结果如图 10.2.6 所示。

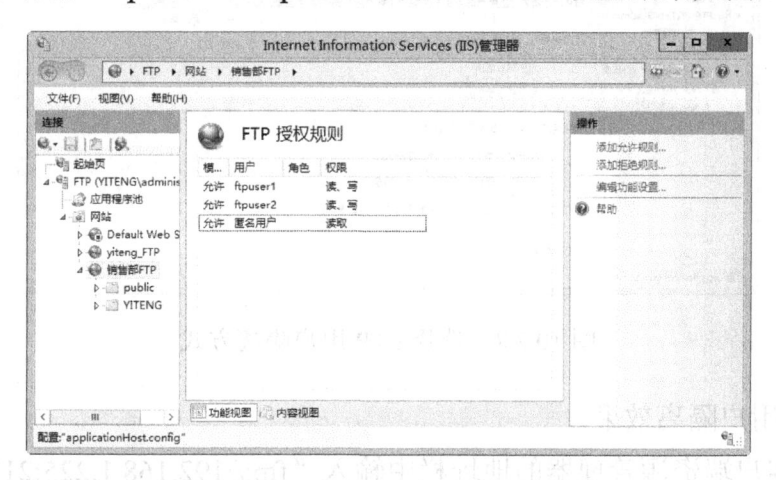

图 10.2.6 FTP 授权规则设置结果

（5）返回"销售部 FTP 主页"后，双击"FTP 用户隔离"选项，如图 10.2.7 所示。

图 10.2.7 设置 FTP 用户隔离

> **小提示**
>
> 在 Windows Server 2012 R2 中，IIS 提供的 FTP 隔离方式有 3 种：用户名目录（禁用全局虚拟目录），是指 FTP 用户登录后只能访问自己的主目录，用户之间不能互访；用户名物理目录（启用全局虚拟目录），是指 FTP 用户登录后除了能访问自己目录中的数据，还可访问独立于用户主目录的虚拟目录；在 Active Directory 中配置的 FTP 主目录，是指通过读取 Active Directory 中用户的 msIIS-FTPRoot 和 msIIS-FTPDir 属性值来确定用户的 FTP 主目录的位置，不同用户的主目录可位于不同服务器、分区和文件夹下。此功能需要在域控制器上运行 "adsiedit.msc" 打开 "ADSI 编辑器" 来设置。

（6）在"FTP 用户隔离"界面中选择用户隔离方式为"用户名目录（启用全局虚拟目录）"，然后单击右侧的"应用"操作项，如图 10.2.8 所示。

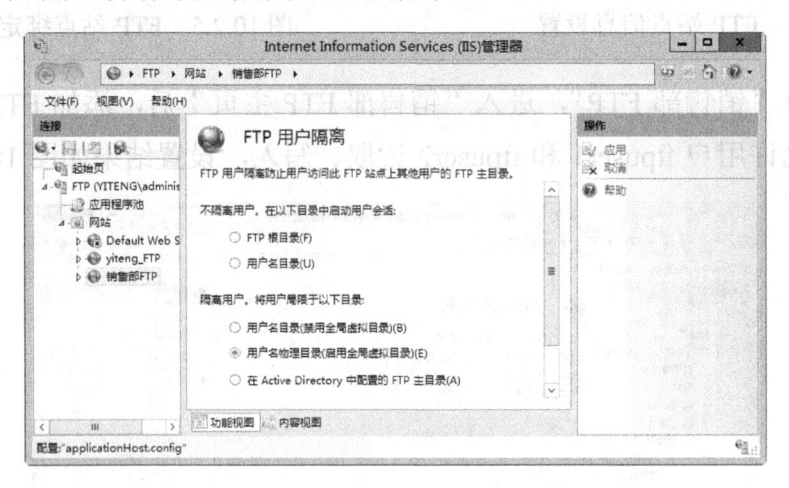

图 10.2.8　选择 FTP 用户隔离方式

3. 测试 FTP 用户隔离效果

（1）在 FTP 客户端资源管理器的地址栏中输入"ftp://192.168.1.225:2121"访问站点"销售部 FTP"，可看到默认以匿名用户登录后显示的是 FTP 站点物理路径下的"public"文件夹（E:\销售部员工 FTP\localuser\public）中的内容，如图 10.2.9 所示。由于匿名用户只具有读取权限，因此创建文件夹失败，如图 10.2.10 所示。

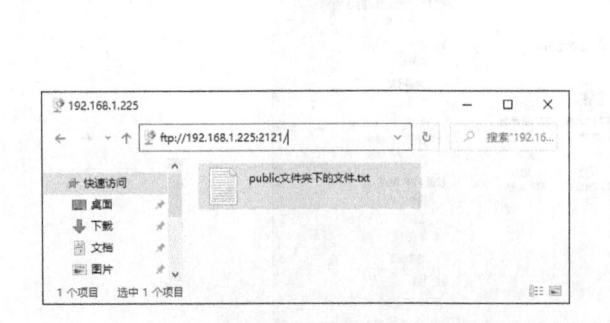

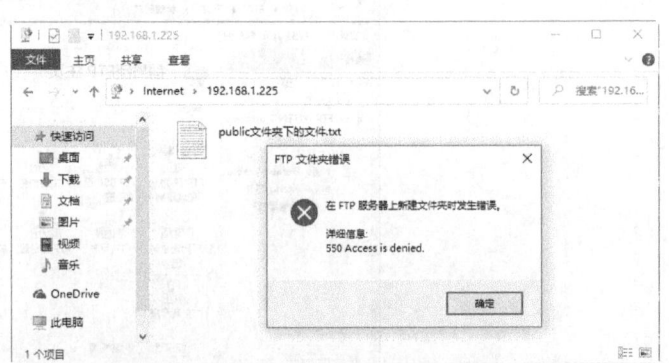

图 10.2.9　访问 FTP 站点　　　　　图 10.2.10　使用匿名用户登录测试写入权限

（2）以 ftpuser1 用户登录，可看到其位于 FTP 服务器中同名文件夹中的内容（E:\销售部员工 FTP\YITENG\ftpuser1），如图 10.2.11 所示。由于此前设置了 ftpuser1 用户拥有读取、写入权限，因此能够成功创建文件夹，如图 10.2.12 所示。

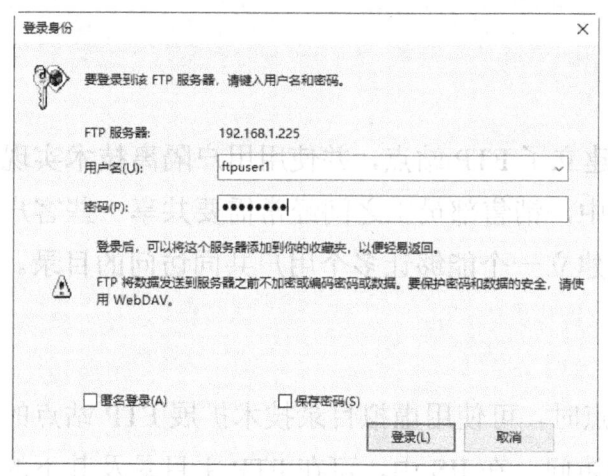

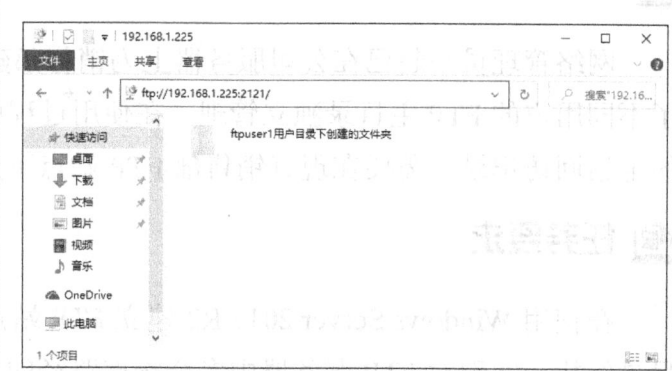

图 10.2.11　以 ftpuser1 用户登录 FTP 站点　　图 10.2.12　测试 ftpuser1 用户访问 FTP 站点的权限

（3）以 ftpuser2 用户登录，可看到其位于 FTP 服务器中同名文件夹中的内容（E:\销售部员工 FTP\YITENG\ftpuser2），与 ftpuser1 的主目录是隔离的，如图 10.2.13 所示。此前设置了 ftpuser2 拥有读取、写入权限，因此也能够成功创建文件夹，如图 10.2.14 所示。

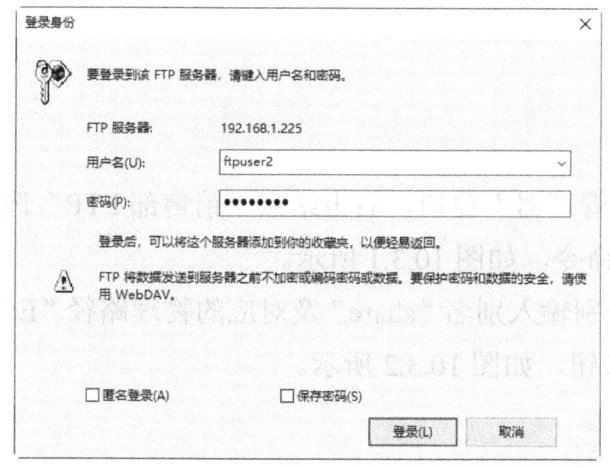

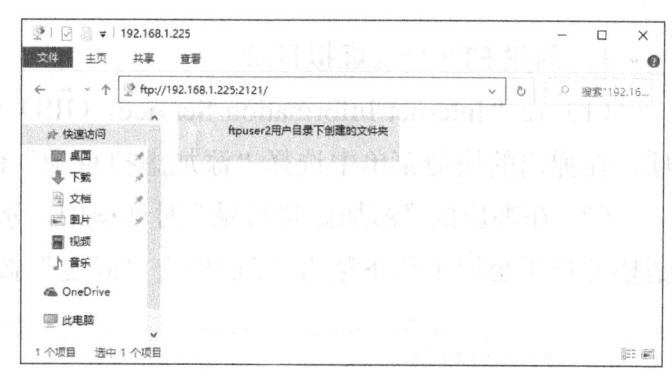

图 10.2.13　以 ftpuser2 用户登录 FTP 站点　　图 10.2.14　测试 ftpuser2 用户访问 FTP 站点的权限

任务小结

采用用户隔离方式的 FTP 服务器在企业中应用较为频繁，可将用户限制在其主目录内，适用于需要对用户访问空间单独管理的应用情境。在 IIS 中建立的 FTP 站点，默认不进行用户隔离，如果需要使用用户隔离技术，则需要提前建立好对应的用户及对应的主目录。

任务 10.3　建立与使用 FTP 全局虚拟目录

任务描述

网络管理员小赵已在公司服务器上为销售部建立了 FTP 站点，并使用用户隔离技术实现了不同用户的 FTP 主目录独立管理。在使用过程中，销售部员工之间经常需要共享一些客户的电话回访记录，需要在现有销售部 FTP 站点下建立一个能够让多个用户共同访问的目录。

任务要求

在使用 Windows Server 2012 R2 建立 FTP 站点时，可使用虚拟目录技术扩展 FTP 站点的目录结构，实现对 FTP 服务器中多个物理路径的访问。在 IIS 中，可在 FTP 主目录及其下的目录中添加虚拟目录，这些虚拟目录将继承上一级 FTP 目录的身份验证、授权规则等设置，也可按需修改这些设置。

在本任务中，需要在销售部 FTP 站点中建立一个别名为 share 的全局虚拟目录存放公共文件，其物理路径为"E:\销售部员工公用上传下载"，身份验证、授权规则等设置与 FTP 站点现有设置一致即可满足任务需求。

任务实施

1. 创建 FTP 全局虚拟目录

（1）在"Internet Information Services（IIS）管理器"窗口，右击站点"销售部 FTP"选项，在弹出的快捷菜单中选择"添加虚拟目录"命令，如图 10.3.1 所示。

（2）在弹出的"添加虚拟目录"对话框中，分别输入别名"share"及对应的物理路径"E:\销售部员工公用上传下载"，然后单击"确定"按钮，如图 10.3.2 所示。

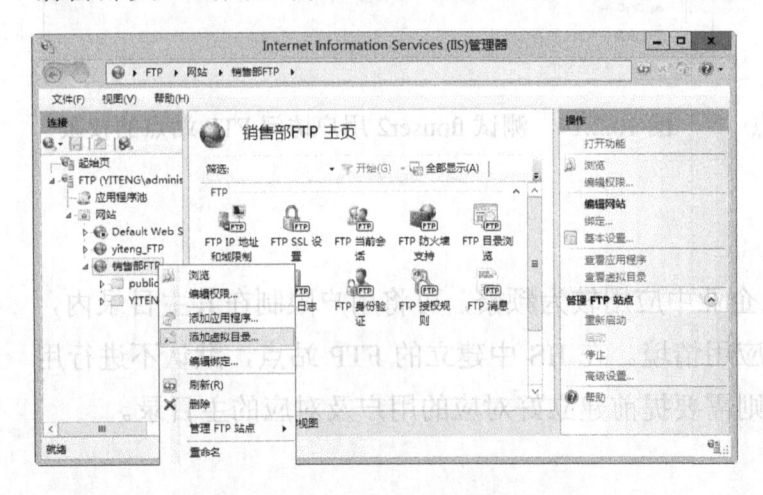

图 10.3.1　添加 FTP 虚拟目录 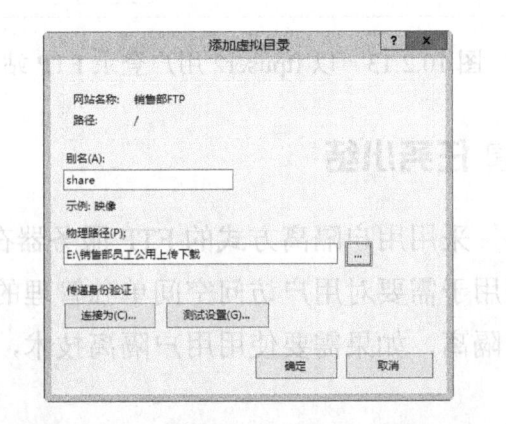　　　　图 10.3.2　设置虚拟目录别名和物理路径

（3）返回"Internet Information Services（IIS）管理器"窗口后，双击虚拟目录"share"选项，然后在"share 主页"工作区双击"FTP 授权规则"选项，由于全局虚拟目录存放了客户回访信息，不允许匿名用户访问，因此需要在"FTP 授权规则"界面中删除匿名用户的允许规则，设置结果如图 10.3.3 所示。

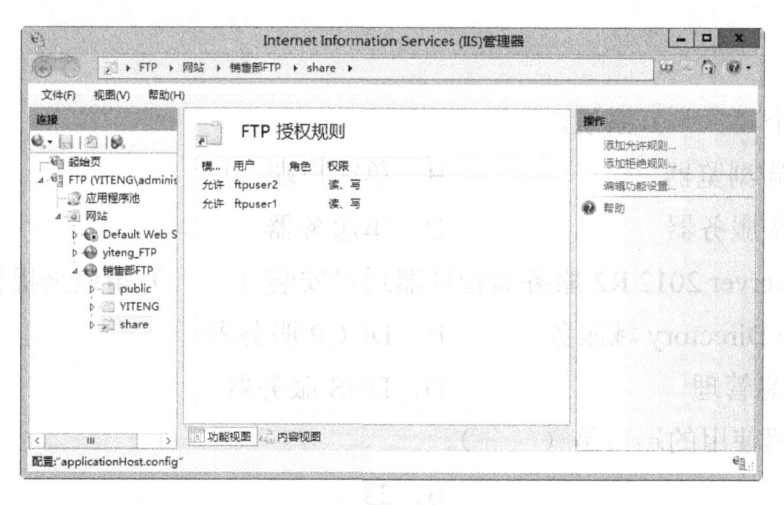

图 10.3.3　全局虚拟目录 share 的 FTP 授权规则

2．测试 FTP 全局虚拟目录

在 FTP 客户端上，访问"ftp://192.168.1.225:2121/share"，分别以上述任务中的 ftpuser1、ftpuser2 用户登录，经测试能够读取和写入数据，即能作为销售部存储公共数据使用，如图 10.3.4 所示。

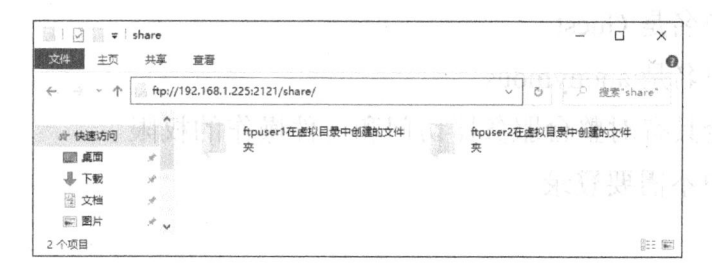

图 10.3.4　测试 FTP 全局虚拟目录

任务小结

（1）在 IIS 的 FTP 站点设置中，支持通过建立虚拟目录来扩展站点的目录结构，实现更灵活的资源共享。

（2）在创建虚拟目录时，必须注意所创建虚拟目录的位置。例如，在本任务中，使用的全局虚拟目录属于 FTP 站点的子目录级别，因此即使开启了用户隔离，只要选择的用户隔离方式为"用户名目录（启用全局虚拟目录）"，用户就能够跳出隔离限制进而访问全局虚拟目录，但如果虚拟目录位置为用户名 A 的主目录下，则依然受到隔离的限制，其他用户不能访问用户 A 主目录内的虚拟目录。

思考与练习

一、选择题

1. FTP 是一个（　　）系统。
   A．客户端/浏览器　　　　　B．单客户端
   C．客户端/服务器　　　　　D．单服务器

2. Windows Server 2012 R2 服务器管理器通过安装（　　）角色来提供 FTP 服务。
   A．Active Directory 域服务　　B．DHCP 服务器
   C．IIS 信息管理　　　　　　　D．DNS 服务器

3. FTP 服务器使用的端口是（　　）。
   A．21　　　　　　　　　　B．23
   C．25　　　　　　　　　　D．53

4. 在 Windows Server 2012 R2 中 FTP 服务器的默认主目录是（　　）。
   A．C:\　　　　　　　　　　B．\inetpub\wwwroot
   C．C:\inetpub\ftproot　　　　D．C:\wwwroot

5. 关于匿名 FTP 服务，下列说法正确的是（　　）。
   A．登录用户名是 Guest
   B．登录用户名是 anonymous
   C．用户完全具有对整台服务器访问和文件操作的权限
   D．匿名用户不需要登录

二、简答题

1. FTP 客户端可以通过哪几种方式来连接 FTP 站点？
2. 简述 FTP 服务器的工作原理。
3. FTP 工作模式包括哪两种？
4. 简述主动传输的工作过程。

附录 A 部分习题解答

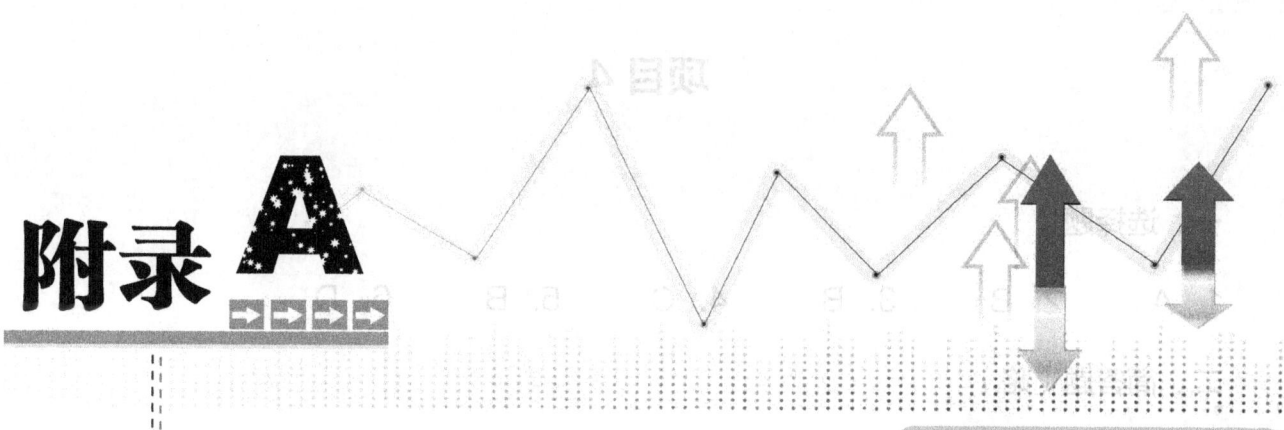

项目 1

一、选择题

1. C   2. A   3. B   4. B   5. A   6. C

二、简答题（略）

项目 2

（略）

项目 3

一、选择题

1. A   2. B   3. C   4. B   5. B   6. C

二、简答题（略）

项目 4

一、选择题

1. A   2. B   3. B   4. C   5. B   6. D

二、简答题（略）

项目 5

一、选择题

1. D   2. C   3. C   4. B   5. D   6. D
7. C   8. C

二、简答题（略）

项目 6

一、选择题

1. A   2. C   3. D   4. C   5. B   6. D
7. A   8. B   9. D

二、简答题（略）

项目 7

一、选择题

1. C   2. C   3. B   4. D   5. C   6. B
7. D   8. A   9. A   10. A   11. D

二、简答题（略）

项目 8

一、选择题

1. C   2. D   3. B   4. A   5. C   6. B

7. C   8. B

二、简答题（略）

项目 9

一、选择题

1. D   2. A   3. D   4. B   5. A   6. C   7. A

二、简答题（略）

项目 10

一、选择题

1. C   2. C   3. A   4. C   5. B

二、简答题（略）

参 考 文 献

[1] 王浩，鲁菲．网络操作系统[M]．2版．北京：高等教育出版社，2021．

[2] 戴有炜．Windows Server 2012 R2 网络管理与架站[M]．北京：清华大学出版社，2016．

[3] 戴有炜．Windows Server 2012 R2 系统配置指南[M]．北京：清华大学出版社，2016．

[4] 戴有炜．Windows Server 2012 R2 Active Directory 配置指南[M]．北京：清华大学出版社，2014．

[5] 王浩，张文库，钱雷．Windows Server 2012 R2 企业级服务器搭建[M]．北京：电子工业出版社，2022．

[6] 褚建立，路俊维．Windows Server 2012 网络管理项目实训教程[M]．2版．北京：电子工业出版社，2017．